U0029459

中國
潰而不崩

何清漣
程曉農 著

所謂「潰」，指的是社會潰敗，

包含生態環境、道德倫理等人類基礎生存條件；

「不崩」，指的是政權，即中共政權不會在短期內崩潰。

在未來可見的 20 － 30 年內，中國將長期陷入「潰而不崩」的狀態。

目錄

從一個陷阱到另一個陷阱

——張清溪／臺大經濟系教授

　　何清漣女士與程曉農先生的《中國：潰而不崩》，分析當前中國問題與前途，我有幸先睹為快。以前有個《Taiwan News 財經文化週刊》，因為每期有何女士的文章，我為了最快能看到她的大作去訂了這個雜誌（現在換成《看》雜誌，我當然也去訂了）。可見我是多麼渴望能在他們的書出版前，「先睹」解渴。看是看得很痛快，不過，他們推論出一個差不多最悲慘的結局，就是書名：《中國（將在未來 10—20 年間）：潰而不崩》。

　　說最悲慘，是對中國社會而言，因為已經腐蝕的中國環境、倫理道德、公平正義與政府誠信等社會根基，還要再「潰」爛十年，真不敢想像十年後中國會成為什麼樣子。但對中共黨政官員而言，這可能是他們做夢都不敢相信的美好，因為中共的政權居然還可「不崩」維繫至少十年。作者對「潰」的分析，我是相信而且非常佩服，但也有自己的解讀；唯對「不崩」的預測，雖然覺得講得很有道理，但還是心存疑惑。底下就不揣譾陋，談談我的解讀與疑惑。

　　當代中國經濟或說中國問題很複雜，而且人言言殊，各執一詞。最形象的說法，就是裴敏欣（Minxin Pei）在 Foreign Policy（2012 年 8 月 29 日）上發表的論文，篇名〈你對中國自以為是的認知，都是錯的〉（Everything You Think You Know About China is Wrong）。我想很多看法

南轅北轍的人，都會說：「是啊，他講得真對。」

　　會有這樣的結果，是因為中共在改革開放後，把兩個矛盾的制度疊加在一起：在經濟生活上開放讓大家透過市場自力更生，但共產黨又緊緊掌控一黨獨裁的政治權力不放。其結果是，中共一方面要國際社會接受它是「市場經濟」，市場經濟其實就是資本主義；一方面又「五不搞」「七不講」地堅持共產黨不容染指的獨裁統治權力，甚至要在各國內外企業內建立黨支部。本書作者乾脆直接了當地就稱它為「共產黨資本主義」。三四十年來的中國經濟，就在這個「共產黨資本主義」下眼看它起高樓、宴賓客，也在這個奇怪的制度下，眼看它樓塌了。

　　「共產黨資本主義」是個既簡單又明確的概念。但這裡面賣什麼膏藥呢？作者在本書第二章有非常精彩的描述。我對這個制度的本質有這樣的解讀：它就是一個「私營政府」；相對地，改革開放前則是「公營企業」。我認為這是中共統治中國先後掉進去的兩個陷阱。稱這是「兩個陷阱」的說法，是受何清漣女士《中國的陷阱》（這是我研究中國經濟的入門書）與亞當‧斯密《國富論》的啟發。

　　亞當‧斯密在《國富論》第五篇有一句話說：「任何兩種東西，都沒有像『商人』（市場）與『元首』（政府）這兩種性格那麼矛盾。」（No two characters seem more inconsistent than those of trader and sovereign.）為什麼呢？其實，經濟學講「市場機能」時，是說在沒有政府干預下，買賣方透過市場私下交易，會創造最大的社會福祉；這時，政府與市場是像敵人一樣對立的。市場與政府如何對立，我可以列出一張表，從它們的動機、規範、互動方式等等，都是針鋒相對的。就以發揮兩者的正當功能而言，因為市場買賣必須雙方同意，資本家固然想賺錢，但要消費者首肯，所以任何買賣都必然雙贏才能成交；或至少說，以雙贏為常態。因此要發揮市場最大功能，就是要讓大家在市場上「自由放任」地買賣。相反的，政府的特質就是帶有強制力，不論是課稅或財政支出都使用不容挑戰的公權力，因此政府功能要得到適當的發揮，必須遵循《憲法》

規範的「三權分立」、「相互制衡」，絕對不是像市場的自由放任！

亞當‧斯密接著還講了兩句話，用現在的語言，就是說：「企業若由政府經營，一定是最壞的企業。而用經營企業的方式辦理政務，就一定是最壞的政府。」換句話說，企業（市場）應該讓私人自由去經營才對，若是「公營企業」，那就會把企業搞砸。反之，政府執行公權力必須受到憲法等規章的限制，若是讓政府變成追求利潤最大化的私企那樣的「私營政府」，則必然會是最壞的政府。主張社會契約理論的約翰‧洛克（John Locke）有句名言：「財產不可公有、權力不可私有，否則人類必將進入災難之門。」真是英雄所見略同。

共產主義經濟就是全面的「公營企業」，因此不論蘇聯、東歐或古巴的共產經濟，都是在最壞的經營下導致經濟破產，這可以說已蓋棺論定了。中共前 30 年也掉入這個「陷阱」，文革結束時中國已經山窮水盡了。

跟蘇聯、東歐不同的是，改革開放救了中國。但是，這個在經濟上開放、個人自力更生、政治上集權獨裁的制度，在我看來就是掉入另一個「私營政府」陷阱。這也是我認為作者稱為「共產黨資本主義」的本質。

為什麼中國會從一個陷阱掉入另一個陷阱？因為在「公營企業」這個陷阱裡，有的爬得出來有的不行，端視陷阱的深淺。陷阱比較淺的民主國家用「公營企業民營化」就解決了問題；陷阱比較深的臺灣，至今還在「假民營化」的泥沼裡難以自拔；而要脫離萬丈深淵的全面公營共產陷阱，就必須解體政權。

唯一的例外，就是中共用「改革開放」逃脫了陷阱。這個看起來身法矯健、成果豐碩的計巧，其實是用「讓一部分人先富起來」及購買官員的方式，也就是用「私營政府」的方式，掉進一個更可怕的「私營政府」陷阱。在這個陷阱裡，中共從政治局、國務院，一直到縣、鄉各級政府，從各部委的大小官員、國企主管，一直到鄉黨委書記、村支書，

無不卯足勁各顯神通地舞弄公權力，去滿足政黨與官員的私慾。我雖然有這個認識，但看到本書第二章的論述，真是驚心動魄。有人說共產黨只有你想不到的，沒有它做不到的。誠然。

我能理解「潰而不崩」的「潰」，但對「不崩」還有點懷疑。說這個「私營政府」已煉就金剛不壞之體，真不願相信。很多獨裁國家不都是說垮就垮了，有什麼理由嗎？蘇聯解體不也是出乎大家的意料之外嗎？善惡有報的天理不存了嗎？中共這個「私營政府」真的還要再折磨中國十年？

神州淪陷，伊于胡底。

【代序】

時代需要勇於挑戰的
中國研究者

——吳國光

　　20 年前，何清漣出版《中國的陷阱》一書，為當代華文對於現實中國的研究樹起了一個里程碑。今天，何清漣、程曉農伉儷雙劍合璧推出本書，作者與出版者都期許其作為《中國的陷阱》的續篇，20 年後再度系統、深入地呈現和分析中國的政治經濟圖景，對於釐清圍繞中國複雜的現狀而在認識上出現的種種模糊、迷惑和困擾，毫無疑義是非常有價值的。

　　中國 30 年來的發展，在挑戰人們的認識和理解能力；這種挑戰力度之大，以至於不斷有人感嘆，是不是人類過往認識社會政治經濟現象的深厚思想積累，都有嚴重的問題，乃至不能解釋，這樣一種以踐踏公民權利、當權者高度腐敗、貧富分化趨於極端、生態環境代價奇高為特點的發展模式，卻取得了繁榮並至少已經維持了幾十年。面對這種挑戰，有人選擇否認中國發展所產生的上述負面效果，致力於美化、歌頌和推銷所謂「中國模式」；有人不免輕忽這種發展模式的現實存在，從願望出發而斷言這種模式已經失敗——可是，「失敗」是在什麼意義上呢？看不到一個巨大的經濟體的存在，與一個每日每時都在壓榨和壓迫民眾的強權政治體系的現實作為，難道就可以解決現實中國的種種嚴重問題嗎？很明顯，何清漣、程曉農此書，不屬於以上兩種思路的任何一種，而是從對於現實的實證研究出發，進一步提升到概念分析層面，形

成對於複雜現實的思想解釋，並在這個基礎上形成判斷。不用說，我是讚賞這種研究方法的。當然，我對於現實的解讀和判斷在很多地方和本書有不同看法，但是，對於誠懇的思考者來說，這些不同都是可以討論的，並且唯有這樣的不同和討論，才能促進和提高我們對於這同一個現實（在這裡，就是中國的政治經濟現狀）的認識和理解。「君子和而不同」，此之謂也。推開來說，「同而和」，聽著很理想，其實扼殺思想生機；如果「同而不和」，恐怕就是因為私利的爭奪了。

清漣、曉農二位都是經濟學訓練出身，二位的研究向來都以資料豐富、紮實著稱。本書再次展現了這一特點。對於中國經濟各個面向的深入分析，在我看來，是本書最有價值的內容之一。中國經濟已經持續繁榮 30 餘年，繁榮本身的經濟邏輯是什麼？其經濟代價何在？這種繁榮能否持續？從貿易、投資、消費，到金融、股市、房地產，本書從多個最為重要的經濟向度對此做了獨具隻眼的分析。其中的諸多看法，在我看來，既接地氣，也有高度；更重要的是，在相關分析之中始終具有對於民眾福祉的深切道德關懷，而不是經濟學研究中，經常見到的那種以冷冰冰的數字來支撐單純物質主義價值觀的做法。

同時，本書也把對於中國經濟的分析放到了捲入全球經濟這個大背景下，這就幫助拓展和深化了人們理解當今中國現象的視野。從本書推展開去，也許可以說，正是中國與全球資本主義緊密結合的這種經濟發展模式，使得民主國家領導人如奧巴馬總統也焦慮中國的所謂「失敗」多於擔心來自中國的挑戰。在我看來，這可能是人們認識中國的一個極大的誤區，其著眼點似乎更多地在於國家之間權力政治的考量，而較少慮及中國民眾和人類社會為某種所謂「成功」所付出的超常代價，更少思考這種成功對中國和世界在價值、道德、文化和生態等人類生存的基本面所帶來的深遠禍害。本書判斷中國的現實與近期前景是「潰而不崩」；對這個判斷會有不同的看法，我想，如果更多地採納上述後一種思路，也許可以認為，「潰」者，中國也，「不崩」者，中共也。也就

是說，在當前模式下，中國作為一種文明、一個民族、一個國家，正在不斷付出日益潰爛的代價（當然，中共本身也在潰爛），而這種潰敗引起了國際社會的一些擔心，反過來成為國際社會希望中共維持統治的理由，於是這種文明與民族的潰敗進一步延伸和加劇。結果，「潰」與「不崩」，可能形成相互支撐的一種惡性循環。現行模式的長期持續所帶來的禍害，只能不斷加大。

那麼，這究竟是什麼樣的一種模式呢？這種惡性循環的制度基礎是什麼呢？本書提出了「共產黨資本主義」這個概念，用以理解和解釋當代中國轉型和發展的特殊模式。我認為，這是本書的重大理論貢獻。中國自從 1970 年代末開始從共產主義轉型，歷經初期市場化、天安門鎮壓、加速市場化、擁抱全球化等交織國內和國際因素的風雲變幻，今天中國的政治經濟制度，很明顯，既不同於毛時代的那種共產黨制度，也不同於經典的西方資本主義制度，而是形成了一種新的架構。能不能認識到中國的轉型已經在制度層面凝聚為某種特殊架構，這是一個層面；如何概括和理解這種結構，又是一個層面；然後才是第三個層面，即對於這種架構的價值判斷。不難看到，人們在討論中常常跳越前兩個層面而直接表達好惡，這樣的價值判斷就成為無本之木，討論成為爭吵。本書則恰恰是從前兩個基本層面入手，這就是學術的思想力量所在；本書把這個架構概括為「共產黨資本主義」，這是一個政治經濟學的創見，也是對於當代中國研究的重大貢獻。

當然，認識中國，理解中國，這不是一個人或者幾個人所能擔當的志業。每個思考者，只能從某個特定方面、特定角度來貢獻所識所解；這樣的思考者多了，不同方面、不同角度的認識和理解蔚為大觀，就形成了人們的共同精神財富，對於中國的認識和理解才能從總體上、根本上得到發展和深化。可惜，從總體上看，我們遠遠缺少這樣的知識景觀。在我寫這篇序文的時候，網上正因為中國高考而充滿對於「文革」後第一次大學入學考試四十年紀念的回憶和感想。曉農、清漣和我本人，都

屬於那個年代的大學生，當年被稱為「思考的一代」。在故國，我們的同學絕大多數已經退休，說這一代人正在退出歷史舞臺應不為過。回首蒼茫歲月，所謂「思考的一代」，究竟留下了什麼樣的思想成果呢？坦白地說，我對此評價甚低。當然，我們這代人，從早年的成長經歷和思想營養看，既缺少中國傳統文化的浸潤，也沒有除了馬克思主義之外的西方思想的滋養，青少年時期是被桎梏在毛主義的政治文化和思維套路之中的，因此就思維能力和學術訓練而言有著嚴重的先天不足。但是，這代人，對毛時代有經歷有反思，對後毛時代的轉型有參與有自省，對當今全球資本主義時代則有見證有探究。集合這三者到一起，就是這代人的最大思想優勢。與西方學者和故國的年輕一代相比，我們有對於反資本主義的制度及其艱難轉型的深切體驗；與老一輩相比，在這個全球化時代的巨變業已展開並其矛盾也已深刻呈現的當口，我們作為思考者正當成熟之際；就海外華裔學者來說，則與仍然為政治壓制或思維桎梏所苦的同胞學人相比，我們有更多的自由和可能而具備全球視野、多元價值和批判思維。也許，80 年代的歷史擔當，對於轉而關心物質利益的諸多同輩而言，已經成為雲煙；也許，大海後浪推前浪，浪浪死在沙灘上，一代人不過歷史瞬間，不必奢談什麼思想遺產。可是，數十萬年人類進化，幾千年中華文明，截至工業化時代之前，真正留存於世而影響無屆的，與其說是帝王功業、市井繁榮，似還遠遠比不上岩洞圖畫、死海經卷、西方三教和《論語》、《道德經》。即使到了人類自以為輕易就能改變自然、財富確實也如泉水一般湧流的工業化時代的今天，一本《國富論》，或《資本論》第一卷，對於幾百年來人類生活的影響，且不論是正面還是負面，恐怕不是洛克菲勒萬貫家財所能望其項背的吧？我並不想誇大思想的作用；我只想遺憾地指出，就在西方主流學界當下轉而強調思想對於人類進步（包括現代經濟發展）的作用的時候，華人社會裡更常見到的卻是對於思想與學術的鄙視，是反智主義大行其道。確實，20 世紀中葉以來，中國知識分子，與所有國人一樣，大都

生活在誠惶誠恐、奴顏婢膝的狀態中，缺少獨立風骨與自由思想。但是，這種讓人不愉快的現實，並不足以證明思想的無用，反而恰恰說明了思想的價值。曉農和清漣都是我的老朋友，更是我素所尊重的同代學者。中國的現實，恐怕很難在我們這代人手中創造出比較理想的發展路徑了；在思想上，這代人正當密那發的貓頭鷹在黃昏起飛的歲月，能不能不至於浪費我們所經歷的苦難、堅守與追尋呢？「雖萎絕其亦何傷兮」，是所望於老友也！

是為序。

2017 年 6 月 20 日
於桴浮書屋

從《中國的陷阱》到
《中國：潰而不崩》

——徐友漁

　　不論是古代還是今天，不論對於內部生存者還是外部觀察者，中國都是一個神秘之國，對這個社會提出切中肯綮的論斷難上加難，敢於預言其未來和前途者往往鎩羽而歸。但是，論說中國又是一件具有極大誘惑力的事，各種人物都願意對此一試，於是，我們讀到在五四時期訪問中國的西方哲人羅素的《中國問題》，中國政壇一代梟雄蔣中正的《中國之命運》，也讀到文化大革命中無畏青年楊曦光的《中國向何處去》。

　　進入 21 世紀之後不久，世界的目光越來越聚集於中國。一方面，中國迅速成為經濟體量位居世界第二的巨人，令人豔慕與仰視，另一方面，它對人權的粗暴侵犯以及對人類政治文明準則公然的敵視與否定，令人不安與驚愕。對中國的描述和評價出現兩極化的趨勢：「太平盛世」的讚譽和「即將崩潰」的預言各不相讓。

　　何清漣、程曉農合著的《中國：潰而不崩》對中國這個病入膏肓、腐而未朽的社會，對這個外強中乾的泥足巨人做了全面的體檢和準確的診斷，對中國的未來做了理性而審慎的預言。作者的立場與「太平盛世」論截然對立，但對於「即將崩潰」的預言也未能苟同。

　　作者用大量的事實和數據說明，在虛假的繁榮背後，掩藏的是深刻的、不可克服的危機，而暫時閃光的 GDP 數據，是以犧牲社會公正與平等、損害生態環境安全、透支未來的發展與福利換來的。中國的發展

是不可持續的，危機早已出現。由於問題產生於制度，目前不存在化解危機的辦法，將來也沒有解決問題的良方。

作者進一步深挖根源，指出所謂「中國模式」，其本質就是共產黨資本主義。它把共產黨的權力壟斷和市場的運作結合在一起，為所欲為、所向披靡、「創造奇蹟」；同時讓當權者無所顧忌、無所限制地化公為私，搜刮民脂民膏。「中國模式」的一時喧囂、現政權的表面強大，以及目前這種經濟發展方式的不可持續，統治權就本質和長遠性而言沒有合法性，全部秘密就在於這個共產黨資本主義。這個說法，和許多西方學者使用的概念「市場列寧主義」是一致的。

我估計，本書鮮明的觀點、犀利的剖析，不會讓所有的讀者輕易地接受。許多關心中國問題、觀察中國現實的人，由於種種原因，總是與中國的現實有距離和隔膜，或者由於生存條件與利益關係，「不識廬山真面目，只緣身在此山中」。我只想提醒一點：其實，早在 20 年前，作者已經在其引起轟動的《中國的陷阱》一書中，對中國的問題作出了明確的診斷。在這本書中，作者對於借改革、開放名義進行的猖獗的尋租活動、瘋狂的「圈地運動」、駭人聽聞的資本原始積累作了大膽的揭露，對於中國的下一步發展作出了不容樂觀的預言和警告。20 年的事實證明，作者的不祥預告全部不幸而言中，而且，事態的惡化發展與作者敲響的警鐘相比，是有過之而無不及。我相信，本書對於中國問題診斷的準確性，用不到 20 年，不但會得到證實，而且會得到更加廣泛的肯認。

面對同一個中國，不同的人為什麼會有不同的、甚至截然相反的評價和結論？其實，社會生活是如此紛繁複雜，對同一個時代、同一個國度、同一個運動，人們能找到一百個理由譴責，也能夠找到一百個理由讚揚，遑論對於處在社會大轉型階段的中國。對一個時代和社會作出正確判斷，既需要知識，也需要良知和見識。劇變中的中國呈現出多個面向，既有拔地而起、鱗次櫛比的高樓，也有被毆打被抓捕的訪民，既有

曾位居世界第一的奧運會金牌，也有成千上萬食用毒奶粉而受害的結石寶寶。中國漫長的歷史、眾多的人口、低下的國民素質，都可以成為缺點、錯誤甚至為罪惡辯解的口實。那些帶著度假、消遣、獵奇心態到中國來採訪和寫作的人，完全有理由驚嘆北京、上海的夜生活超過東京和巴黎，那些滿足於官方統計數據的國際組織的官員，拿出「中國第一」的報告似乎是有根有據的。

如何診斷中國？如何面對中國社會矛盾的現實？如何鑑別莫衷一是的意見？如果現實本身不能自動提供答案，那麼我們可以在歷史中尋求啟示。

蘇俄的十月革命以「新生事物」的名義吸引人們的讚譽，其粗暴、混亂和不人道長期得到原諒，像羅素、胡適這樣的大思想家和學問家都對布爾什維克的蘇俄一度神往，但最後，他們基於大鎮壓和大審判的事實作出了經得住歷史檢驗的結論。

希特勒統治的德國以紀律和效率，勞工福利和社會淨化（相當於今日中國的「掃黃打非」）為名，承辦的柏林奧運令世界矚目，其震撼力超過北京奧運，但最後證明正確的是卡爾・雅思貝爾斯、漢娜・阿倫特這樣的批判者和反抗者，而不是那些謳歌法西斯的諾貝爾獎獲得者和著名學者。

只有進入歷史，才能對人類迄今為止，在政治文明的指導性原則方面達成的共識具有信心。現在的形勢與第一次世界大戰之後的歐洲很相似，那時西方對自己的制度和理念都失去了信心，而德國、日本的法西斯勢力正在崛起，西方政要自亂陣腳和稱讚法西斯的短視言論不絕於耳，中國思想界、知識界學習西方的勢頭戛然而止。今天，西方社會的福利制度和民主制度受到來自內部和外部的挑戰，中國模式似乎是另一種文明的替代方案。在這種情況下，《中國：潰而不崩》既是一份診斷，也是一副清醒劑。本書作者兼具經濟學家的實證態度和歷史學家的長遠眼光，在蘇聯東歐的轉型參照之下對中國現實進行深透分析。讀完此書

後人們會產生一種感覺：只要有直面現實的勇氣，認識中國並不是太難。應該說，目前對中國形勢和世界大勢的認識，對中國知識界的見識固然是一種考驗，但它的難度和挑戰性，並不如梁任公一輩面臨歐洲凋敗之局遭遇的考驗那麼嚴峻。

人們會問，喪失道義、百弊叢生的現實，難道不是蘊含著否定自己的契機嗎？苦難深重的中國人，不是相信「壓迫越深、反抗越甚；蓄之既久、其發必速」嗎？對於這個問題，本書作者表現出了理性的、審慎的現實主義態度，沒有單純為義憤所支配。作者清醒地看到，雖然當前的問題和危機是難以化解的，但這並不意味著統治中國的現政權會立即、或在短時間內崩潰，中國社會的病理狀況是衰朽和潰傷，隨著時間越發加深的衰朽和潰傷。中共現政權可以憑藉對社會不計成本的控制，對民間力量變本加厲、毫無節制的打壓，以及巨大的慣性在可見的將來存活。

作者持之以恆地以中國社會、政治、經濟為研究對象，從《中國的陷阱》到《中國：潰而不崩》，中間剛好經歷了 20 年。這 20 年，見證了作者思想和認識的深化——從呼籲以深化改革的辦法來化解困局，到對於已患不治之症的清醒診斷；這 20 年，也見證了中國老百姓和知識分子的態度與情緒的轉變——從抱有最後一點希望到完全絕望。從上世紀 70 年代末和 80 年代初開始，「改革」在大約 20 年的時間內是中國人民的希望之所在，是維繫信心的一面旗幟，人們把落後的、醜惡的現象歸結為某種改革尚未進行或者進行得不徹底，歸結為保守派的阻擾和反對，人們以為推動和捍衛改革必然帶來進步，就是在維護廣大老百姓的利益。但是，人們很快就發現，改革不過是為當權者提供了把權力兌換為經濟利益的良機，改革成了這些人瓜分國有資產的遊戲和盛宴。從《中國的陷阱》出版到《中國：潰而不崩》發行的這 20 年，就是人們越來越不願意談論改革、「改革」這個詞彙的正面意義喪失殆盡的過程。

是改革在行進的中途變了味並且越來越變味，還是改革從一開始就

是中國共產黨為了挽救自身的統治地位而採用的權宜之計？這是一個見仁見智的問題。但至少可以說，即使在中共開明的領導人那裡，改革的「救黨」功能與「救國」功能也是沒有釐清的。對於共產黨人來說，黨的地位和黨的利益當然是第一位的，對他們來說，黨的利益自動地就等同於國家的利益、人民的利益。改革開放搞了40年，中國被搞成了一個不加掩飾的以血緣為經度，以親朋為緯度，國家的所有資源均為黨產的紅色帝國。這不是改革方針政策的變質變味，而是改革邏輯的必然展開，改革本性的順理成章的顯現。

粗鄙的共產黨人不去理會這件事的諷刺意味：他們當初打出大旗，上面寫著「只有社會主義才能救中國」，經過無數的失敗與災難，他們的生存策略變為「依靠資本主義挽救中國共產黨」。必須承認，改革開放40年的經驗證明，中國共產黨人在這方面幹得還不錯，內部是一個核心、高度統一、很少雜音，在外部也有點財大氣粗、頤指氣使的模樣，時不時還上演一齣萬國來朝的好戲。

但是，正如本書所揭露和剖析的，這個外表強大光鮮的紅色帝國其實已患沉痾，赤裸裸的斂財和鎮壓所付出的代價是失去政治合法性。也許，我們不得不承認中共已經創造了一個奇蹟：它的政權居然在「六四」大屠殺之後存活下來，並在全球化浪潮中攫取了巨大的收益。但是，歷史經驗告訴我們，一個失去合法性的政權雖然可能活得超出人們的預料和忍耐，但它絕不會長久存在，人類歷史沒有，也不可能有這樣的奇蹟。

2017 年 5 月於紐約

中國將進入
潰而不崩的衰敗期

從《中國的陷阱》（1997 年）到《中國：潰而不崩》這本書的出版，其間中國經歷了極其重要的 20 年。這 20 年當中，西方社會對中國的態度也發生了巨大變化：先是歡迎「中國與國際接軌」並「和平崛起」，繼而驚覺中國已經成為新的「獨裁者俱樂部」領導者，中國存在種種巨大的社會危機，於是開始擔心中國崩潰。

　　本書的分析是：中國不會真正崛起，但也不會像某些中國研究者預測的那樣，很快陷入崩潰。所謂「潰而不崩」的立論，也不是作者現在的看法。早在 2003 年，我就在〈威權統治下的中國現狀與前景〉一文中提出這個概念，[1] 當時指出的是：在未來可見的 20—30 年內，中國將長期陷入「潰而不崩」的狀態。所謂「潰」，指的是社會潰敗，包含生態環境、道德倫理等人類基礎生存條件；「不崩」，指的是政權，即中共政權不會在短期內崩潰。本書的預測是今後 10—20 年，中國將繼續保持這種「潰而不崩」的狀態。

一、國際社會看中國：從「和平崛起」到中國衰落

　　從 2015 年開始，國際社會對中國的看法來了一個一百八十度的大轉彎，從「繁榮論」一下變成「崩潰論」。引發這輪話題的人物是美

國喬治・華盛頓大學（The George Washington University，簡稱 GWU 或 GW）政治學和國際關係教授沈大偉（David Shambaugh），他是華盛頓著名的親北京學者，「擁抱熊貓派」的主力人物，被譽為「美國最有影響力的中國問題專家」。沈大偉從長期鼓吹「中國和平崛起」突然改為認同「中國崩潰」，儘管他幾個月後又把自己的最新結論從「崩潰」修改為「衰敗」，但他的這個「兩極跳」動作在北京與美國引發的反響，與多年前美國的章家敦（Gordon Chang）那本《中國即將崩潰》（The Coming Collapse of China）不一樣，由於沈大偉的權威地位，他對中國認知的轉變，對美國的中國研究界甚至華府外交圈的影響都很大。

早在 2009 年，筆者就指出：當時中國經濟已進入由盛而衰的轉折點，標誌是外資大量撤出中國，世界工廠開始衰落，中國政府不得不推出耗資四萬億人民幣（約合 5860 億美元）資金的救市計劃，扶持不應該扶持的「鐵公雞」（指鐵路、公路、基礎設施等項目），造成嚴重的產能過剩問題。沈大偉先生的觀點發表之後，我重申了自己在 2003 年就提出的觀點：沈大偉列舉的將導致中國崩潰的所有因素，早就在中國出現，但近期內並不會導致中共政權垮臺。中國的現狀與未來是在「強大」與「崩潰」之間的「潰而不崩」。

2016 年《大西洋月刊》發表了對美國總統奧巴馬的採訪《「奧巴馬主義」》（The Obama Doctrine）。奧巴馬認為，一個衰落的中國比崛起的中國更可怕，理由如下：「如果中國失敗，如果未來中國的發展無法滿足其人口需求進而滋生民族主義，並將其作為一種組織原則；如果中國感到不知所措而無法承擔起構建國際秩序的責任；如果中國僅僅著眼於地區局勢和影響力，那麼我們將不僅要考慮未來與中國發生衝突的可能性；更應知道，我們自身也將面臨更多的困難與挑戰。」[2] 發表這些看法時，奧巴馬入主白宮七年多。他當年初進白宮之時，對中國的了解限於皮毛，這些年沐浴了不少「中國風、亞洲雨」，對中國的認識的「成績單」還算不錯。

中國這個世界第一人口大國因其政治專制體制，始終讓世界不安，但引起不安的原因卻在變化。國際社會曾經擔心過許多問題：上世紀90年代以美國學者萊斯特·布朗（Lester Brown）發表《誰來養活中國？》（Who Will Feed China）為代表，國際社會擔心中國的糧食危機；從2003年開始，國際社會擔心「中國崛起」威脅世界和平，現在則擔心中國衰落拖累世界。至於拖累的方式，預測有多種多樣，中國人自己設想過的有「黃禍」（即中國人口因災難流往全世界）之類，奧巴馬提到的「用民族主義組織民眾」，與中國鷹派鼓吹的「持劍經商」相類似。

國際社會對中國的觀察就這樣陷入大起大落之中。直到前年還有研究堅稱，中國在2030年將超過美國，成為世界最強大經濟體；但從去年開始，又紛紛討論中國將要崩潰了。從預期中國將成為世界最強大經濟體，到中國行將崩潰，這中間落差實在夠大，以至於中國官方媒體嘲笑說：「在西方觀察者眼中，中國已經崩潰好幾回了。」之所以產生這種巨大落差，是因為對外部觀察者來說，中國具有極大的不確定性，這種不確定性部分源自他們對中國的不了解，部分源自中國政府在國際社會中很少按規則出牌。

二、中國看自身：從輸出「中國模式」到應付內部危機

北京其實比國際社會更早認識到內部危機，這從中國對外宣傳重點的變化就可以很清楚地看出來。2009年以前，中國政府對本國未來的經濟發展比較樂觀；從2009年開始，它的態度開始發生微妙的變化。

2003年底，中共理論界的三朝元老鄭必堅曾提出「中國和平崛起」之說，成為國內外關注熱點。美國《外交季刊》2005年9—10月號上發表鄭必堅的文章〈中國和平崛起〉，接下來短短三年內，中國

的對外宣傳口徑由「和平崛起」轉變成要以「北京共識」（the Beijing Consensus）[3] 取代「華盛頓共識」（the Washington Consensus），要向世界輸出「中國模式」，而且獲得委內瑞拉總統查韋斯（Hugo Rafael Chávez Frías）的高調響應。一時之間，居然營造出「中國模式」行將被發展中國家接受之勢。

2009 年中國的 GDP 總量首次超過日本，成為世界第二大經濟體，但當時中國政府對未來的評估已變得比較謹慎，稱中國在許多方面還是發展中國家。2011 年 3 月國際貨幣基金組織（IMF）的一份報告稱：按購買力平價計算的中國 GDP 總量將在五年後超越美國，2016 年將成為「中國世紀元年」，「美國時代」已接近尾聲。中國方面立即由國家統計局局長馬建堂出面，發表文章反駁 IMF 的這份報告，聲稱中國的經濟發展水平還很落後；[4] 不久，中國官方新聞社又發布消息表示，IMF 使用購買力平價的計算方法得出上述結論，並不準確。[5] 中國政府之所以不肯接受「世界第一經濟大國」這頂高帽，是因為高層已經開始擔憂中國將出現經濟困難，也深知導致經濟困難的因素都是無法克服的內在疾患。

細心的中國觀察者也許會注意到，從 2009 年開始，中國政府停止了「和平崛起」的對外宣傳策略，「北京共識」與「中國模式」這類高調宣傳偃旗息鼓；取而代之的是中共領導人習近平的說法，「中國一不輸出革命，二不輸出饑餓和貧困，三不去折騰你們，還有什麼好說的。」[6] 與此同時，中國政府一直集中精力應付國內問題。從 2012 年起，習近平就忙於應付中共高層內部激烈的權力鬥爭，直到 2015 年，他總算將周永康、令計劃等一批高官送進監獄；緊接著，中國政府又開始應付企業倒閉引發的失業潮。此後，習近平逐步加強社會控制，凡批評中國政治與管理體制的言論，一律嚴屬打擊，有名聲的政治反對者被陸續抓捕。

其中最受國際社會詬病的是取消各種外國資助的中國 NGO（非政

府組織），許多外國機構被點名，意在恫嚇那些使用海外資金的中國NGO成員，連政治上並不敏感的女權項目也被停止。迄今為止，共有三百多位維權律師與維權人士被捕。在這種日益緊張的恐怖氣氛中，2016年3月上旬，美國、加拿大、德國、日本及歐盟等各國駐北京大使聯署致函中共公安部長郭聲琨，就中國新的《反恐法》、《網絡安全法》及《境外非政府組織管理法（草案）》表達關注及憂慮，希望中共放鬆壓制。但這種關注幾乎沒起任何作用。

三、國際社會的隱憂與中國的前景

奧巴馬擔心中國「滋生民族主義」，只是道出了國際社會的一半擔憂，另一半擔憂則藏在舌頭下面，那就是擔心中國通過對外軍事擴張，轉嫁人口危機，如同湧向歐洲的敘利亞難民潮。這個擔憂不無道理，隨著中國經濟的衰退，中國的城鄉失業人口高達三億多，占中國勞動力年齡人口的三分之一。

經濟衰退之後，中國當局與人民之間原有的「麵包契約」難以為繼，從2015年開始，黑龍江雙鴨山煤礦工人以及各地國企工人進行了大規模抗議，口號就是「我們要吃飯」。國際社會開始意識到：中國的麻煩除了中共專制政府之外，還有一個大麻煩，即誰能為數億失業人口找到工作？「中國的崩潰」這個問題之所以從2015年開始再度浮出水面，乃因西方觀察者隱隱意識到：眾多民主國家同樣面對高失業問題；中國的人口、資源與就業等問題，即便中國實行民主化，仍然是難以解決的難題。這就是奧巴馬說「衰落的中國比強大的中國更可怕」的現實前提。

「阿拉伯之春」變成「阿拉伯之冬」，以及由此而派生的敘利亞難民危機，讓全球看到兩個問題：第一、秩序的破壞遠比秩序的重建容易；第二、全球範圍內已經產生的2.44億難民，正在成為全球治理的核心問題。[7] 自2015年以來歐盟深陷難民危機，這一事實證明：開放的民主

社會、脆弱的福利系統，在幾百萬外來難民潮的衝擊下難以自保。

中國是世界第一人口大國。這個國家自古以來，除了很少的年代，比如漢代的文景之治、唐代的貞觀之治之外，大多數時候都與災荒、饑饉相聯繫（有興趣可查閱孟昭華、彭傳榮所著《中國災荒史》）。中國自從改革開放以來，近 40 年間以透支生態與勞工健康、生命和福利為代價的經濟發展，確實讓中國人吃飽了飯。筆者將這稱之為中國統治者與老百姓之間達成的「麵包契約」，即政治上剝奪老百姓各種權利（rights），但承諾發展經濟，讓老百姓能夠就業，衣食住行得到基本滿足。在中國經濟快速發展的階段，國際社會曾認為，可以通過促進中國的經濟發展進而促成中國的民主化。美國在比爾·克林頓任總統時期曾確定一個長達十年的對華法律援助計劃，並在 2003 年開始付諸實施，就是希望通過中美間的法律合作促進中國的法治建設，最後促成中國的民主化。

從 2005 年底「中國和平崛起論」出現之後，國際社會擔心「強大的中國對國際社會將形成威脅」，現在則變成「衰落的中國比崛起的中國更可怕」，十年之間，對中國的觀察研究繞了一圈，又回到原點。

美國總統奧巴馬的看法，其實代表了華府政治圈的普遍看法。根據本書作者對中國的長期研究與了解，中國從來就沒有超過美國的可能性，但只要中國沒捲入不可控的外部衝突，短期內也不會崩潰。世界各國其實非常擔心中國經濟出現大麻煩。北京最痛恨的「中國崩潰論」，2015 年又以各種預言形式相繼出現。美國《國家利益》3 月 2 日發表〈世界末日：為中國的崩潰做好準備〉（Doomsday: Preparing for China's Collapse），文章羅列了美國政府為應對中國崩潰應當採取的種種措施。[8] 法國興業銀行在最新的季度研究報告中用「五隻黑天鵝」表述了全球經濟增長前景面臨的風險，指出中國是 G5 國家中「純經濟」風險較大的一隻「黑天鵝」：房屋大量過剩，高債務水平和不斷出現的不良貸款問題，使中國存在 20% 的「硬著陸」風險；另外，「經濟結構改革不足」

使中國經濟存在「失去十年」的重大風險，這一概率高達 40%。[9]

這種擔心非常普遍。2016 年 11 月 17 日，2008 年諾貝爾經濟獎得主保羅・克魯格曼（Paul Krugman）在華盛頓的一場研討會期間接受了美國之音記者的採訪，他對兩個關鍵問題的回答很有代表性。一是記者問：「一旦中國經濟出現更為嚴重的狀況，世界其他經濟體會不會前去救市？」克魯格曼的回答是：「不會。即便是其他國家具有最良好的願望，也不可能；中國的社會和經濟規模太大了——因為規模如此之大而不可能垮掉，但是規模大到拯救起來很難。」（not too big to fail, but too big to save）在回答記者引述他人的看法，即中國經濟一旦出現嚴重狀況，必將帶來政治領域的改革時，克魯格曼的看法是：經濟領域一旦出現狀況，中共政權有可能會再次依賴高壓手段來控制形勢。中國在政治開放領域已經向後退，到那時可能會退得更多。[10]

中國是一個與全世界 180 多個國家有經貿往來的第二大經濟體，如果真成了國際投行界預測的「黑天鵝」，影響之大難以估量。正因如此，國際社會對中國意在控制匯率與資本流出的「外匯保衛戰」，不僅不做任何干預，反而給予讚揚。比如美國財政部曾於 2016 年 10 月、2017 年 4 月兩度宣布中國為「非匯率操縱國」，承認中國近期干預匯率是為了防止人民幣過快貶值，對世界金融穩定作出貢獻，因為人民幣過快貶值將給美國、中國和全球經濟帶來負面影響。[11]

「以美國為首的西方國家希望中國崩潰」的言論，其實是中國宣傳部門及國內少數人的宣傳，絕非事實。極權國家善於製造敵人，即使沒有敵人，也需要憑空製造出來。

四、中國崛起與衰落的共同根源：共產黨資本主義

2016 年，中國的各項經濟指標表明，其經濟已經明顯陷入長期衰退。但是，美國皮尤研究中心（Pew Research Centre）於 2016 年 5 月公

布的民調仍然顯示，有一半美國人認為，崛起的中國對於美國是一個主要威脅，更有四分之一的人把中國看成是美國的對手。[12]世界上絕大部分國家，特別是中國周邊鄰國，都希望崛起的中國能早日走上民主化道路，在國際事務中基本上按照國際規則行事，與周邊國家減少衝突，形成一種共同繁榮的友好關係。但是，中國會走上民主化道路嗎？中國的經濟繁榮到底是促進政治民主化，還是會強化共產黨的專制？這不僅關係到中國的前景，也關係到中國周邊國家未來的安全。

整個世界，包括世界銀行和國際貨幣基金組織等著名國際機構，似乎都對中國經濟的前景充滿憧憬，不少國家都希望搭上中國經濟這趟「快車」。但是，如果你每年年初都到中國的經濟類網站上搜集信息，就會很驚訝地發現，從2008年開始到2016年，幾乎每年年初中國經濟媒體都有這樣一條新聞，除了年份不同，標題的內容幾乎相同：「今年是中國經濟最困難的一年。」發表這個看法的，有時是總理本人，有時是著名經濟學家。[13]

對樂觀的中國觀察者來說，也許認為這種擔心是杞人憂天，但了解中國經濟實際情況的人卻明白，中國連續九年在擔心可能出現經濟最困難的局面，並非中國政府及學者低估本國的經濟發展，而是中國經濟有許多問題，除了產業結構畸形之外，社會分配不公導致內需不足，更是中國經濟發展動力不足的主要原因。

從1970年代後期開始，中國一直在推行經濟改革，即改變共產黨政權原來的社會主義經濟制度，不再堅持公有制和計劃經濟。經過近40年改革，在中國出現了一種共產黨政權與資本主義「結婚」的政治經濟制度，即中國模式，成為冷戰結束後世界現代史上的一個「奇蹟」。之所以將其稱之為「奇蹟」，是因為共產主義運動的「聖經」——《共產黨宣言》斬釘截鐵地宣布：共產主義與資本主義勢不兩立，無產階級組成的政黨——共產黨——將是資本主義的掘墓人。那麼，該怎樣來認識中國經濟改革產生的這種獨特的政治經濟制度呢？本書作者

把中國這種獨特的政治經濟制度稱為「共產黨資本主義」（Communist Capitalism）。[14]

所謂「共產黨資本主義」，就是專制政權之下的權貴資本主義＋國家資本主義，中國模式是它的好聽說法。它意味著，以消滅資本主義起家的共產黨，經歷了社會主義經濟體制的失敗之後，改用資本主義經濟體制來維繫共產黨政權的統治；同時，共產黨的各級官員及其親屬，通過市場化將手中的權力變現，成為企業家、大房產主、巨額金融資產所有者等各種類型的資本家，掌握了中國社會的大部分財富。這種利益格局，使紅色權貴們需要維持中國共產黨政權的長期統治。因為只有中共政權才能保護他們的財產和生命安全，並保障他們通過政府壟斷的行業繼續聚斂巨大的財富。

理解了「共產黨資本主義」的掠奪性，才能理解 20 多年之間，中國從繁榮走向衰敗這一過程，其實是中國模式的宿命。如同我當年在《中國的陷阱》[15]一書中指出的那樣，中國的改革路線就是以權力市場化為特質，這一模式被稱為中國模式，即極權政治＋資本主義。中國經濟的迅速發展與一度繁榮，是推行共產黨資本主義之功，因為這種模式便於政府集中一切資源，不惜透支、汙染生態環境，罔顧民生與人民健康，用掠奪方式迅速發展經濟，打造出世界上最快的 GDP 增速，同時也讓紅色家族成員與共產黨官員大量掠奪公共財產以自肥；而中國經濟的衰退，也由共產黨資本主義造成，因為這種模式造成腐敗蔓延，在短時期內造就大量世界級中國富豪的同時，也生產出數億窮人，當中國富人與富裕中產滿世界購買奢侈品時，許多窮人連滿足日常生活需求都極為困難，這種嚴重的貧富差距，不僅讓中國社會各階層之間產生巨大的身分裂溝，還製造了彌漫全社會的社會仇恨。如今繁華散盡，收穫苦果的時候到了，中國人面對的是霧霾、毒地與烏黑的河流、乾涸的湖泊，以及數億沒有辦法獲得工作機會的失業者。

任何社會都有賴以生存的四個基本要素：一是作為社會生存基座的

生態環境，比如水、土地、空氣等的環境安全；二是調節社會成員之間行為規範的道德倫理體系；三是社會成員最起碼的生存底線，具體指標就是以就業為標誌的生存權；四是維持社會正常運轉的政治整合力量，即從法律與制度層面對社會成員施加的一種強力約束。上述四者，中國現在只剩下政府的強管制，其餘三大生存要素均已經陷入崩塌或行將崩塌。

更悲觀的是，除了第四點即政治制度可以通過變革在短期內改變調整之外，前三個中國社會的長期生存要素，並不能通過政權更替在幾十年內有根本改觀。[16] 由於中國政府集中所有資源用於「維穩」，中國民眾因缺乏自組織能力，有如一盤散沙，無法與中共這塊巨大的頑石抗爭，因而中共政權在 10—20 年內不會崩潰，中國社會將長期處於「潰而不崩」狀態。這個過程是中共政權透支中國未來以維持自身存在的過程，也是中國日漸衰敗的過程，當然更是中國不斷向外部釋放各種負面影響的過程，比如中國人口遷往世界各國、環境汙染外溢、製造對外衝突以轉移國內矛盾等等。

五、共產黨資本主義培育出盜賊型政權

迄今為止，全球已有包括俄羅斯、巴西、紐西蘭、瑞士和澳大利亞等在內的 81 個國家承認中國的市場經濟國家地位。那麼，一個實行市場經濟、積極參與經濟全球化的中國，是不是也會和地球上絕大多數國家一樣，形成公民社會，用民主制度代替專制制度？弔詭的是，中國政府並不打算走上民主化道路，從 2005 年以來，無論是胡錦濤當政還是習近平當政，中國政府多次明確表示，絕不考慮採用西方國家的民主制度。之所以會如此堅持社會主義制度，是因為中國政府已經墮落成為一個盜賊型政權，並且集中了當今世界上所有盜賊型政權的惡劣特點。

美國政治學者曾將非洲、南美以及南歐等國的腐敗政府稱之為「盜

賊型政權」──用「盜賊」借喻貪婪無恥掠奪公共財產與私人財富的統治者，恰如其分──並將之劃分為四種類型。受賄者集中於高層的有兩類政權：一類是政府與企業財團形成了雙邊壟斷；另一類是「盜賊統治」的國家。受賄者分布於政府中低層的也有兩類政權：一類是因為資源分配的關係導致行賄呈螺旋式上升；另一類是黑手黨控制的國家。這些臭名昭著的盜賊型政權包括：1954—1989 年統治巴拉圭的阿爾弗雷·德·斯特羅斯納政權、1965—1997 年扎伊爾（薩伊）的蒙博托政權、1957—1986 年間海地的杜瓦利埃家族政權。[17] 這些政權因其高度腐敗，官員肆意掠奪公共財產及民財，其治下民不聊生，最後都被推翻，無一有好下場。

中國現政權集中了上述幾類盜賊型政權的特點：受賄者遍布政府高層與中低層，即使是一個小小的政府公務員，也莫不利用手中權力尋租。當今世界上許多「盜賊型政權」採用過的掠奪手段，莫不在中國出現，擇其大端列舉如下：

其一，產業管制成為官員們個人尋租的手段。只要某個行業有利可圖，該行業的許可證就成為官員們謀取私利的手段。例如：煤礦、金礦與其他各種礦產的准入制度都成了為官員們生產財富的金牛；而中國因此也成了世界上礦難頻率最高、因濫採濫控而導致環境嚴重汙染的國度。

其二，土地被國家壟斷成為權勢者獲利淵藪。中國各級官員像一群通過轉手倒賣牟利的地產中介商，政府憑仗權力逼迫老百姓搬遷，以便把土地高價賣給房地產開發商，從中牟利。中國官員因貪腐被查，很多都與土地有關；[18] 中國的富豪中房地產商占比非常高。[19]

其三，國有企業的私有化成為國企管理層和地方政府官員發橫財的巨大「金礦」。山東省諸城市市長陳光，因一口氣賣光了該市 272 家國有企業而獲得「陳賣光」的綽號，被譽為中國「國企改革第一官」[20]。整個中國，國有企業負責人犯罪成為腐敗案件的主體部分，比如 2004

年國有企業管理層的職務犯罪占查辦貪汙賄賂案件總數的 41.5%，其中相當部分都與國有企業改革有關。2014 年習近平推行大型國企的反腐運動，一年之內逮捕了 115 名國企高管，包括全球巨頭如中石油、中國南方航空、華潤、一汽和中石化的眾多高管在內。[21]

中國至今改革已近 40 年，但永遠處於改革未完成狀態；每次改革都成為權勢者汲取財富的有效管道，諸如國有企業私有化、證券市場建立、金融監管體制改革等，每一次改革幾乎都使一批官員成了富翁。習近平上臺以後，為了鞏固自己的權力，用反腐敗作為打擊政敵的手段，同時也加強了對官員們的約束。官員們認為，這樣的政策斷絕了自己的財路，採取懶政、不作為以應對之。

紅色中國現在早已淪為共產黨精英的私產，統治集團不斷對外宣布「要保持紅色江山永不變色」。但是，上述強盜式掠奪行徑的氾濫，導致廣泛而嚴重的社會不滿，使這個政權面臨政治高風險狀態，維持穩定就成了統治集團的集體夢魘。由於擔心掠奪來的財富無法經受政權更迭的風險，中國的政治精英都偏好移民他國，而中國則成了世界上最大的資本外逃國。[22] 中國政府為了保護統治集團的利益，動用所有的社會資源來維持政權的穩定，這是中國的維穩費用（社會安全開支）多年來直逼軍費的原因。[23] 中國政府依靠嚴厲的社會控制和政治高壓，試圖將所有形式的社會反抗消滅於萌芽狀態。可以這樣說，現階段社會底層的嚴重不滿及各種群體性事件，以及互聯網上一些清算共產黨官員、稱「民主化之後殺你全家」的極端言論，只會加強中共維護統治的決心，但不會促使中共實行溫和的民主化轉型。

中國現在正面臨一系列幾乎不可克服的經濟社會難題，因此今後 20 年內中國很可能處於一種衰敗（decay）狀態。如果說，美國自 2008 年之後的經濟走勢是 U 字型，那麼中國走的就是 L 型，在 L 下面那一橫還將持續下滑。自鄧小平之後，中國政府的政治邏輯是：經濟發展良好、社會穩定，說明中國模式有效，不需要改革；經濟衰退、人心不穩，

則維持穩定是第一要務，這種時候的政治改革只會讓政權面臨危險。中國現任政治局常委王岐山常向朋友及屬下薦讀法國歷史學家托克維爾的《舊制度與大革命》，[24] 就因為他對「托克維爾定律」有深刻的感悟：一個壞的政權最危險的時刻並非其最邪惡之時，而在其開始改革之際。在這種「改革是找死」的思維支配下，中共將繼續維持專制而非走上民主化道路。

為了保住政權，中共深知防範經濟危機是根本，維持金融穩定更是關鍵戰役，針對中國影子銀行系統多年積累而成的各種定時炸彈，在短短不到一年時間裡，從 2016 年 8 月開始的外匯儲備保衛戰（貨幣維穩），到 2017 年 2 月開始的金融整頓，再到 6 月的「防經濟政變」，將幾位大規模轉移資產至海外的中國富豪逐個拘捕（肖建華、吳小暉）或禁止出境（王健林），[25] 明確要求他們將轉移至海外的資產轉回中國。這些防範措施，表明中共統治集團對其持續執政面臨的危機，已經按部就班地作出各種應對方案，將極權政治從內部崩潰的可能性降低到盡可能低的程度。

對一個政權來說，最可怕的並非危機本身，而是這個政權的領導者及其班底對危機性質、程度的認識是否到位。

習近平接掌中共總書記前後，政治上權力鬥爭凶險，經濟上頻過險灘，他本人及其智囊團隊對這些問題有比較充分的認識。2017 年 7 月中旬，全國金融工作會議開過之後，《人民日報》連發三篇評論員文章，其中提到：「金融領域風險點多面廣，隱蔽性、突發性、傳染性、危害性強，必須格外小心，審慎管理。防範化解金融風險，需要增強憂患意識。……既防『黑天鵝』，也防『灰犀牛』，對各類風險苗頭既不能掉以輕心，也不能置若罔聞。」[26]「黑天鵝」用來比喻小概率而影響巨大的事件，英國退歐被形容為 2016 年三大「黑天鵝」事件之一，因此大家都明白代表什麼意思；「灰犀牛」用來比喻大概率且影響巨大的潛在危機，因較少使用，外界不太明白，經媒體解說，人們方知「灰犀

牛」這一概念出自美國學者米歇爾・渥克（Michele Wucker）那本《灰犀牛：如何應對大概率危機》一書。最近，中央財經領導小組辦公室主任劉鶴為《21世紀金融監管》中文版所作序言提到這兩個詞，經《人民日報》評論員文章引用後，一時大熱。劉鶴在序言中說：「從金融發展史來看，金融危機並不是人們想像中的小概率事件。一部金融史就是一部危機史，……金融危機是一個強大的敵人，要戰勝它，就意味著監管機構要能夠在危機的關鍵時刻作出不同於市場的獨立判斷。」序言的原題是〈每一次危機都意味著金融監管的失敗〉，通篇強調，每一次金融危機都意味著政府與市場關係的嚴重失調。解決的方法就是加強金融監管，[27] 字裡行間透露的意思就是：必要時金融監管也會成為一種高壓手段。

現實極有可能證明，克魯格曼的預測是正確的：經濟領域一旦出現狀況，中共政權有可能會再次依賴高壓手段來控制形勢。中國在政治開放領域已經向後退，到那時可能會退得更多。

毛澤東為中共奠定的制度基礎（一黨專制）及排斥西方政治文明的思維定勢，在鄧時代並未得到矯正。習近平執政以來的所作所為，表明中共政治制度已經形成一種結構性鎖定，這種社會結構中，問題不僅僅是政治反對力量難成氣候，更在於政治反對者的主流與中共在意識形態、鬥爭理念上與中共處於同構狀態。一個社會一旦進入這種制度的結構性鎖定狀態，將產生極強的路徑依賴。

註 ————

1 何清漣，〈威權統治下的中國現狀與前景〉，美國，《當代中國研究》，2004 年夏季號，
   第 4—41 頁。

2 Jeffrey Goldberg, "The Obama Doctrine," The Atlantic, 2016 spring issue, http://www.
   theatlantic.com/magazine/archive/2016/04/the-obama-doctrine/471525/.

3 Joshua Roma, "The Beijing Consensus", Foreign Policy Centre, May 11, 2004，http://
   fpc.org.uk/fsblob/244.pdf.

4 馬建堂，〈全面認識我國在世界經濟中的地位〉，《人民日報》，2011 年 3 月 17 日，
   http://theory.people.com.cn/GB/14163201.html.

5 〈中國 GDP 總量 5 年超美引爭議，算法不同致「被提前」〉，中國新聞社，2011 年 4
   月 29 日，http://www.chinanews.com/cj/2011/04-29/3006733.shtml.

6 《2009 年習近平出訪墨西哥期間對當地華僑的講話》，BBC，2012 年 2 月 12 日，
   http://www.bbc.com/zhongwen/trad/indepth/2012/02/120210_profile_xi_jinping.shtml.

7 世界衛生組織報告，《促進移民健康》，2016 年；4 月 8 日，http://apps.who.int/gb/
   ebwha/pdf_files/WHA69/A69_27-ch.pdf.

8 Peter Mattis, "Doomsday: Preparing for China's Collapse," The National Interests,
   March 2, 2015, http://nationalinterest.org/feature/doomsday-preparing-chinas-
   collapse-12343.

9 〈世界正面臨五隻「黑天鵝」最容易引爆一隻竟沒人關注〉，鳳凰網，2015 年 9 月 11 日，
   http://finance.ifeng.com/a/20150911/13966873_0.shtml.

10 燕青，〈克魯格曼：中國一旦垮掉 不會出現全球救市〉，美國之音，2016 年 11 月 19 日，
   https://www.voachinese.com/a/china-economy-krugman-20161117/3602031.html.

11 〈美國財政部：中國不是匯率操縱國〉，財新網，2017 年 4 月 15 日，http://international.
   caixin.com/2017-04-15/101078696.html

12 Pew Research Center, "Public Uncertain, Divided Over America's Place in the World:
   Growing Support for Increased Defense Spending," May 5, 2016, http://www.
   peoplepress.org/2016/05/05/public-uncertain-divided-over-americas-place-in-the-
   world/.

13 〈每一年，都是「最困難」的一年〉，經理人分享，2016 年 1 月 6 日，http://www.
   managershare.com/post/227834.

14 Xiaonong Cheng, "Capitalism Making and Its Political Consequences in Transition—
   An Analysis of Political Economy of China's Communist Capitalism," in Guoguang Wu
   and Helen Lansdowne, eds. New Perspectives on China's Transition from Communism,
   London & New York, Routledge, Nov.2015, pp.10-34.

15 何清漣，《中國的陷阱》，香港，明鏡出版社，1997 年 9 月；《現代化的陷阱》，北
   京，今日中國出版社，1998 年 1 月；日文版，《中國現代化的落穴》，東京，草思社，
   2003 年；德文版，China in der Modernisierungsfalle, Hamburg and Bonn, Germany,
   Bundeszentrale für politische Bildung, 2006.

16 何清漣，〈威權統治下的中國現狀與前景〉，《當代中國研究》，美國，2004 年夏季號，第 4—41 頁。

17 Susan Rose-Ackerman, *Corruption and Government: Causes, Consequences, and Reform*. New York, Cambridge University Press, 1999, pp.113-126.

18 葉開，〈近 17 年全國賣地收入超 27 萬億，資金去向鮮有公開〉，中國新聞網，2016 年 2 月 16 日，http://www.chinanews.com/cj/2016/02-16/7758491.shtml.

19 張曉玲，〈百富榜鏡像：中國地產富豪 16 年興衰史〉，《21 世紀經濟報導》，2015 年 10 月 22 日，http://www.21jingji.com/2015/10-22/1MMDA5NzVfMTM4Mzc1Mw.html.

20 謝春雷，〈「陳賣光」：國企產權制度改革「第一官」〉，《南方周末》，2003 年 10 月 23 日，http://www.southcn.com/weekend/tempdir/200310230031.htm.

21 〈2015 開闢國企反腐第二戰場〉，人民網，2015 年 1 月 18 日，http://politics.people.com.cn/n/2015/0118/c1001-26403869.html.

22 Ken Brown，〈中國資本外流規模創紀錄有何影響〉，《華爾街日報》，2016 年 1 月 29 日，http://cn.wsj.com/gb/20160129/fin125723.asp; Keith Bracsher，〈中國資本外流越演越烈，人民幣再遇考驗〉，《紐約時報》，2016 年 2 月 14 日，http://cn.nytimes.com/business/20160214/c14db-chinaexodus/.

23 徐凱 等，〈公共安全賬單〉，《財經》雜誌，2011 年 第 11 期，http://magazine.caijing.com.cn/2011-05-08/110712639.html；陳志芬，〈兩會觀察：中國軍費和「維穩」開支〉，BBC 中文網，2014 年 3 月 5 日，http://www.bbc.com/zhongwen/simp/china/2014/03/140305_ana_china_npc_army.

24 Alexisde Tocqueville, *The Old Regime and the French Revolution*. New York: Anchor Books, 1955.

25 何清漣，〈從「金融整頓」到「防經濟政變」〉，原載 VOA 何清漣博客，2017 年 6 月 22 日，https://www.voachinese.com/a/heqinglian-blog/3911026.html.

26 人民日報評論員，〈有效防範金融風險 二論做好當前金融工作〉，人民網—人民日報，2017 年 7 月 17 日，http://opinion.people.com.cn/n1/2017/0717/c1003-29407958.html.

27 〈中央財辦主任劉鶴：金融危機並不是小概率事件〉，鳳凰網，2017 年 8 月 8 日，http://dxw.ifeng.com/a/20170808/51587558_0.shtml.

紅色家族的
財富神話與權力傳承

在民主國家，新上任的一屆政府通常被稱為第 X 屆，而在中國和北朝鮮，領導人則被稱為「第一代、第二代、第 N 代」。中國的這種第幾代領導人的說法實際上暗示了一點，即中共政治權力的繼承者是前任有計劃地挑選培養的。符合「接班人」條件的人，通常是出身於紅色家族的後代，而他們的父輩基本上是 1949 年中共建立政權時級別為中央政府副部長或軍長（少將銜）級別以上的高官。只有父輩達到這個級別的，通常才被承認屬於紅二代；紅二代中父母級別更高者，被稱為「太子黨」。

這個群體無論在權力傳承還是在財富攫取上，都具有先天優勢。他們在中共權力傳承過程中擁有的特殊地位，既不載於中國憲法，也不見諸中共黨章，但確實是高於憲法、黨章的「潛規則」（即隱蔽的規則），且為中國官場、商界所遵從。一部分紅二代成員可以輕而易舉地利用父輩的地位和人脈，或獲得政治權力，或掠奪大量社會財富。

這些紅二代以及其他利用「裙帶關係」（kinship）攀龍附鳳進入紅色家族的人，成為中國改革過程中化公為私的主力軍，從其財富和掌控的經濟勢力來看，他們是這個國家真正的主人和所有者。

一、紅色家族的財富故事

　　2012 年 11 月末，程曉農在普林斯頓大學與一位美國教授聊天時，這位教授指著桌上《紐約時報》的一篇文章說：「太令人震驚了。當了十年總理，家裡就撈了 27 億美元，難以想像。」這篇文章的標題是〈溫氏家族與平安崛起〉，[1] 是《紐約時報》繼 10 月 25 日〈總理家人的秘密財富〉[2] 一文之後的第二篇深度報導。這些報導揭露了中國總理溫家寶家人利用平安保險公司斂財高達 27 億美元的骯髒故事。與這些報導同時發表的，還有美國彭博社關於中共總書記習近平的姐姐齊橋橋、姐夫鄧家貴，[3] 以及中國百餘位紅二代利用權力斂財的故事。[4]

1、紅色家族財富故事背後的黑幕

　　自從中國改革開放以來，「紅色家族」的財富故事幾乎遠播五大洲，只是由於這屬於「國家機密」，中國人只能通過香港的一些政治時評雜誌了解這些故事。鄧小平的子女最早涉足商業經營。1989 年天安門民主運動的重要起因之一就是「反官倒」，靶子就是鄧小平長子鄧樸方開辦的康華公司，被稱為「中國最大的官倒」。1980 年代前半期，中國還實行計劃經濟，但開始試行價格雙軌制，即計劃供應的各類物資，如石油、汽油、鋼材、電視機等緊俏物資，物資一部分仍按計劃價格供應，同時政府機構可以批准某些有「關係」的人（比如紅二代）獲得相當數量的緊俏物資，讓他們按遠高於計劃價格的市價出售牟利。康華公司因為有鄧家的背景，可以獲取這樣的物資，有時甚至不必自己銷售商品，而只是把准許提貨的政府文件轉手賣出，無需任何商業成本就可以獲得大量利潤。因為非權貴子弟不可能有這樣的機會，所以民間稱這種現象為「官倒」。

紅二代及高層權貴子弟利用權力經商，在江澤民、胡錦濤時期進入肆無忌憚的高峰狀態。他們成功地進入金融、能源等行業，或經管私募基金（private fund），或掌控國企，形成了家國一體的利益輸送機制。紅色家族及江、胡兩代領導層的子弟、親屬公開瓜分國有資源與公共財產，既為中低級官員的腐敗起了極其惡劣的示範作用，也讓中國民眾憤憤不平。

　　表面上，這種分贓體制是中共宣示的「黨的紀律」所禁止的。早在 1985 年，中國黨政兩大最高權力機構就明確規定：「凡縣、團級以上領導幹部的子女、配偶，除在國營、集體、中外合資企業，以及在為解決職工子女就業而興辦的勞動服務性行業工作者外，一律不准經商。所有幹部子女，特別是在經濟部門工作的幹部子女，都不得憑藉家庭關係和影響，參與或受人指派，利用牌價議價差別，拉扯關係，非法倒買倒賣，牟取暴利。」[5] 但這個黨內規則對紅二代形同虛設，中共從不認真查處違反黨紀的高官及其親屬子女，只是在民間輿論壓力較大時重申一下、強調自己建立了規則而已。僅從 1979—2011 年，就有 58 次中共中央紀律檢查委員會（中紀委）全會強調這個文件的規定，還有 110 餘項法律法規及政策要求防止幹部的親屬從事官商利益關聯之類的活動。[6] 中紀委 2012 年開設網站時，該網站公布的關於反腐敗的第一個中央文件就是 1985 年的這個文件。顯然，這些文件、規定其實只是障眼法。事實證明，絕大多數中共高層家屬子女都利用丈夫、父母之權牟取財富。

　　中國開始改革以後，出現了一大批富豪。據報導，2009 年中國一萬個富豪家族的財富總值為 21057 億人民幣，平均每戶 2 億元。其中最富的三千個家族的財富總值是 16963 億，平均每戶 5.7 億。[7] 這些富豪大致分三類，除了從草根階層崛起（以浙江的商人和廣東的商人為主），以及亦官亦商的「紅帽商人」這兩類之外，紅色家族是很重要的一個類型。這三類富豪當中，草根型商人主要依靠能力；「紅帽商人」除擁有

官場人脈之外，也需要經商的技巧和決策判斷力；而紅色家族的富豪們則未必都有足夠的經營能力，但他們擁有與生俱來的獨特優勢，即紅色家族深厚的政治背景和關係網，在中國這塊生長紅色資本主義的土地上，他們的家族資源比任何其他資源都更有價值。紅色家族往往從事需要政府審批的貿易、能源、金融、房地產行業，而他們的商業夥伴則是前兩類商人。

紅色家族致富的主要方法是「一家兩制」，即一家之主擔任共產黨政權（社會主義）的高官，而妻子、兒女與近親則利用家主的權勢撈錢，從事資本主義商業活動。

這種利用政治特權給家族直接輸送財富的現象，筆者曾概括為「以權力市場化為基礎的家國一體的利益輸送機制」。許多紅色家族還直接控制或參與了中國的壟斷型大型國有企業的管理。例如，前總理李鵬的子女控制了中國的電力行業，其子李小鵬曾任華能國際集團董事長、總經理兼中國國家電力公司副總經理，號稱「亞洲電王」；其女兒李小琳曾任中國電力國際有限公司執行董事兼總經理。2001 年 11 月，《中國證券市場週刊》刊登了一篇題為〈「神奇」的華能國際〉的文章，此文提到，中國的幾家大型壟斷電力公司已基本上變成李家企業，李鵬之妻朱琳是華能國際母公司——華能國際電力發展公司的董事長，其子李小鵬是華能國際主管。此文引起李鵬震怒。該文作者馬海林被捕，[8] 下落至今不明。

李鵬家族利用「家國一體利益輸送」體制，公然將三峽集團變為自家提款機，被稱為「紅色公主 CEO」的李小琳，對自家的財富毫不避諱，不僅身穿各種名貴品牌時裝招搖於各種會議上，在接受媒體採訪時，還大言不慚地宣稱：「能力之外的資本等於零。」[9]

相似的情況還有若干例，例如前中共總書記江澤民之子江綿恆壟斷了電信行業。江綿恆曾擔任上海網通公司董事長，該公司承攬了中國沿海 15 個省市鋪設光纖及開辦網絡電話的服務，其勢力接近國營的電信

業霸王「中國電信」。[10] 前國家副主席曾慶紅的兒子曾偉則插手石油行業；曾偉夫婦用 3200 萬澳元（約人民幣 2.5 億元）購買了澳大利亞悉尼市 Point Piper 區的著名豪宅，也是澳洲第三昂貴的房子。此事 2010 年就被澳大利亞媒體披露。[11]

隨著外資企業進入中國的金融業，不少紅色家族與外資企業合作，在金融領域裡又獲取了大量財富。英國《金融時報》指出：「太子黨在中國本土興起的私募股權投資基金行業裡占據著主導地位，通過重組國家資產和為私有公司提供融資獲取暴利。」[12] 例如，前總理朱鎔基之子朱雲來曾安排摩根・斯坦利（Morgan Stanley）收購了官營的中國國際金融公司約 34% 的股份，然後擔任該公司董事長；朱鎔基之女朱燕來則擔任中國銀行（香港）發展規劃部總經理；前總理溫家寶的兒子溫雲松創辦的私募基金新天域資本公司（New Horizon Capital）管理的資金達數十億美元，其投資者包括德意志銀行、摩根大通、瑞士銀行以及新加坡的主權財富基金淡馬錫，而新天域公司最值錢的「資產」則是溫雲松本人。

紅色權貴們去世之時，官方悼詞中必加上一頂「無產階級革命家」的桂冠，但號稱「無產階級」的革命家們卻能夠讓子女成為擁有數億、數十億美元資產的富豪階層，所依賴的「點金石」就是父輩的權力和資源。

2、盜賊型政權：從《中國離岸金融解密》到《巴拿馬文件》

2010 年以前，中國紅色家族的財富故事是處於耳語狀態的公開秘密。2010 年之後，由於中共十八大接班人之爭，中央政治局委員、重慶市委書記薄熙來和政治局常委、中央政法委書記周永康以及中共中央辦公廳主任令計劃等人相繼入獄。為了在激烈的高層權力鬥爭中占上風，權力鬥爭的雙方都不顧一切地將這類「國家最高機密」通過各種渠

道透露給外國媒體，於是薄家、習家、溫家等眾多紅色家族及權貴家庭的斂財故事成了美英媒體上的中國政治話題。除了習近平姐姐、姐夫家的財富故事被彭博、《紐約時報》相繼曝光之外，位於紐約的國際調查記者聯盟（the International Consortium of Investigative Journalists，簡稱ICIJ）從 2014 年以來發布了兩份調查報告，報告揭露的中國高層腐敗讓世界為之震驚。

2014 年 1 月，ICIJ 發布《中國離岸金融解密》，[13] 涉及將近 22000名中國內地和香港的離岸投資者。該報告披露，五名現任與前任中共中央政治局常委的親屬在英屬維京群島（British Virgin Islands, BVI）和庫克群島（Cook Islands）等離岸金融中心擁有離岸公司。其中包括現任國家主席習近平、前國務院總理溫家寶及李鵬、前國家主席胡錦濤以及已故領導人鄧小平的親屬。

此外，中國三大國有石油企業中石油、中石化和中海油與 ICIJ 密檔中的數十家設在 BVI 的公司有關聯。2016 年 4 月 3 日，ICIJ 發布《巴拿馬文件》（The Panama Papers），披露了各國開設離岸公司轉移財產的權貴名單，包括各國的 143 個政治人物和他們的家庭，其中有 72 個前任和現任國家元首。

中國又有數位政治局常委的家屬子女名列其上。這些人當中，有習近平姐夫鄧家貴，還有前總理李鵬之女李小琳和溫家寶的兒子溫雲松，以及前國家政協主席賈慶林、現政治局常委劉雲山等人的親屬子女。[14] 5 月上旬，ICIJ 再度公布的《巴拿馬文件》，涉及 3.3 萬名中國人物、4188 家境外公司。在資料庫中搜尋，發現不少榜上之人的姓名與中國高級官員的拼音相同，當中包括財政部長樓繼偉、國家民族事務委員會主任王正偉、黑龍江省長陸昊、工業和信息化部部長苗圩、安徽省長王學軍等。[15]

在全球 40 多個國家和地區設立的所謂「離岸公司」，早就墮落成了國際社會臭名昭著的洗錢工具。參與洗錢的包括有意逃稅的各國富豪

以及黑社會、恐怖組織成員。那麼，中國的紅色權貴與大量國企高管開設離岸公司，究竟是為什麼？很簡單，是為了隱匿灰色收入。因為他們的巨額財富來源依賴權力，一旦失去權力，這些財富很可能被查抄沒收，因此，他們必須藏金海外，同時還讓自己成為外國公民，於是美國、加拿大、澳大利亞等國成為中國權貴子弟熱愛的築巢之地。針對那些讓家屬子女攜帶資產移民外國，而本人繼續留在國內的官員，中國有個專門詞彙，叫做「裸官」。

中國人民銀行 2008 年的一份研究報告指出，從上世紀 90 年代中期以來，外逃黨政幹部、公安司法幹部和國家事業單位、國有企業高層管理人員，以及駐外中資機構外逃、失蹤人員數目高達 16000—18000 人，攜帶款項達 8000 億元人民幣。[16] 據此估算，平均每人外逃攜帶的資產高達 4440 多萬到 5000 多萬人民幣。2010 年 2 月 22 日，中國監察部網站發布《國家預防腐敗局 2010 年工作要點》，首次把「監管裸官」作為預防腐敗的工作重點。同年 3 月，全國人大代表、中央黨校教授林喆向媒體披露：從 1995—2005 年，中國共有 118 萬官員配偶和子女在國外定居。[17]

中國的資本外逃早在上世紀 90 年代就開始了。有關資本外逃的研究，目前可考的最早研究是王軍 1996 年寫的〈中國資本流出的總量與結構分析〉一文。[18] 本書作者何清漣在《中國的陷阱》（1997 年 9 月香港明鏡出版社出版，1998 年北京今日中國出版社以《現代化的陷阱》為書名出版）的第五章專列一節「原始積累過程中的資本外逃」，將貪官攜大量資金外逃這一中國問題帶入中國公眾視野。此後，中國媒體有關這一話題的報導甚多，但由於嚴苛的政治限制，任何媒體團隊都無法完成深入的調查研究。不僅如此，在中國，關於資本外逃的研究還經歷了跌宕起伏的命運。

2004 年，中國商務部研究院發布研究報告《離岸金融中心成為中國資本外逃中轉站》的相關信息，當時商務部研究員梅新育在接受記者

採訪時說：「該報告是商務部研究院研究報告《中國與離岸金融中心跨境資本流動問題研究》中的一部分」，結論是，「四千貪官捲走五百億美元」，並言之鑿鑿地談到總理溫家寶、副總理黃菊對這個報告作了批示，要求金融管理部門盡快洽商提出解決辦法。此後，這份報告的內容成為中國媒體報導反覆徵引的權威內容。

奇怪的是，2010 年 4 月 27 日，梅新育發表博文〈四千貪官捲走五百億美元謠言始末〉，聲稱當年對他的採訪是某記者造謠。如此大事，時過六年，梅新育才出面否定，顯然是政治壓力所致。此後，直到 2012 年中共召開十八大完成權力交接，王岐山接掌中紀委書記並於 2014 年推出「獵狐專項行動」，追捕逃往世界各國包括香港、澳門的貪官之後，大量貪官攜款潛逃才再度成為在中國大陸可以公開談論的話題。但是，ICIJ 發布的《中國離岸金融報告解密》與《巴拿馬文件》，因其中涉及的中國權貴數量龐大，十餘位新老政治局常委家屬牽涉其中，因而在國內互聯網上被徹底封殺。如果說世界原來對中共這個盜賊型政權的本質了解得還不夠，那麼這兩份報告可以讓外界充分認清：中國的「紅色富豪」就是雷蒙·菲斯曼（Ramond Fisman）與愛德華·米格爾（Edward Miguel）描繪的「經濟匪徒」。[19]

二、中共權力傳承中的接班人危機

在共產黨極權國家，上一代領袖死去或屆滿，繼任者不由民選，而是由高層經過密室策劃指定任命。因此，在共產黨國家有「接班人」這個詞彙，而接班人的遴選過程往往成為高層權力鬥爭的矛盾觸發點。2012 年中共領導人胡錦濤任期屆滿，新領導人習近平接任。圍繞權力交接曾發生的激烈鬥爭綿延至今，矛盾觸發點是「薄熙來謀位」，結局則是勝利者習近平成為中共總書記之後的政治清洗。如今，距離十八大召開的 2012 年已時過五年，這場清洗的餘波至今還波瀾不斷。

1、中共權力傳承模式：紅色血緣＋黨內程序

習、薄二人的權力鬥爭，其實只是共產黨國家特有的「接班危機」中的一例。歷史上，共產黨國家的專制獨裁者死後，最高權力的交班、接班往往伴隨著腥風血雨，斯大林、毛澤東死後，蘇聯、中國都經歷了這一過程。

共產黨國家的「接班危機」與其制度特性有關。極權主義國家有兩個主要的控制手段，一個是以暴力鎮壓為後盾的對全社會的政治監控（由軍隊、警察、情報三大系統組成）；一個是黨的宣傳機器指揮下的全民洗腦機制（由官辦媒體和學校教育系統組成）。

新的接班人雖然可能接過政治監控機器名義上的指揮權，但不見得能有效指揮前任領導人的同僚和退休元老。更危險的是，前任領導人提拔的那些僚屬如果與新領導人的政敵聯手，高層政變就會發生，比如毛澤東去世後，其親信汪東興就與葉劍英、華國鋒聯手抓捕了毛澤東的妻子江青、侄兒毛遠新等一幫親信，並以「四人幫反革命集團」之名將他們投入牢獄。因此，新領導人上任以後，必須奪得軍隊、警察、情報這三大系統的實際控制權，否則連自己的人身安全都不能保證。新領導人如果不願意當卸任領導人的傀儡，或者已經感覺到高層有人有不軌企圖，就必須盡快清除前任領導人留下的掌控軍隊、警察、情報部門的高層官員。

這一共產黨國家「接班危機」的制度根源，構成了習近平上任前後高層權力鬥爭的基本背景。最後，習近平從挖掘軍隊、警察、特務這三個系統負責人的腐敗罪行入手，剝奪了他們的職務，奪得政治監控機器的控制權，鞏固了自己的權位。

薄熙來之所以認為自己有資格與習近平一爭，緣於他與習近平擁有共同的「身分代碼」，即紅二代。習近平當上「接班人」，是場政

治長跑，起跑時間始於30多年前。當時中共元老陳雲（鄧小平時代的中共中央副主席）表示，要從「太子黨」當中培養未來的接班人，因為「自己的孩子政治上可靠」。這種接班模式是蘇共模式和北韓模式的結合：既通過黨內高層協商推選出繼任者，又在選拔接班人時考慮血緣原則，以「太子黨」人物為優先。在鄧小平時代，由於紅二代還比較年輕，資歷尚淺，所以不得不選擇富有經驗的中年官員，如胡耀邦、趙紫陽、胡錦濤；同時，也通過中共中央組織部安排當時只有30來歲的若干「太子黨」成員到基層黨政機關「鍛鍊」，積攢資歷以備提拔。在這一背景下，習近平（鄧小平時代的中央書記處書記習仲勳之子）和劉源（毛澤東時代任中國國家主席的劉少奇之子）以及薄熙來（原中共中央顧問委員會副主任薄一波之子）開始了以最高領導層為目標的政治馬拉松長跑。

中共元老要在太子黨中培養未來接班人的圖謀，史無明文記載，至今廣為流傳的是陳雲那句「自己的孩子可靠」。可能有人因這句話未載入官史，而以為這是外界對中共高層權力承傳觀的虛構，其實不然，這是有文字可考的歷史。

何維凌1978—1989年曾是活躍於京城政治圈的重要人物，是鄧小平長公子鄧樸方的好友，因有這種特殊身分，他在中國政界高層與以國家體制改革研究所為核心的青壯年改革派之間，起過溝通的橋梁作用。1989年以後，他在鄧樸方的保護之下被迫避禍美國，1991年在去墨西哥的途中因車禍去世，其遺稿經友人整理後在香港出版。作為中國改革初期京城政治的親歷者，他在手稿中留下不少珍貴史料。關於太子黨接班，何維凌如此描述：

在鄧小平拍板，中共中央定下培養「第三梯隊的重要決策之後，太子黨的理論家呼籲，太子黨要爭取主動，力求主動接班，其法有三：一曰油滴擴散性，二曰攀龍附鳳法，三曰借雞下蛋法」。

「油滴擴散法，是各自分散到地方或部門，依靠自己的家庭背景謀

求一官半職。一般由一人先打前陣，其他人尾隨跟上，逐步向四方擴散；當四散的油滴越漫越大，逐漸連成一片，遂形成強大政治勢力。」這一辦法的實踐者有習近平與劉源。

「攀龍附鳳法，是某太子黨重要人物，以自己的背景，兌現為權力，位居要津，主管一方，借此延攬各方人才，或各方人才趨之若鶩，攀附驥尾——遂形成太子黨系的一支現實的政治力量。」何維凌舉的例子是：使用這一方法獲得最大成功的是陳雲的兒子陳元，他於 1982 年前後出任北京西城區區委書記，周圍曾聚集了不少人才，一時之間很是熱鬧了一番。鄧樸方、胡德平也採取類似方法，各有地盤。陳元仕途後來遇阻，是在 1988 年北京市委委員換屆的差額選舉中落選，從此轉任金融系統官員。

「借雞下蛋法，是投奔到某高官門下供職，或借某高官為背景，或借某高官衙門為基地，以推行其政治主張，並漸獲官階與權力。此法，以任高官的秘書為上策。」何維凌指出，當時有相當一部分中央一級的負責人的秘書來自太子黨。[20]

參加「第三梯隊」到地方任職這一馬拉松政治長跑的太子黨「選手」並不多，因為「參賽選手」要過好幾關。高幹子弟要從政，首先就得拿到大學文憑，否則，因不符合「知識化」這一標準，其仕途之路就可能卡在大學學歷這一關上。

1977 年中國恢復「文革」時期取消的大學入學考試後，最初幾年的入學考試貨真價實，並沒有 20 世紀 90 年代後期那麼多腐敗，大學也沒開始賣文憑，結果許多高幹子弟因為未通過大學入學考試而不得不放棄升官的夢想。其次，鄧小平還規定了升遷時必須通過基層考評（即任職部門對其政績的評價考核）。紅二代們大多以其高貴身分自傲，很難對基層官員保持謙和恭敬的態度。這一點決定了從基層逐級升遷的仕途既辛苦又有風險，大多數紅二代寧可另選他途，或在國務院各部或在軍隊各總部工作，或利用父輩權勢經商，從而避免在鄉土味十足的基層官

員面前放下「高貴的身段」。紅二代們都知道,假如在「長跑」中的任何一個環節遇到障礙,仕途便可能中斷。因此,當時願意通過到基層「鍛鍊」熬資格的紅二代人數非常少,最耀眼的政治明星便是劉源、薄熙來、習近平這三位。

劉源的仕途是高開低走。劉從北京師範學院歷史系畢業之後,1982年從河南新鄉縣七里營公社副主任開始起跑,短短六年之間歷任新鄉縣副縣長、縣長、鄭州市副市長,至1988年任河南省副省長,成為全國最年輕的副省長。但1992年劉源的仕途像河流急拐了一道彎,轉任武警部隊水電指揮部第二政委兼副主任,此後的升遷就在武警與軍界內部穿梭,再也未回地方。一個沒有軍事經歷的人從地方官改變成到警界、軍隊任職,等於是為其仕途設置了天花板。其原因成謎。

2、習近平和薄熙來的接班案例

劉源淡出政壇之後,在政治馬拉松長跑的跑道上只剩下兩個選手,習近平和薄熙來。習近平行事低調,薄熙來成為當時最耀眼的政治明星。薄熙來1982年從中國社會科學院研究生院國際新聞專業獲得碩士學位後,在中央書記處工作兩年,於1984年從遼寧省金縣縣委副書記起步,到1993年成為遼寧省大連市市長,並以城市建設為政績亮點,成為中國當時最炫目的政治明星。但從2001年當上遼寧省委副書記、省長以後,其仕途那種鼓滿風帆前進的勢頭停滯,有傳聞認為,薄與遼寧省地方勢力、尤其是老省委書記聞世震矛盾甚多。薄於2004年改任商務部長,直至2007年調至重慶任市委書記,列位中央政治局委員,但與同年進入中央並任政治局常委的習近平相比,已經輸了關鍵一步。

習近平在清華大學畢業。1982年從中央軍委辦公廳秘書一職轉任河北省正定縣委書記。從1985年開始,此後的任職經歷主要在福建。

按何維凌的說法，習先在中央軍委耿飆那裡任秘書，是「借雞下蛋」，因「第三梯隊」之說，及時改走「油滴擴散」之路。他與前兩位不同的是，習近平從擔任福建省寧德地委書記伊始，就兼任寧德軍分區第一書記；此後隨其行政職務的升遷，兼任的軍隊職務也一直節節升高。從2003年開始任浙江省委書記、省人大常委會主任，兼任省軍區黨委第一書記；2007年先任上海市委書記兼上海警備區第一書記，同年轉任中央政治局常委、中央書記處書記及中央黨校校長。

從上述三位「太子」的從政經歷可看到：父輩餘蔭起了極大作用。按中共黨內幹部選拔那一整套民主推薦、組織考察的制度限制，所有人都必須熬資格，一級級臺階往上攀爬。倘若沒有父輩餘蔭，這三位的升遷不會如此之快。如果他們在基層「鍛鍊」時，被黨內幹部的「民主推薦」這一關卡住了，仕途也不會順暢。所以，元老們一般都會挑選有自己親信任職的地方，讓「太子」下凡，盡快熬夠級別。「太子」如果「親民」，早早熬夠資格，那是皆大歡喜，下邊的親信官員也算是對老上級有了交代。

習、薄二人在基層熬級別時，由於為人不同，風評也有很大差別。薄熙來從任大連市長開始，就喜歡在媒體露面，渲染政績，還時有醜聞纏身。香港《文匯報》駐大連記者站負責人姜維平，就是因匿名在香港媒體上揭露其醜聞而被誣入獄服刑五年。習近平則絕少在媒體露面，低調實幹，在非常複雜、大案迭出的福建省竟然能夠保全自己，其風評與薄相較有不小差別。到2007年，薄至重慶任職，只當了政治局委員，習至上海任職，進入政治局常委，這兩個「太子黨」政治明星的仕途前景至此已優劣盡顯。熟悉中國政治的人士都清楚：從職位安排上看，習近平是作為第五代領導核心加以「培養」的，儲君大位隱然在望，薄熙來卻望塵莫及。

不甘爭位失敗的薄熙來在習近平獲得最高權力之前，曾經掙扎了一番，試圖獲得國家主席之類的位置，且當時的軍隊、警察、情報三大系

統的負責人都站在薄熙來一邊，最後這幾個對習近平的最高權力構成威脅的高層官員，如中共中央軍委副主席郭伯雄、徐才厚，政法委書記周永康、國家安全部常務副部長馬建，全部遭到清洗。由於陳雲的兒子陳元和劉少奇之子劉源曾經支持過薄熙來，習近平上臺之後，時任國家開發銀行行長的陳元最先被安排退休，2015年底習近平又讓劉源從軍界退休；[21] 捲入周永康案件的中共中央辦公廳主任令計劃（胡錦濤的親信）被逮捕，其弟令完成攜帶機密文件潛逃美國，[22] 為美國情報界送上一大厚禮。

回望當年，應該說，20世紀80年代是中共執政以來對本黨、國家與人民最負責任的一段時期。選拔幹部的這兩套規則，在當時還確實使不少不合資格的高幹子女無法進入各層級的關鍵崗位，一批起自底層的平民幹部得到升遷。第三代領導人江澤民、朱鎔基，第四代領導人胡錦濤、溫家寶等人就是這樣進入仕途，逐級上升。江澤民退休之後，鄧小平隔代指定的胡錦濤等順利接班，獲得美國的中國研究界一片讚美聲，稱讚中國的政治制度有進步，已經成功地解決了權力交接問題。但2010年以來，中共發生的高層權力鬥爭讓世界再一次看到，中共這種「血緣＋黨內程序」的方式仍然無法擺脫共產黨獨裁政治的「接班危機」。

三、結束「集體領導」的習近平時代

習近平接任中共最高掌門已歷五年。這五年當中，他通過逐步清洗的方式，把黨務、國務、軍隊、宣傳等所有決策權都集中到自己手裡，而政治局常委會則變成了他的執行班底，不再具有集體決策權。因此，有人批評習近平實行獨裁；還有人說，習近平是要與紅二代共執朝綱，保護紅色家族的紅色江山。這兩種說法都站不住腳。

1、習近平時代並非紅二代坐江山的世界

　　中共的政治體制就是獨裁政治，無論是毛澤東個人壟斷權力的統治模式，還是鄧小平開創、並由江澤民、胡錦濤奉行的「集體領導」（寡頭共治，即媒體稱謂的「九龍治水」）的統治模式，都沒改變中共的獨裁政治本質。政治學對獨裁的定義是：由一個人或少數人集團擁有絕對政治權力而不受憲政與法律限制的政治體制；這種體制的統治權常由一人或一集團所壟斷，通過不同的鎮壓機制來發揮其政治權威。在兩次世界大戰之間，學術界根據當時的現實，將獨裁政體分為憲法獨裁、共產獨裁（名義上是無產階級專政）、反革命獨裁及法西斯獨裁；20 世紀60 年代非洲各國經過民族獨立解放運動之後，又發展出許多不同類型的獨裁政體，如宗教獨裁、家族獨裁等。獨裁政體以其政治實踐昭告世界，這類政體嚴重侵害和違背民眾利益，甚至危害人民的生命及財產安全，因而逐漸被人類社會拋棄。

　　在所有共產黨國家裡，領導模式只有兩種，或是集體領導，或是個人威權。無論是採行集體領導還是個人威權，都涉及到一系列制度安排。比如：實行個人威權式統治的前提是，最高領導人個人必須對軍隊和情報部門實現絕對的個人控制，還需要推動個人崇拜，在輿論上為個人威權造勢；而在集體領導下，最高領導人的地位往往只是名義上的，專制政權權力的核心部門（軍隊、情報機構）分別由領導集體的不同成員控制，重大決策需要領導集體達成共識才能實行。江澤民時期，中共政治局有 5—7 名常委，分管這些權力部門；胡錦濤時期，共有 9 名政治局常委分管各權力部門，即「九龍治水」的寡頭共治模式。

　　共產黨國家的領導模式向來都是在集體領導和個人威權之間像鐘擺一樣來回擺動，但這種擺動不是隨機的，也不完全由最高領導人的個人意願決定。從「鐘擺」的擺動過程中可以發現一個規律，那就是，一個

共產黨政權在什麼樣的歷史時期採用哪一種領導模式，到了什麼時候又換成另一種，主要取決於當局的政治經濟需要。

那麼，習近平時代是否意味著紅二代再度輝煌？習近平所做的一切都是為了挽救中共政權，維持紅色江山，但他並沒要與紅二代共掌朝綱。

「紅二代」這個集體名詞並不代表一個政治派別，而是一種身分代碼。其成員各自的政治立場和價值觀念差異很大，少數人甚至尖銳對立。其境遇也天差地別，有的經商，家財萬貫；而大多數人只是中低階層公務員，只有少數人官至將軍、廳局及副部級以上。從年齡上看，紅二代大多出生於 20 世紀 40 年代後期與 50 年代前期。他們人生最輝煌的時期其實不是習近平時代，而是江澤民、胡錦濤時代，這 20 餘年才是紅色家族建立家國一體利益輸送機制大發其財的年代。從江澤民上臺開始，中央部委、大型國有企業、軍隊裡的紅二代大都穩步升遷；在金融界和商界也有大批紅二代掌控著稀缺資源，發了大財。當習近平這位年近 60 歲的紅二代掌握最高權力之後，其他紅二代卻因年齡到線，或已退休，或接近退休。習近平正在推行軍隊體制改革，試圖建立與美軍體制類似的軍政、軍令業務分立的軍隊管理體制。中國陸軍現役高級將領中有 27 位紅二代，據最新報導，除一人之外，其他人全都退役。[23]退休的紅二代們在權力體系內已經沒有位置，不可能再與習近平共掌朝綱。

必須指出的是，紅色家族成員的身分使不少人免受政治打擊。十八大之後，習近平接任中共掌門人，一直戮力集權。但他在處理權力鬥爭的對手時，還是遵循「內外有別」的身分制原則。對於平民出身的高官，比如力挺薄熙來的周永康，包括薄入獄後與周永康有勾連的令計劃等，習近平毫不手軟；但對於如何「安置」當年與薄熙來結盟的紅二代，他只能採取圍棋的「削勢」策略，一步一步且走且看，對位階較高的紅二代，習近平在他們退休之後安排閑職榮養，比如陳元從國家開發銀行董

事長之職退休後任全國政協副主席；劉源以軍中上將之銜任解放軍總後勤部政委，退休後被安排至全國人大財經委任副主任。這種懷柔手段，有利於穩定紅色家族，贏得他們的政治支持。

2、習近平步步為營的收權策略

從習近平的收權策略來看，政府的文官系統是最容易收拾之地，也最早完成省部級大換血，「刀把子」系統中的三把「刀子」之一——公安系統——的整頓，也相對容易一些，因為孟建柱原來就在政法系統，習近平任北京奧運會領導小組組長時，孟出任副組長，與習建立了良好的關係，習近平借助孟掌控了公安系統。軍隊與情報系統的換血則相對困難。到 2017 年，習近平的軍隊體制改革已經完成上層管理體制的改造（被稱為「脖子以上的軍改」），而集團軍以下的軍改正在實施（被稱為「脖子以下的軍改」），大約五年內完成。從高層軍隊管理體制來看，軍改的主要結果是，江澤民、胡錦濤時代的那種軍隊系統自我管理、腐敗盛行的體制，被改造成「軍政」和「軍令」分立的架構，由習近平直接控制的新體制。[24] 軍方的情報系統則以改變政出多門為核心，原來的總參謀部、總政治部一向都染指軍隊情報工作，經過軍隊總部改革，軍情工作現在全部歸到一個部門，並由軍委主席直接領導。新的軍情部門將官任命將比現有軍隊將官任命更為嚴格，團以上級別的官員調整都要報軍委主席批准，以利於軍委集中統一領導。[25]

情報系統一直掌握在江澤民時期的重臣曾慶紅手中，習近平有所忌憚，遲遲未動手。迫使習近平動手的原因是 2017 年在美國發生的「郭文貴爆料事件」。

這年三月，國安部前副部長馬建的親信商人郭文貴打破了兩年多的沉默，宣稱自己掌握中共高層很多黑暗機密，要大爆特爆。郭的爆料行動通過海外明鏡網、美國之音「四·一九斷播事件」擴大其影響，確實

讓世界看到習近平未能有效掌控情報系統。北京最初確有將近一個月不知所措，但很快就鎮定下來，6月27日，中國通過了首部《國家情報法》。

這部法案的要點有二：一是允許情報部門使用非常手段跨境執法，這被廣泛解讀為中共情報機構的一次歷史性擴權；二是對國家情報機構的職能定位和工作側重點，法案做了較為廣泛的規定。此前十餘天，北京正式宣布國安體系大改革，涉及四方面：1. 國安部改名為國家情報總局，對外專職反間諜及搜集情報，不介入內政；2. 防止地方政府干預和利用，淪為對內維穩與政治鬥爭的工具；3. 大幅裁撤國安系統人員，將其併入公安國保系統；4. 國安系統將成為對外的尖刀，人事垂直於中央。[26]

按北京的公開說法，對政法和情治系統的改革重組，是為了克服胡、溫時代的弊端。當時這些「刀把子」機構臃腫，政出多門，不僅低效，而且淪為周永康等人的私人工具，不是為國家利益奮鬥，而是為私人利益拼殺，公安、國安一些官員甚至參加到周永康的政變集團，威脅到執政黨的安危，加之「馬建和張越、郭文貴等人的利益鏈條及罪案即顯示，因國安力量的介入，使得這條國安、政府、政法、資本等因素組成的利益鏈，越發得以在諸多隱秘領域便宜行事」。[27] 為了將「刀把子」牢牢攢在自己手中，在「郭文貴爆料事件」發生之後，習近平被迫提前將政法系和情治系徹底打散重組，從機構到人事都進行改組，中國情治系統歸國家安全委員會管理。這個由習近平親自控制的國安委超越部門利益，在決策、設計、諮詢、協調等功能外，整合改革也被廣泛認為是其主要職責。未來中國的國家安全體系中，國安委將位於「金字塔尖」，其下的各類安全部門有序、有效的各行其事。

經此一役，習近平將三大「刀把子」收歸己手，全由自己親自統率，如此一來，無人可以挑戰其權威。

從黨政軍情系統內部任職情況來看，紅二代們雖然由於年屆退休都

已不在其位，但黨國對紅二代的蔭蔽猶在。習近平與紅二代們有一條共同底線，即保住共產黨政權，即他們所說的「紅色江山」。因為社會底層對紅色家族與貪官汙吏的仇恨切齒之聲在互聯網上隨處可見，政治清算、經濟清算的聲音更是不絕於耳，他們的財富與身家性命全繫於「紅色江山」的安危。2017 年 5 月 23 日，即「郭文貴爆料事件」發生之後不久，中央特科、中共隱蔽戰線（即中共情報界）元老的後裔即「諜二代」，特地舉辦了「紀念中共隱蔽戰線 90 週年」大會，這是中共建政以來「諜二代」首次大團聚，主題是紀念「秘密戰線」的國家英雄，但其實是表達對習近平的支持。[28]

在情報系統暗戰習近平的關鍵時刻，紅二代中的「諜二代」對習近平的支持，說明紅色權貴集團意識到自身與中共政權同休戚的命運。

四、十九大前夕正式結束「老領導」干政

「老領導」成為 2017 年度熱詞，與郭文貴始自 3 月的海外「爆料」多少有點關係。這場隨心所欲、虛多實少的爆料活動，被不少海外民運人士看作中國快速實現民主化的契機。

因此，在 8—9 月間的北戴河會議之前，不少人預測，2017 年北戴河會議將起大風波，因為這是十九大之前「老領導」們對習近平與王岐山進行阻擊戰的最後一次機會。但事實卻說明，「老領導」們在北戴河的「最後狙擊戰」中失利，甚至可能根本就沒發生過所謂「最後狙擊戰」。大外宣王牌多維新聞網在北戴河會議期間發表了三篇文章，加上該網將一篇 2015 年的舊文〈第五代如何看待元老，老人干政陰影將散〉重新置於重要位置，突出一個主題：習近平的老領導政策。這家總部現在北京、被視為由習近平控制的中文媒體，點名批評了江澤民的「老人干政」。

1、對「老領導」的「十五字方針」

　　將四篇文章綜合閱讀，可以理出以下梗概：

　　半年以前，多維新聞網刊登了一篇文章，〈第五代如何看待元老，老人干政陰影將散〉。[29] 該文明確提出，習近平對「老領導」採取了十五字方針，即「尊重其貢獻、警惕其影響、控制其待遇」。此文介紹，所謂的「尊重其貢獻」，是指逢年過節時有看望，在打擊「老領導」的重要部下（如周永康、郭伯雄、徐才厚、令計劃）時，會與江澤民、胡錦濤商量，但這屬於「尊重」，而不是「遵從」、「聽命」；所謂「警惕其影響」，即「完全不接受」「『政治元老』干政的舊況」；所謂「控制其待遇」，指 2015 年 11 月 30 日中共政治局通過的文件，該文件限制了「『黨、國領導人』的有關待遇，要求退下來的『領導人』要及時騰退辦公用房，不能超標配備車輛、超規格乘坐交通工具，外出要輕車簡從，赴外地休假要壓縮時間，實行嚴格報批制度等」。

　　這篇文章特別點出了實行這「十五字方針」的原因，即「這些老領導一個個樹大根深、人脈廣泛，門生故吏眾多，繼任者往往也就送上順水人情」，如今這一「中共特色」要改改了，對「政治元老」，生活待遇上要適當收緊，而在「政治決策」層面，「強勢」的習近平不能接受元老干政。

　　中共的元老干政，是毛澤東死後形成的。毛死前指定華國鋒繼任，華接掌中共中央主席之後聽任宣傳機器的吹捧，一時之間似乎能穩穩繼承毛的權威。

　　但是，黨內鄧小平、葉劍英、陳雲等多位大佬聯手，終於把華國鋒擠下了臺，形成了鄧小平、葉劍英、陳雲等人的集體領導。這新一代領導人畢竟年逾古稀，不耐事煩，且需要改弦更張，有所變更，於是便啟用胡耀邦、趙紫陽等一批中年官員，在一線處理繁雜事務，老人不再「親

政」，表面上也設立了退休制度，但仍然保留了干政的空間。哪怕元老們不再擔任政治局常委，也不參與具體的政策討論，但重要人事決策仍需他們提名或首肯。所謂「八老」，是指鄧小平、陳雲、彭真、薄一波、楊尚昆、李先念、鄧穎超、王震八位中共建政參與者，其中李先念、鄧穎超、王震在 1992—1993 年相繼過世後，宋任窮、萬里、習仲勳替補進「八老」當中。概言之，1980—1990 年代，中共八大元老擁有凌駕於中共最高決策層政治局常務委員會之上的權力。

多維另一篇文章這樣總結「八老干政」這段歷史：「中南海在1980 年代後將『元老』固化在中共的政治詞語中——因為彼時的鄧小平需要依託『黨內的老同志』，把毛澤東主政時代集於元首一身的權力分化到『黨的領導集體』手中。同時，時任中共十二屆總書記胡耀邦和國務院總理趙紫陽『年紀尚輕』，還需『扶上馬再送一程』，由此形成了元老治國的政治格局。」[30]

胡耀邦、趙紫陽無力擺脫「老人干政」的關鍵原因是：他們雖然坐了中共總書記大位，手中卻無軍權，「槍桿子」是「老人干政」真正的制度保障。正是在這樣的高層架構下，退而不休的元老們得以繼續干政，並以「黨內退休老人」的身分，先後罷黜了胡耀邦、趙紫陽兩位總書記，又把「六四」後偏向陳雲系的總書記江澤民逼回了鄧小平路線。但江澤民卻待機而動，借助曾慶紅的謀劃，趁鄧小平晚年體衰年邁，除掉了代鄧小平掌控軍隊的楊尚昆。鄧小平死後，江澤民通過提拔一批軍內高層，逐步掌控了軍隊。到 90 年代中期，鄧時代的元老，即著名的「八老」陸續辭世，江澤民終於擺脫了「老人干政」。

等鄧小平生前指定的第四代接班人胡錦濤接任時，「老人干政」再度重演，只是這一回的主角由鄧小平為核心的「八老」換成了江澤民及其背後的曾慶紅，胡錦濤執政十年，江澤民也品嘗到了當年鄧小平的威風。在胡錦濤領導之下的中共朝廷，江澤民提拔的人馬遍布要津，胡錦濤用人行政，處處受其掣肘。更重要的是，江澤民雖辭去黨職、政職，

卻保留軍委主席這一權位達兩年之久。待到江澤民辭去軍職之時，軍內江系將領們已經自成氣候，胡錦濤對軍隊只能聽之任之，做個名義上的最高軍事統帥。

2、批判「老人干政」：點名江澤民

正當各方期盼「老領導」再振雄風，擊垮習近平，剪除王岐山之時，多維網從 8 月 14 日開始連載三篇文章，將矛頭直指江澤民：〈江胡音容難覓，「老人干政」如何退出〉（8 月 14 日），不但重申習近平對「老領導」的「十五字方針」，而且在標題和文章中直接點江澤民之名，以此表示這「十五字方針」針對中央最高層元老。不僅如此，文章還指出：「在中共十八大後落馬的徐才厚、周永康、郭伯雄其實都是已退休的政壇元老。如果得以平安落地，亦有可能作出『干政』之舉。」多維網文章如此大膽犀利，已足證江澤民的「老人干政」被習近平拒絕。[31]

8 月 15 日，多維網再次發文，以〈從八老議政到胡錦濤裸退，解讀中共元老政治〉為題，明文批評江澤民：「江澤民的『送一程』則一直被外界批評為是典型的『老人干政』。江澤民『干政』的最典型的案例，就是眾人耳熟能詳的 2008 年中國汶川地震期間解放軍高層借口要請示『老領導』，不聽代表胡錦濤奔赴災區的時任國務院總理溫家寶的指揮。這種尷尬現象的背後，是江澤民留任軍委主席兩年的影響，以及一直到中共十八大後才撤銷的『江澤民辦公室』的長期存在，對於胡錦濤發揮領導權的掣肘。……江澤民的『干政』，是在政局穩定的局面下，對權力的不放手；且他利用沒有放手的權力，對中共政壇高層人事安排做除了不應該出現的干預，還掣肘了當時的中共在任領導集體。」[32]

習近平允許官媒這樣做，當然不是為胡錦濤當年的「兒皇帝」處境抱不平，而是另有用意。多維網 8 月 15 日的文章點出了問題的關鍵：「今

日中國政治已經基本擺脫了『元老政治』的束縛，……『元老政治』確實有其負面影響」，中共第五代領導集體也許「可以接受『政治老人提出意見』」，但是絕對不應該再有『老人干政』現象的出現。所以，中共十九大期間可能還會出現元老們的身影，但是他們更多的是象徵中共的團結和尊老，而非對政治大勢的影響。」[33]

江澤民遇到官媒點名批評，不但標誌著這位「老領導」已餘威失盡，而且意味著以江澤民為依託的若干其他「老領導」如曾慶紅等，亦處於勢力衰頹狀態。即便「老領導」們今後在中共的會議上登臺，也主要是扮演「高層團結」的「花瓶」。對此，期盼「老領導」們還能「說上話」的官員們則不免失望了。

最妙的是，多維網還於 8 月 15 日發表一篇〈從倒薄周到挺法制，如何看待元老壓艙石作用〉，通過褒揚宋平與 2015 年去世的喬石對現任中共領導的支持，闡明了兩個要點：1. 宋平與喬石在中共十八大後給予現任最高層相當有力的政治支撐，適度控制自己對「黨中央的政治建議」，還勸說其他政治元老避開紅線。2. 喬石 1998 年以年齡原因離休，是因中共黨內政治勢力與其對抗時用年齡劃線，逼迫喬石退休。[34] 提出這點，皆因本屆常委中年齡超線的人中，有一位需要留任；提及當年江、曾針對喬石的「陰謀」，當然帶有警告之意。

外宣王牌多維在十九大之前有意放出上述信息，再次強調習近平針對「老領導」們的「十五字方針」：對於越紅線的元老，要警惕、控制；對於宋平與喬石這樣為現任領導站臺、加持的元老，要尊重。這是從鄧小平時代以來，中共喉舌媒體第一次對正常卸任總書記發出公開責難，說明江、曾大勢已去，習近平花了整整五年時間，終於名至實歸地成為中共掌門人。

與此同時，「毛鄧習」與「習近平思想」這一提法在中國官方媒體上頻頻出現，[35] 熟知中共政治遊戲規則的人都清楚，這種「政治斷代」是立規矩的大事，它強調習近平是毛澤東開創的紅色江山，以及鄧小平

開創的改革開放事業的直接繼承人，並非紅二代出身的江澤民與胡錦濤兩任總書記將從中共歷史上「消失」。由是觀之，批判江、胡時期政治失當的文章在美國多維新聞網上出現並非偶然。

註

1　David Barboza, "Lobbying, a Windfall and a Leader's Family," New York Times, November 27, 2012, http://cn.nytimes.com/china/20121127/c27pingan/en-us/.

2　David Barboza, "Billions in Hidden Riches for Family of Chinese Leader," New York Times, October 26, 2012, http://cn.nytimes.com/china/20121026/c26princeling/en-us/.

3　Bloomberg News, "Xi Jinping Millionaire Relations Reveal Fortunes of Elite," June 29, 2012, http://www.bloomberg.com/news/2012-06-29/xi-jinping-millionaire-relations-reveal-fortunes-of-elite.html.

4　Bloomberg News, "Heirs of Mao's Comrades Rise as New Capitalist Nobility," December 26, 2012, http://www.bloomberg.com/news/articles/2012-12-26/immortals-beget-china-capitalism-from-citic-to-godfather-of-golf.

5　〈中共中央、國務院關於禁止領導幹部的子女、配偶經商的決定〉，《人民網》，1985年5月23日，http://cpc.people.com.cn/GB/64162/71380/71387/71590/4855280.html.

6　中央紀委監察部廉政理論研究中心，〈關於防止利益衝突工作的調研〉，《中國紀檢監察報》，2012年4月16日，http://fanfu.people.com.cn/GB/17667282.html.

7　管健，〈中國3千家族平均財富5.6億〉，《人民論壇》，2010年第4期，http://xian.qq.com/a/20100316/000293_1.htm.

8　John Pomfret, "Corruption Charges Rock China's Leaders," Washington Post, January 10, 2002, https://www.washingtonpost.com/archive/politics/2002/01/10/corruption-charges-rock-chinas-leaders/6f6b9d07-0580-4511-b1b4-45ecdd9d314f/.

9　余瑋，〈李鵬之女李小琳：能力之外的資本等於零〉，《環球人物》，2009年零一六期，http://news.sina.com.cn/c/sd/2009-07-20/171318259209.shtml.

10　"China: To the Money Born, Senior Official's Children Increasingly Dominate Private Equity," Financial Times, March 20, 2010, https://next.ft.com/content/e3e51a48-3b5d-11df-b622-00144feabdc0.

11　Vanda Carson, "Historic Point Piper Home Set for the Wrecking Ball," Dec 29, 2010, http://www.domain.com.au/news/historic-point-piper-home-set-for-the-wrecking-ball-20101228-199bv/.

12　見註10。

13　國際調查記者聯盟，《中國離岸金融解密》，2014年1月，https://www.icij.org/project/

zhong-guo-chi-jin-rong-jie-mi.

14 國際調查記者聯盟，"The Panama Papers", 2016 年 4 月，https://panamapapers.icij.
    org/.

15 于盟童，〈巴拿馬文件數據庫公布，揭更多中國高官〉，美國之音，2016 年 5 月 10
    日，http://www.voachinese.com/content/voa-news-more-chinese-officials-revealed-in-
    panama-papers-20160510/3323246.html.

16 中國人民銀行（央行）反洗錢監測分析中心，〈我國腐敗分子向境外轉移資產的途徑及
    監測方法研究〉，2008 年 6 月，香港中文大學中國研究服務中心網站，http://www.usc.
    cuhk.edu.hk/PaperCollection/Details.aspx?id=8152.

17 〈中央黨校教授林喆：先用黨紀處理貪腐裸官〉，法制網，http://www.legaldaily.com.cn/
    index/content/2010-03/12/content_2081155.htm?node=21768.

18 王軍，〈中國資本流出的總量與結構分析〉，《改革》雜誌，1996 年第 5 期。

19 Raymond Fisman & Edward Miguel, *Economic Gangsters: Corruption, Violence, and
    the Poverty of Nations*. Princeton, NJ: Princeton University Press, 2010.

20 何維凌，《傳說中的何維凌手稿》，香港大風出版社，2015 年 12 月出版，第 387—389 頁。

21 中國國防部網站，〈12 月國防部例行記者會文字實錄〉，2015 年 12 月 31 日，http://
    news.mod.gov.cn/headlines/2015-12/31/content_4634699_3.htm；鳳凰網，《習近
    平批准劉源從領導崗位上退下來》，2015 年 12 月 31 日，http://news.ifeng.com/
    a/20151231/46907602_0.shtml.

22 〈美國務院就遣返令完成向中國提要求〉，多維新聞網，2015 年 8 月 3 日，http://news.
    dwnews.com/global/news/2015-08-03/59671794.html.

23 〈盤點解放軍現役高級將領中的紅二代〉，人民網，2015 年 12 月 22 日，http://politics.
    people.com.cn/n/2014/1222/c1001-26249659.html.

24 洪文軍，〈軍改已到「脖子以下」，官兵思想穩定嗎？〉，中國軍網，2017 年 3 月 7
    日，http://www.81.cn/jwgz/2017-03/07/content_7518093.htm；〈媒體關注中國軍改進
    入新階段：84 個軍級單位全新亮相〉，參考消息網，2017 年 4 月 20 日，http://www.
    cankaoxiaoxi.com/china/20170420/1909156.shtml；〈中共軍改大裁員，逾十萬人轉任
    公務員〉，多維新聞，2017 年 6 月 12 日，http://china.dwnews.com/news/2017-06-
    12/59819592.html.

25 〈公安情治大換血，刀把子改革重組〉，東網（香港），2017 年 6 月 12 日，http://
    tw.on.cc/hk/bkn/cnt/commentary/20170612/bkn-20170612000727562-0612_00832_001.
    html.

26 〈公安情治大換血，刀把子改革重組〉，東網（香港），2017 年 6 月 12 日；〈超越部
    門藩籬，中共推國安體系改革〉，多維新聞，2017 年 6 月 10 日，http://china.dwnews.
    com/news/2017-06-10/59819447.html.

27 〈超越部門藩籬 中共推國安體系改革〉，多維新聞，2017 年 6 月 10 日。

28 陳龍獅，〈特稿：中央特科暨中共隱蔽戰線 90 週年紀念大會在京隆重舉行〉，中紅網—
    中國紅色旅遊網，2017 年 5 月 24 日，http://www.crt.com.cn/news2007/News/tgjx/175
    24101430KIFCG8GG56391FFAGCAE.html.

29 王雅,〈第五代如何看待元老,老人干政陰影將散〉,多維新聞網,2016 年 12 月 5 日,http://news.dwnews.com/china/news/2016-12-05/59786354.html.

30 路來,〈從倒薄周到挺法制 ,如何看待元老壓艙石作用〉,多維新聞網,2017 年 8 月 15 日,http://news.dwnews.com/china/news/2017-08-15/60006927.html.

31 青蘋,〈江胡音容難覓,「老人干政」如何退出〉,多維新聞網,2017 年 8 月 14 日,http://news.dwnews.com/china/news/2017-08-14/60006725.html.

32 王新,〈從八老議政到胡錦濤裸退,解讀中共元老政治〉,多維新聞網,2017 年 8 月 15 日,http://news.dwnews.com/china/news/2017-08-14/60006885.html.

33 見註 32。

34 見註 30。

35 江迅、袁瑋婧,〈十九大確立習近平思想 毛鄧習提法首次出現〉,2017 年 8 月,第 31 卷 34 期,http://dzzlred.tech/portal.php?mod=view&aid=12992.

中國模式：
共產黨資本主義

共產黨國家一旦告別了傳統的斯大林社會主義模式，就走上了制度轉型（transition）的道路。所謂轉型，指的是經濟自由化（即經濟轉型，包括私有化和市場化）和政治民主化（即政治轉型）。從1989年到現在，世界上的共產黨政權只剩下北朝鮮仍然保持原狀，其他國家或是完成了轉型，或是正在轉型途中。縱觀這些國家的轉型道路，可以發現，經濟轉型相對容易，而政治轉型則比較艱難，前蘇聯陣營的共產黨國家大都是在民主化的同時實行經濟轉型，而中國在推動經濟轉型的同時卻堅決拒絕政治轉型。在20世紀80年代，中國一度成為共產黨國家當中經濟轉型的先行者，現在卻因為拒絕民主化而淪為轉型國家當中的落後者。從結果來看，中國的轉型道路是獨特的，造就了一種人類歷史上從來沒有過的政治經濟制度，本書作者之一程曉農將其命名為「共產黨領導下的資本主義（communist capitalism）」體制。[1]如果將這一結果僅僅理解為中共拒絕走民主化道路，實在不足以解釋這一特殊現象。

一、中國經濟改革隱含的密碼：化公為私

所有共產黨都宣稱要消滅資本主義，因此，中共元老們無一不為自

己戴上「無產階級革命家」的桂冠。但是，縱觀中共統治中國將近70年的歷史，會發現一個有趣的現象：前30年，中共通過暴力「化私為公」，讓中共政權成為全國唯一的地主及資產所有者，所有的中國人都成了無產者；後40年，通過鄧小平於1978年底開創的經濟改革用政治權力「化公為私」，讓共產黨的幹部與紅色家族成員成了暴富階層。

1、共產黨幹部變身資本家：中國式私有化的秘訣

中共建立政權之後，在農村推行土地改革，消滅地主富農，強制農民走「合作化道路」，直至成立人民公社，將農民變成國家的農奴。在城市，先是通過「工商業社會主義改造運動」（1953—1956年），把所有私有企業都變成了公有公營企業，剝奪了資本家的絕大部分財產，建立了公有制下的計劃經濟體制。此後20餘年間，社會主義國家的國企存在的弊端，中國的國企一樣也不少，虧損嚴重。1976年9月毛澤東去世之後，繼任者華國鋒繼續堅持毛的政治經濟路線。直至1978年十一屆三中全會之後，鄧小平重新出山，開始推行經濟改革，以堅持社會主義制度為前提，但准許個體的小規模私營經濟經營，同時削弱計劃經濟，卻不准私有化，比如規定私人企業雇工不能超過八個，八個以上就是資本主義。但這一據說按照馬克思經典教義折騰出來的荒唐規定，在1980年代末被完全打破。

鄧小平於1997年2月去世。十個月之後，中國政府宣布推行以「抓大放小」為核心的「國企改革」，允許中小國企私有化。所謂「抓大」，就是指資產規模大且與國計民生有關的金融、能源、電力、電信、交通等企業，准許其經過資產重組後上市。所謂「資產重組」，是指國企可以向外部人和外資出售部分股份，但國家仍然控股（51%以上或者必須成為第一大股東）；所謂「放小」，是將市場前景不佳或虧損嚴重的中小型國有企業出售，允許其私有化，以甩掉政府的包袱。

時任總理的朱鎔基之所以如此決策，主要出自兩點考慮：

第一、國有企業無法歸還銀行貸款，導致國有銀行系統瀕臨崩潰。鄧小平時代的經濟改革無法解決國有企業的弊端，例如冗員過多、人浮於事、效率低下、浪費驚人、企業虧損嚴重等，只能長期依賴國有銀行的貸款支撐企業的運轉。隨著經營狀況日益惡化，許多國有企業停止償還銀行貸款，甚至連利息也不再支付，1996 年國有銀行的壞帳加上逾期呆滯貸款占貸款總額的 70% 左右，如果繼續為國企注資，金融系統將被國企拖垮。

第二、中國急於加入世界貿易組織（WTO），以便擴大出口。當時，WTO 接納中國有個前提，即以 15 年為期，中國必須建立市場經濟，即取消計劃經濟和實行國有企業私有化，中國如果不能證明其實行了國有企業的私有化，就無法獲准加入 WTO。

中國這一私有化過程分為兩個階段。第一階段從 1997 年下半年到 2001 年，歷時四年左右，主題是中小國有企業的私有化，成為原廠長、經理等私人擁有的企業。程曉農曾詳細分析了 130 個國有企業私有化案例，歸納了數種典型的手法，揭示了中國企業私有化的黑暗過程。他們的做法通常是，有意低估企業資產淨值；然後直接動用企業公款或以企業的名義去銀行貸款（少數是向私人借款）買下自己管理的企業，註冊在本人或親屬名下；最後，以新企業主的身分，用私有化之後的企業資金償還自己購買企業所借的款項。也就是說，他們雖然購買了自己管理的企業，個人卻往往只付很少的錢，甚至分文不付。[2]

第二階段是大中型國有企業的部分私有化（partial privatization），大約從 2002 年開始，到 2009 年基本完成，其手段包括把國有企業改組後上市（listing）、管理層持股（MBO，Management Buyout）、職工股份化、與外資合資、與私企合資等等。由於這些企業資產規模龐大，廠長經理們無法獨自侵吞，所以通常是動用公款購買企業股份送給企業高中層管理幹部，並用送股份的辦法賄賂那些有權批准企業上市的政府部

門官員及其家屬，形成利益共謀。這些共產黨的國企幹部和政府官員不花任何成本，便成為大中型上市公司的持股總經理或常務董事之類，憑藉職位優勢成了資產所有者。

這場始自 1997 年底的私有化到 2009 年基本完成。1996 年全國國有工業企業為 11 萬家，到了 2008 年底只剩下 9700 家，[3] 其中還包括已經實行部分私有化、但政府仍然居於控股地位的大型國有企業。

中國這一私有化過程，究竟讓多少中共內部人從無產者成為擁資百萬千萬的企業所有者？根據兩個全國性抽樣調查的數據，[4] 結論是，約 50%—60% 的企業由企業管理層私人擁有；約 25% 的企業買主來自企業外部，屬於國內其他行業的投資者；外資所占份額不足 2%；由管理層和職工共同私有化的僅占 10%。值得一提的是，即便職工與管理層共同擁有股份，但職工股東基本上無法過問企業的資產管理及經營狀況，實際上相當於職工出錢幫助管理層擁有企業。

2、中國當局為何不願承認已經發生的私有化？

上述過程無異於政府縱容國企管理層夥同政府官員公開瓜分和掠奪國有資產，中國當局就算巧舌如簧，也沒法把這種掠奪解釋成正當行為。偶然見之於媒體的國企私有化案例，常常引發社會公眾的憤怒，因此，中國政府不許國內媒體討論私有化，也不允許學者發表有關私有化過程的調查報告，直到 2011 年，中國官方還堅持宣稱「五不搞」，其中就有一條「不搞私有化」。[5] 但是，這一謊言只是用來欺騙國內公眾，實際上，中國政府曾經委託世界銀行等國際機構，在中國進行了幾次有關中國私有化結果的調查，調查報告都以英文發表在國外，[6] 從而向國際社會證明，中國早在 1997 年底就開始推進私有化，從而為 2001 年 12 月加入 WTO 成功地鋪平了道路。

在推行私有化的前後十來年當中，中共當局極少追究紅色精英們侵

吞企業國有資產的行為。不僅如此，從 1998—2003 年這段私有化高潮時期，中國政府關閉了國有資產管理局，製造了長達六年的國有資產監管「空窗期」，為權貴、國企經理、廠長及官員們侵吞國企資產提供了方便。2003 年以後雖然重新恢復了國有資產管理局，但私有化結果木已成舟，原來的國企廠長經理們已經堂而皇之變身為私營企業家。

也許有讀者會問，共產黨國家的公有企業私有化，是不是只能採取這種辦法？程曉農研究過俄羅斯和中歐數國的私有化過程，得出的結論是：這種由政府鼓勵並保護、允許共產黨幹部直接侵吞國企資產的私有化方式，只有中國採用；中歐各國的私有化基本上不讓共產黨幹部染指。[7] 如果把中國和俄羅斯的工業企業私有化過程與結果作對比，可以看出中國式私有化的明顯弊端：[8]

（1）企業私有化的黑箱

中國政府從未宣布過企業私有化的具體設想，私有化過程是政府官員和廠長、經理操作於黑箱，將工人排除在外而進行的。與之相反，俄羅斯政府有統一的私有化方案，由工人投票決定選擇哪一種。

（2）工人權益未受保障

中國工人大多是被廠長、經理以保留工作為條件強迫入股，工人不得不動用個人儲蓄。中國工人入股本廠之後，空有股東虛名，其權益卻得不到保障。與之相反，俄羅斯工人對本企業入股基本上是自願的，用的是政府發的私有化券，他們的股東身分能得到承認，權益也有保障。

（3）高層持股易控制企業

在俄羅斯，私有化之後，企業職工持有的本企業股份大約占 40% 左右，比中國工人的 10% 多得多；俄羅斯的企業經理層雖然也持有一部分股份，但比中國的經理階層少得多。因此，俄羅斯的廠長、經理靠

他們個人控制的股份，往往無法把企業變成其私人控制之物。

（4）解雇員工以降低成本

私有化之後，中國大約半數國企職工被解雇，廠長、經理藉解雇員工來降低企業成本（即減員增效），此舉得到各地政府的充分支持。與之不同，在俄羅斯私有化過程中，解雇工人的情況較少發生。

（5）勞資衝突比例上升

中國推行私有化之時，中國尚未建立保障失業工人的社會福利系統，失業工人沒有生活來源，加之企業廠長、經理大肆侵吞國有資產，這兩個原因導致了大量的勞資衝突。1995 年全中國縣、市一級的勞動糾紛仲裁機構處理的勞資衝突為 3.3 萬起，2006 年這個數字達到 44.7 萬起，2008 年上升到 69 萬起。[9] 而俄羅斯在私有化過程中社會福利制度仍然正常運轉，少數失業工人可以領取社會福利而勉強生存。俄羅斯的廠長、經理在私有化過程中比較尊重工人的意願，勞資雙方很少因私有化而發生衝突。

西方有學者認為，共產黨國家的威權體制有利於經濟轉型和經濟發展，因為政府的強權可以克服來自民間的阻力，中國往往被他們視為一個最好的例子。[10] 他們全然忽視了這一「經濟轉型」過程完全漠視社會公正，剝奪了民眾的權益。這樣一種只有利於統治精英的制度安排，為日後中國的社會衝突埋下了深重的禍根。

二、中國的國家資本主義

再來看國企改革的「抓大」成果。無須否認，中國政府通過政策傾斜對大型國企進行資產重組，確實造就了一批控制國計民生的超大型國

有壟斷企業。在 2001—2010 年的這段時期內，這些通過壟斷形成的經濟寡頭成為中國政府的主要經濟支柱。但進入 2010 年之後，越來越多的大型國企變成了「殭屍企業」（即長年虧損、依靠銀行貸款維持運營的大型國有企業），這是中國政府現階段最頭痛的難題之一。

1、國有企業成為吞食資源、虧損腐敗的經濟怪獸

中國政府之所以要維持大型國企的政治經濟地位，主要出於政治需要。中共極權統治的特點是三個壟斷，即政治壟斷（一黨專制）、資源與經濟壟斷、文化壟斷（控制媒體、教育和宗教）。其中資源方面的壟斷是土地、礦產、森林、水源全歸國有；經濟上的壟斷是指堅持以國有經濟為主導，重要企業必須國有。在中國，國家控股的大型企業被視為「共和國長子」，政府給予各種政策傾斜加以扶持。例如，政府通過壟斷土地、礦產等資源和壟斷重要行業，讓國企擁有產品定價權，攫取巨額利潤輸送給中央財政。在中國經濟的鼎盛時期，中國國有資產管理委員會發布的《國務院國資委 2009 年回顧》顯示，從 2002—2009 年中央所屬企業上繳稅金年均增長 21.6%，國企的稅負均值是私營企業稅負綜合平均值的五倍多，是股份公司稅負平均值的二倍。[11] 同時，國企也是政府對外援助和對內實施政治及社會控制所需經費的小金庫。例如，中國高層官員去外國訪問時，經常隨帶大量採購合同或援助項目，這些支出往往通過國企支付。此外，國企的工資、福利和工作穩定性都遠遠優越於私營企業和外資企業，到這樣的企業就業，幾乎成為中國人職業選擇時僅次於公務員職業的次優選擇，因此，國企往往成為官僚、權貴親屬的謀職之地。美國彭博社的一篇報導揭露，共有 103 位在國企任高管的紅二代，曾用 MBO（經理人持股）的名義讓自己致富，他們領導或運營的國企 2011 年總市值為 1.6 萬億美元，相當於中國年度經濟產出的五分之一強。[12] 在 21 世紀前十年的國企改革中，這些紅二代通過

MBO 的方式，不費分文攫取了大額股份；在資產數億或者數十億的超大型國企中，持股哪怕不到 1%，也是一塊巨型蛋糕。

　　國企與紅色家族之間既然形成了家國一體的利益輸送管道，這些被管理層大肆攫利的企業不可能經營良好。隨著近年來中國經濟的衰退，國企的黃金歲月結束了，國企成為銀行壞帳的主要源頭，拖累了中國的國有銀行。自 2014 年以來，中國媒體上大量出現「殭屍企業」一詞，指那些嚴重虧損、依賴銀行貸款在維持運轉的國企。截至 2015 年底，在中國的股市上這樣的「殭屍企業」就有 266 家，占 10%，集中於八大行業，即鋼鐵、煤炭、水泥、玻璃、石油、石化、鐵礦石、有色金屬等。[13] 中國進入「世界 500 強」的企業有 100 家，其中 16 家是虧損企業。[14] 例如，「中國鋁業」號稱「A 股虧損之王」，2014 年度淨虧損為 163 億元人民幣；[15]「鞍鋼集團」有 800 億銀行債務，2015 年淨虧損43.76 億，[16]「渤海鋼鐵」債務達 1920 億。[17] 這些進入「世界企業 500 強」的大型國企長期處於低效虧損的狀況，使得中國金融系統有如得了敗血症的病人，這頭剛為國企輸入紅色的新鮮血液（注入資金），那頭就流出黑血（即壞帳）。

　　屈指算來，這是中國 1978 年改革開放以來的第三輪壞帳了。三輪壞帳的形成各有原因，但有一個原因是不變的，即國企靠銀行不斷輸血維持。興業策略研究報告估計，如果在兩年內這些殭屍企業全部倒閉，70% 的有息負債成為壞帳，影響債務約 10671 億，年均 5300 多億。其中 10% 為債券，90% 為銀行債務。[18]

　　為了避免銀行被「殭屍企業」拖垮，中國政府決定，要考慮出清「殭屍企業」，並把這件事當作 2016 年六大經濟任務之一。但是，這一決定實施起來卻困難重重，因為必須大量裁員；而國企員工強烈反彈，企業管理層不想引火燒身，希望地方政府為被裁撤員工安排工作，但地方政府也無能為力，只好以維持社會安定為由，要求銀行繼續為虧損國企發放政策性貸款，這樣就又回到了維持「殭屍企業」的初始狀態。

2、習近平堅持國企「做混做大做強」

　　儘管國企盛產「殭屍企業」，但習近平仍然想將國企做大做強。2015 年 9 月醞釀了好幾年的《中共中央、國務院關於深化國有企業改革的指導意見》（通稱為《國企改革方案》）出臺，[19] 評論如潮水般湧動，有說此方案的目的是要將國企做大做強；也有人說，政府要通過市場化推進私有化。同一個方案，居然引起兩極猜想，原因在於這個方案有極強的習氏色彩：意欲融合毛澤東、鄧小平兩人的治國特點，左右逢源，因此出現了許多互相矛盾的表述。

（1）《國企改革方案》的幾個關鍵點

　　《國企改革方案》全文 10141 個字，共分 8 章 30 條，開宗明義就肯定：「國有企業屬於全民所有，……是我們黨和國家事業發展的重要物質基礎和政治基礎」，這一精神始終貫徹於《國企改革方案》之中。以下是幾個不能忽視的重點：

　　《國企改革方案》的亮點是混合所有制，公有制占主導地位。評論者說公道私的分歧，就在於他們對「混合」的解讀不同。有人（包括外國專家）看到「混合」二字，就以為鼓勵私有化。但《國企改革方案》的原話是：「積極引入其他國有資本或各類非國有資本實現股權多元化，國有資本可以絕對控股、相對控股，也可以參股，並著力推進整體上市。」《國企改革方案》制訂者猶恐人們不能充分理解，在第二條「基本原則」中加以特別闡述：「公有制占主導地位，仍是基本經濟制度，是鞏固與發展的重點，非公有制經濟處於從屬地位；」「堅持和完善基本經濟制度，這是深化國有企業改革必須把握的根本要求。」

　　因此，所謂「混合所有制」，就是私企可以拿錢購買國企股份，成為股東；但股權配置比例是以國有資本為大頭，私企只能處於從屬地位，

沒有決策權與話事權。為了避免社會各界誤解，《國企改革方案》發表之後兩天，新華社發表評論，表示「須旗幟鮮明反對私有化」，[20]以正視聽。

既要培養國企的「市場化經營機制」，又要加強黨的領導。《國企改革方案》共有十四處提到市場化，彷彿奉市場化為主旋律。但第二十四條卻聲稱：「充分發揮國有企業黨組織政治核心作用。把加強黨的領導和完善公司治理統一起來，將黨建工作總體要求納入國有企業章程，明確國有企業黨組織在公司法人治理結構中的法定地位。」「黨領導一切」是毛澤東時代的政治經濟生命線，「市場化」是鄧小平執政以來國企改革的主旋律。趙紫陽任總書記期間，千辛萬苦推出了政企分開，希望結束黨管企業的弊政，本來還打算在成功的基礎上推廣黨政分開，所有這些努力在1989年「六四」事件之後都付諸東流。中共統治60多年的經驗表明，在黨的控制下，國有企業可以通過黨的扶持做大，但決無可能做強。因為企業做強，是指企業通過提升經營能力與管理水平，投入產出合理均衡，通過市場競爭而非壟斷取得市場份額，這恰好是中國的國有企業無法做到的。

「發展潛力大、成長性強」的民營企業，將會成為國企改革光顧的主要目標。《國企改革方案》第十八條稱：「鼓勵國有資本以多種方式入股非國有企業。充分發揮國有資本投資、運營公司的資本運作平臺作用，通過市場化方式，以公共服務、高新技術、生態環保、戰略性產業為重點領域，對發展潛力大、成長性強的非國有企業進行股權投資。」也就是說，發展前景不好的民營企業大可放心，國企不會光顧你；但如果效益佳、市場前景好，國企將不請自來，主動上門收購部分股權或殼資源，躲是躲不掉的。

（2）中國當局為何堅持將國企做大做強？

一個政府考慮扶持什麼企業，往往體現其利益考量的重點所在。民

主國家對企業的考量一般是就業優先。比如中國雙匯 2013 年收購了美國最大的豬肉生產商史密斯菲爾德食品公司（Smithfield Foods），雇員共計 48000 人，其中新增約 1300 人，當地居民與政府都很歡迎，並不在意資本所有者是中國人。

中國的私企為中國人提供的就業機會早就超過國企。據官方數據，2007 年，在工業企業從業人員中，國企占 9.2%，私企占 44.4%；[21]2011 年 1 月，全國工商聯發布報告指出，中小企業占全國企業總數的 99%以上，吸納了城鎮就業人口的 70% 以上和新增就業人口的 90%；[22]2014 年，國家工商總局公布，個體和私營企業新增就業人員約占全國城鎮新增就業人口的 90%。[23]

如今，隨著外資撤退，農民工大量返鄉，逾半大學畢業生被迫在家啃老。按道理，政府應當鼓勵發展私企，將提高就業率作為主要考量。為何當局卻要將吸納就業較少的國企「做大做強」，採取國進民退的「改革」策略？這是基於兩點考量：

第一、隨著經濟下行，中國政府面臨極大財政困難。據官方數據，從公共財政貢獻看，目前在中國企業戶數、資產、主營收入占比中，私企已占大頭，國企皆處於劣勢，但在向國家繳納的稅金占比中，2012 年私企僅為 13%，國企高達 70.3%。[24]在原有的稅源日趨枯竭的情況下，國企是公共財政支柱這一條理由，就足以讓政府傾力扶持。至於國企是否提高就業率，已經不在政府優先考慮之列，李克強總理已經為數億待業者指出一條「自主創業」之路，儘管大多數失業者並不具備「創業」能力。

第二、《國企改革方案》中，整體上市才是最終目的。國企目前負債率很高，2015 年 7 月末中國國有企業平均資產負債率為 65.12%，其債務來源單一，主要是國有銀行。[25]這種銀企關係，注定國企如果好不了，國有銀行也會被拖垮。過去 20 多年以來，國企脫困的主要辦法就是前總理朱鎔基想出的高招，讓國企上市圈錢。但近年這一高招居然失

靈，2015年股災中，國企這支「國家隊」在政府強迫其參與救市之後幾乎全數套牢。於是《國企改革方案》只得另出新招：讓國企改革，與民企實現混合所有制後，「著力推進整體上市」。因為資產重組之後，企業可以用新名目到股市上IPO（首次公開募股）。

（3）民企想與國企混合嗎？

混合所有制的提法，早在2014年《深化國有企業改革的指導意見》與《關於完善公有制實現形式的指導意見》徵求意見稿公布時，就為社會熟悉。但民企對此毫無熱情。民企普遍視「混合所有制」為陷阱，認為如果混合，民企又拿不到控股權，進去後很可能被「招安」，最壞的可能是被「關門打狗」。幾位民營企業家對混合所有制的看法，其中提到的主要風險有：國資負責人不需要對資產負責；國有資產流失將是條高壓線，會用來對付民企股東；國有股東比民企股東要強勢得多，很難合作；如此等等，總之就是：民企不能與國企合作，合作就等於鑽進圈套。[26] 萬達集團董事長王健林對新浪財經表示，「如果要混合，一定是民營企業控股，或者至少我要相對控股」；「如果國企控股，不等於我拿錢幫國企嗎？那我不是有毛病嗎？不能幹這個事。」[27]

為了讓民企放心，不將政府看作「狼外婆」，《國企改革方案》第十六條稱：「堅持因地施策、因業施策、因企施策，宜獨則獨、宜控則控、宜參則參，不搞拉郎配，不搞全覆蓋，不設時間表，成熟一個推進一個。改革要依法依規、嚴格程序、公開公正，切實保護混合所有制企業各類出資人的產權權益，杜絕國有資產流失。」

為了加強對國有企業的控制，中國共產黨加強了對國企的直接控制，截至2017年8月，中國總市值超過一萬億美元的30多家上市國有企業改寫了章程，把黨組織的領導置於每一家集團的核心地位。[28] 至此，中國上世紀80年代趙紫陽曾嘗試的政治改革，即黨政分開、政企分開完全廢除，回到了計劃經濟時代黨完全控制國有企業的模式。

民企不想「混合」的態度是明顯的，但政府想「混合」的意願是強烈的。中國的民營企業家都曾飽經風雨，見政府擺開混合架勢，早就開始大量「海外投資」，三十六計，走為上計。過去兩三年，以萬達、AB、復星、海航為代表的一些企業，持續加大在海外的併購投資金額。2015 年 8 月以來北京加強外匯管制，與其說是針對那些小額外匯的擁有者，不如說是針對那些想轉移資產的富商，「做空中國」成了一大新罪名。到 2017 年，中國當局的「巨靈神掌」終於罩向了這些資本大鱷。2017 年 2 月，中國投資界的「超級白手套」肖建華在香港四季酒店神秘失蹤，據傳被強力部門帶回了北京；[29]6 月，安邦掌門人、鄧小平的外孫女婿吳小暉被拘。[30]與此同時，王健林的萬達公司大量收購在西方很少有人投資的娛樂項目、無人問津的豪宅，包括足球隊等，該公司被查的消息也傳得沸沸揚揚。[31]

三、前途渺茫的共產黨資本主義

　　自從馬克思創立共產主義學說以來，中國模式算是人類歷史上首次出現的共產黨領導下的資本主義經濟體制。這個一度被中國政府及海外中國研究者吹得神乎其神的「中國模式」，其實就是專制政權控制之下的「權貴資本主義＋國家資本主義」。

　　中共以消滅資本主義（化私為公）起家，但無法讓社會主義經濟體制獲得成功，最後只能改用資本主義經濟體制來延續共產黨政權的統治。在這一化公為私的改革過程中，紅色家族及共產黨的各級官員及其家屬搖身一變，成為企業家、大房產主、巨額金融資產所有者等各種各樣的資本家。他們積聚財富的過程充斥著骯髒與犯罪，既需要共產政權保護其財產和生命安全，也需要通過政府壟斷的行業繼續聚斂更多的財富。因此，他們是中國現體制的堅定支持者，而不是民主化的促進者。長期以來，關於原社會主義國家轉型的研究中有一種看法以為，經濟自

由化之後，原來的紅色精英會自然地擁抱民主和自由。中國的轉型結果證明，這種想法不但幼稚，而且是錯誤的。

1、中國模式拋棄了社會底層

迄今為止，原社會主義國家的經濟和政治轉型大致有三種模式：

第一種是中歐模式（波蘭、匈牙利、捷克、斯洛伐克）。這些國家的轉型為異議知識分子所主導，他們的基本主張不是與原共產黨精英們分享權力或和解、寬容，而是通過清除共產主義汙垢，盡可能鏟除共產黨文化的殘餘，況且，在多數中歐國家民眾的眼裡，共產黨政權不過是一個蘇聯扶植的傀儡政權，應當被唾棄。這些國家政治、經濟轉型的結果是：原來的共產黨精英多半未能從轉型當中獲得好處，大約三分之一的原共產黨精英的社會經濟地位下降，一半左右提前退休。[32]

第二種是俄羅斯模式，其結果是，原來的共產黨精英搖身一變成了民主派精英，然後他們分享轉型當中的好處，從中發橫財，同時民眾也在私有化過程當中獲得了一部分產權。這是典型的「老權貴帶入新社會模式」。

第三種則是中國模式，其主要特點是：中共政權把前 30 年毛澤東時代通過革命建立起來的社會主義經濟制度，即全面公有制和計劃經濟拋棄了，改用共產黨資本主義鞏固了毛澤東留下來的專制極權制度。在權貴私有化過程中產生的種種黑暗行為（例如紅色家族的瘋狂斂財所起的示範作用），導致官僚系統及整個國家高度腐敗。這種腐敗政治必然產生嚴重的社會分配不公。當財富與上升機會都被社會上層壟斷之時，占總人口約 80% 的龐大社會底層[33] 必然產生對精英階層的仇恨，仇官、仇富情緒在全社會蔓延。

中國的轉型模式，提出了一個許多研究中國問題的專家以前未曾重視的問題：經濟轉型究竟是有利於政治轉型，還是阻滯政治轉型？根據

作者對中、俄及東中歐前社會主義國家的觀察，其關鍵在於兩者的先後順序。當經濟轉型與政治轉型同步的時候，比如俄羅斯的情形，由紅色精英「變身」而來的民主派不會反對民主化，因為他們發現，民主化的過程並不見得會妨礙他們利用以往的社會關係致富。但是，如果經濟轉型在政治轉型啟動之前便已完成，比如中國這種情況，已經成為資本家的紅色精英會強力阻止民主化。對他們來說，民主化不僅會剝奪他們的政治特權，還會追索他們非法獲取的財富。海外中文網站上經常出現網民發表的「民主化之後殺你全家」之類的言論，就是這種仇恨情緒的表現。

當這個國家的大批企業和財富掌握在身為共產黨員的紅色資產階級手中的時候，對紅色資本家來說，唯一可以信賴的自我保護制度，既不是市場經濟，也不是法治，而是「無產階級專政」，即將刀把子（軍隊加警察）握在自己手中。中共權貴集團很清楚，社會主義公有制與計劃經濟絲毫不值得留戀，目前這種共產黨資本主義是保證他們攫取利益並維持自身安全的最佳制度：一隻手擁有掌握資源的權力，另一隻手通過市場將權力變現為金錢。這種建立於「權力市場化」基礎之上的家國一體利益輸送機制，不僅使他們比民主國家的企業家更容易獲得財富，而且還擁有優越的政治地位。這一現狀注定了共產黨資本主義不會自發轉型成為民主制度下的資本主義。這就是「中國模式」的實質。

但是，紅色權貴們也很清楚，「中國模式」時刻面臨來自社會底層的威脅，因此，他們一面把個人的巨額資產向西方國家轉移，一面把親屬移民到西方國家，以便留下後路。他們「用腳投票」，實際上宣布了「中國模式」的前途十分渺茫。但是，江澤民、胡錦濤時期紅色權貴與富人們大量攜巨額資金移居外國的事情，到 2017 年被習近平劃上休止符。習近平在穩固權力後，終於為中國的未來做了一些方向性的改變。這些改變被稱之為：江澤民改革的中國，習近平正在改回去。

2、中國共產黨資本主義不容經濟精英共享權力

從 2014—2017 年這三年之間，中國發生了三件密切相關的大事：政府從吹噓自己成了直逼美國的世界第二投資大國，變成暫緩對外投資；富商從 2014 年開始在海外狂買各種資產，到 2017 年虧本急切求售；中國政府從慷慨地在全世界投資及對外援助，到 2016 年 8 月開始開展「外匯儲備保衛戰」，2017 年限制富豪們海外投資。表面上看，中國「外匯儲備第一大國」的地位雖然未變，但近四萬億外匯儲備卻縮水至三萬億。解讀上述事實，就會發現，中國政府對富人階層的態度發生了重大變化，開始貶抑商人的社會地位。

（1）「資本大鱷」成為中共打擊目標

不管中國商界願不願意承認，事實證明，習近平當政之後，他們的命運就進入由盛而衰的轉折點，商界從江澤民時期開始享有的黃金時代結束了。始於 2013 年夏天的反腐運動中，二百多名省部級以上腐敗官員的「朋友圈」幾乎全都陪葬。[34] 前中共政治局常委、政法委書記周永康曾任職能源部、四川省委書記，因而與石油幫、四川幫牽連的油商、川商倒了上百位；[35] 前中央辦公廳主任令計劃老家的晉系煤老板集團幾乎全軍覆滅。[36]

習近平接任之後，面對私企富豪坐大之勢，一直在考慮如何用「混合所有制」將私企中的優質資本吸納進國企，將國企做大做強做「混」。

「混合所有制」的提法，在 2014 年《深化國有企業改革的指導意見》與《關於完善公有制實現形式的指導意見》徵求意見稿公布以前，就為社會熟悉。但民企對此毫無熱情。普遍視「混合所有制」為陷阱，認為如果混合，民企又拿不到控股權，進去後很可能被「招安」，最壞的可能是被「關門打狗」。正如前文提及的萬達集團董事長王健林，他

在接受新浪記者採訪時表示，「如果要混合，一定是民營企業控股，或者至少我要相對控股」，「如果國企控股，不等於我拿錢幫國企嗎？那我不是有毛病嗎？不能幹這個事。」[37] 杭州娃哈哈集團老板宗慶后對黨一直很貼心，但在 2014 中國五百強企業高峰論壇的發言中，他表示，現在搞試點僅拿出少量股份讓民營資本溢價進入，「實際上民營資本亦沒有那麼傻，以高昂的價格與代價獲取國企少量的股本，進入後既沒有話語權、決策權，亦改變不了國有企業的機制。」他認為，央企這麼大的盤子，民企、民間資本實際上也沒有能力進去，最後可能又讓國外的基金占了國企的股權，導致國企又被外人所控制。[38] 曾參與過 20 多家國企改革的復星集團董事長郭廣昌雖然比上述兩位說得委婉，但態度實質相同。2014 年 4 月 25 日，他在清華大學經濟管理學院建院 30 週年系列論壇上發言，談到自己的經驗是「不能作為小股東進去」，「沒有管理權，所以跟原來的國有體制還是一模一樣，這樣基本沒有什麼用了」。「我現在非常明確一點，如果混合所有制在經營方式上不能以民營企業為導向，以市場為導向，以民營企業為主的話」，不予考慮。[39]

2015 年 9 月，《中共中央、國務院關於深化國有企業改革的指導意見》正式公布之後，筆者在〈「國企改革方案」的風，姓私還是姓公？〉一文中，逐條剖析，指出該方案的目的是通過讓私企優質資本進入國企、但又不占主導地位，將國企做大做強做「混」（混合所有制）。[40]

嗅出危險氣味的富商開始跑路。從 2014 年開始，王健林、吳小暉都走上了海外擴張之路，二者的方式略有不同，萬達系是通過國內舉債籌資，[41] 安邦系則是發行各種保險理財產品籌資；但二者本質相同，都是通過國內高負債走「金蟬脫殼」之路。[42]

為了躲避習近平、王岐山反腐風暴，不少與官場關係親密的商人紛紛將資本轉移至安全之地，香港更是成了資本中轉站。位於香港島中環金融街八號的四季酒店（俗稱望北樓，電視劇《人民的名義》裡曾出現

這酒店），則成了中國那些惶惶不安的富商們的臨時避風港：還出了一位為富豪們提供各種信息並幫助消災的超級掮客蘇達仁。[43]直到2017年1月，常年帶著八個女保鏢出現的「金融大鱷」肖建華被大陸「強力部門」秘密帶回北京之後，中國大陸富豪們驚覺四季酒店不再是安全的避風港，打消了來此銷金窟「暫避風頭」的念頭，這一酒店的「避風港」神話終結。[44]

中國政府主管部門早就看穿了這些把戲，只在等最高層下決心。中國證監會主席劉士余說過不少讓富豪們驚心的話語，比如：2016年12月3日，他在中國證券投資基金業協會第二屆會員代表大會上發出警告：「希望資產管理人，不當奢淫無度的土豪、不做興風作浪的妖精、不做坑民害民的害人精。用來路不當的錢從事槓桿收購，行為上從門口的陌生人變成野蠻人，最後變成行業的強盜，這是不可以的！」劉士余警告說：「挑戰了國家法規的底線，也挑戰了做人的底線，當你挑戰刑法的時候，等待你的就是開啟的牢獄大門。」[45]

業界當時普遍認為，劉士余針對的是以恆大系、寶能系、安邦系為代表的舉牌最為活躍的保險系資金。還有一些膽大的投資界人士，則批評劉士余的言論不當，妨礙金融改革，但並未想到中國政府要重新釐定政府與商界的關係。

2017年7月，中國國務院成立一個領導並監管「一行三會」的超級機構——國務院金融穩定發展委員會，這一機構成立的目的有二：1. 國務院金融穩定發展委員會是一個具有決策權，對行政執行結果具有監管、問責和處罰權的常設機構，設立它的目的在於解決「一行三會」之間的監管「踢皮球」、金融機構和產品監管標準不統一、金融監管存在真空等問題。2. 填補銀行、證券、保險三大業務監管縫隙。最近十年以來，中國金融行業實施「改革」，不少國企與私企巨頭均擁有銀行、證券、保險業務的金融全牌照，但銀監會、保監會、證監會三大監管機構卻存在相當寬的監管縫隙。這些資本大鱷游弋於金融、證券、保險三

大行業，哪裡方便就在哪裡圈錢，再借著當局鼓勵海外投資之機大規模將資金轉移海外，而其債務風險卻留在國內。成立這個統一領導監管「一行三會」的國務院金融穩定發展委員會，意在彌合監管縫隙。基於此，官媒宣稱它的成立意味著「資本暴力時代即將結束」。[46]

　　直到這時，不少金融大鱷才意識到，他們一向半心半意依靠的政府終於將砲口瞄準了自己。顯赫的鄧府孫駙馬吳小暉被抓之後，[47] 以數位前政治局常委家屬為靠山的中國首富王健林才算是中止了他長達三年的資本向外轉移之路，低首表示「積極響應國家號召，我們決定把主要投資放在國內」；[48] 一度被官府請去喝了幾天茶的復星系的掌門人郭廣昌公開發聲：海外投資這一走出去是為了更好的引回來。[49] 持續了三四年之久、通過國內高負債斂財並向海外轉移資產的資本外逃潮才算是強行扼制住。

（2）中國政商關係之結在哪裡？

　　對商人階層的崛起，中國政府相當在意，江澤民用「三個代表」思想將新富階層與專業人士納入社會基礎之後，有過不少官方調查。《人民日報》旗下的《人民論壇》在 2010 年第 4 期封面文章〈中國新富家族〉中曾透露：有關機構在 2009 年發布了中國三千個家族財富榜總榜單，三千個家族財富總值 16963 億，平均財富 5.654 億。進入總榜單的一萬個家族，財富總值 21057 億，平均財富值 2 億元。

　　該文總結了中國「新富家族」的構成：「其一為草根崛起。最典型的是浙商和廣東商人；其二為體制內起步，以商人終結，或者本身亦官亦商，頭頂紅帽。」這篇文章以蘇南商人為紅帽商人的代表，但「九二派」商人也應該歸於此類。「其三為紅色家族。這種類型的商人家族，擁有深厚的政治資源與資本，故起步高，容易獲得社會資源。這些紅色商業家族，多從事一些需要審批的貿易，基礎產業，能源等產業。房地產行業亦多為紅色家族鍾情的領域。」[50]

有趣的是，該文對前兩類商人都列舉了代表人物，但對第三類商人卻未提及一個名字，只是指出：「在國外，富豪家族一般呈現幾個特點，一是草根商人占絕大多數，二是在競爭性領域的商人家族占大多數。對比這兩個領域，中國商人家族的構成，存在很多隱憂。近年來日益被詬病的權力資本，權錢的聯姻，為中國商人家族蒙上了一層陰影。」

這篇文章再次將中國政商關係的明暗兩個層面擺上桌面：表面上是政府與企業的關係，實質上是官員與企業家、商人的關係。這兩層黏在一起的關係，注定了中國政商關係有兩重制度詛咒。

第一重制度詛咒：官員們「家國一體」之利益輸送機制。

中共政治就是極權政治，以「三個壟斷」著稱，即政治壟斷、經濟（資源壟斷）與輿論壟斷。這三個壟斷格局在計劃經濟時代就已經形成，但那時有權力無市場，大小掌權者最多是房子住大一些，享受特供與子女就業特權。到了改革開放時代，政府官員掌握的權力可以通過市場變現，即我講的「權力市場化」。這一點，注定了中國的官員必然會有尋租衝動。如果家人不夠能幹，就充當權力掮客，官商勾結；如果妻子兒女兄弟姐妹中有能人，就自辦企業，因為向別人尋租遠不如自家人開辦企業安全可靠。這就是近幾年反腐敗中，一個貪腐官員落馬，往往導致家庭成員及朋友圈同赴監獄現象的原因。

為了讓官員們能夠祛除這重詛咒，前些年中國很認真地討論過如何「以有條件特赦貪官推動政改」。[51] 這類討論從本世紀初就一直存在，但以 2012 年那輪討論最為認真，一些頗有社會名望的人士加入了這場討論。我曾在〈「特赦貪官推動政改」為何不可行？〉[52] 一文中分析過此論的來龍去脈。

第二重制度詛咒，則是企業家的原罪問題。

由於中國政府掌握資源分配大權，政府對企業的關係是種「賜予」的關係。所謂「權力市場化」，其特點是「權力」要變現，必須依靠「市場」，兩端緊密結合操作。也因此，掌握資源分配大權的官員成了「造

就國王的人」，這是中國絕大多數企業家不得不背靠官場的原因。即使是高科技行業的富豪，也不敢說自己可以不依靠官府，因為市場准入、稅收、企業年檢，每道關卡都可以讓商界難受。商界人士都知道，經營好政商關係，意味著掌握了「重要資源」。

從 2005 年開始，中國商界、學界曾興起一波關於企業家原罪的討論，主要觀點匯集於《原罪：轉型期中國企業家原罪的反思及救贖》一書當中。該書將「原罪」歸咎於三大原因，即制度不完善和社會轉型的先天不足、政策和法律的後天失調以及滋生原罪的社會環境，對於處理企業家原罪問題分為三個派別——追究派、反對派和折中派。在這場討論中，為企業家原罪辯解並反對追究原罪的人，占據了最終的話語優勢。[53]

這兩重制度詛咒，江澤民也想破除，「三個代表」理論就是為政治利益集團與經濟利益集團之融合而提出來的。美國高盛前董事庫恩（Robert Lawrence Kuhn）以《他改變了中國：江澤民傳》作為全書標題，很傳神地道出了這一點。[54] 正是江澤民的「三個代表」思想開啟了中國民營企業家挺進政壇，政商結合這條道路既方便了權貴們攫取更大經濟利益，也使商人獲得政治保護傘。本書作者何清漣就是因為在 2000 年的《書屋》第三期發表了〈當前中國社會結構演變的總體性分析〉，在文中指出中國正在拋棄工農等社會底層，形成政治精英、經濟精英、知識精英與外國資本聯合共治的寡頭聯盟，並在一次小範圍公開演講中提到江澤民的「三個代表」思想兩實一虛，代表先進生產力、代表先進文化，都是中共政治利益集團與經濟利益集團的寡頭聯盟，這是「實」；代表最廣大人民利益，則是「虛」，因為人民是個集體名詞，是無數個體的名義集合體，無法代表自身，最後還得由中共代表，因而被認為譏諷了「三個代表」思想。這筆「新帳」，加上此前《中國的陷阱》一書被中共當局記下的「老帳」一道計算，遭受中國當局政治迫害，包括降薪降職、禁言與全天候監控。後又在 2000 年 7 月在北京經歷了一場離

奇的車禍之後，不得不於 2001 年 6 月出走美國。《書屋》雜誌主編周實先生則被撤職，在 50 歲盛年被強令「退休」。

拋棄社會底層，形成政治、經濟精英寡頭聯盟共治這一事實，中共當局無視多年，直到十九大前夕，因為權力鬥爭的需要，因為始自 2017 年 3 月的郭文貴海外爆料「徹底將中國政府綁上一個令自己顏面掃地的戰車」，中國大外宣重鎮多維網才在文章中承認這點，稱江澤民時代之後，「人們開始將關注的目光從『原罪』轉移到對官商勾結、特權壟斷以及圍獵國資上，尤其手握實權的官員與商人的界限越發模糊，並在之後轉變為既得利益群體或者說權貴階層，成為阻撓改革和變革的破壞力量。」[55]

3、江澤民改變的中國，習近平正在改回去

從江澤民的「三個代表」思想問世，中國當局鼓勵資本家入黨蔚為政治潮流，眾多民營企業家進入各級人大、政協，中國政治儼然步入了「精英共和」的初級階段。胡錦濤執政十年，對江澤民立下的政治規則蕭規曹隨，在「兩會」代表中繼續吸納富翁。這種「精英共和」的表象，讓近年西方媒體的中國「兩會」報導增加了一個重要主題：中國「兩會」的富豪人數，以及兩會富豪代表的財富與美國國會議員財富之比較。

2015 年兩會前夕，《紐約時報》報導：胡潤百富榜上中國最富的 1271 人裡，203 人（七分之一）是「兩會」代表，他們的資產總和近三千億元人民幣，超過奧地利經濟總產值。[56]

中國「兩會」富豪代表的財富總值相當驚人。據胡潤中國財富報告提供的數據，中國最富有的 70 名人大代表的個人資產淨值在 2011 年一共增加了 115 億美元，創下 898 億美元（折合 5658 億元人民幣）的新高。相比之下，被中共宣傳品稱之為「金錢帝國」的美國國會、最高法院及白宮的 660 名最高官員在同一時期的個人資產淨值為 75 億美元，

低於 70 名中國富豪人大代表一年中增值的財富。[57]2017 年 3 月,據《胡潤富豪榜》數據顯示,全國人大和政協代表「百富榜」上的 100 名富豪在過去四年裡財富增加了 64%,從 2013—2016 年,他們的身家總和從 18000 多億漲到 30000 多億元人民幣。[58]

號稱「共產黨領導下、體現了民主集中制」的中國議會——中國人民代表大會,確實成了富豪與官員的俱樂部。彭博新聞對這一現象發表評論:「全國人大偏愛億萬富翁,體現了中共和富豪之間的融洽關係。在這個體系的各個層級上都有當地官員與企業家串通合謀,發家致富。」[59]

但是,一黨專制政治最大的特點是不容他人分享權力。美國政治學大師亨廷頓曾有一個理論假設,他認為對於一黨制政權來講,主要威脅之一在於「控制自主性經濟權力來源的新興社會集團的興起,也就是說一個獨立的、富有的工商業精英階層的發展,導致了精英的分化」。[60]這種對資本介入權力的恐懼,政治精英並不諱言。2017 年 3 月,在中國發展高層論壇的演講中,中共中央紀律檢查委員會(以下簡稱「中紀委」)副書記、監察部部長楊曉渡說:「有資本希望在掌握經濟權力之後,謀取政治上的權力,這是十分危險的。一種是資本希望求得一種照顧,但有違市場的公平競爭原則。另一種是資本希望在掌握經濟權力之後,謀取政治上的權力,這是十分危險的。」[61]

總部設在北京的大外宣媒體多維新聞網,於 2017 年 8 月上旬發布了系列文章《近思錄:透視郭文貴中國野蠻人演進》(上、中、下),文章標題中的「郭文貴」只是作為引子,重點是分析以郭文貴為代表的中國商圈在 30 多年改革中的生成軌跡——這篇文章如果放在國內發表,會影響十九大前夕的「安定團結」局面,因為商圈中的翹楚「九二派」決不認為郭是商界代表,他們會從這一標題中感覺到肅殺寒意。

這裡只談多維新聞網這組文章的主要政治意涵:

《近思錄》的下篇有個單獨的標題,叫做〈中共終結經濟野蠻生長

的努力〉，其編者按如是說：「每一個權力中心的周邊，都聚集了一批仰其鼻息的既得利益集團。這些人因為接近權力中心，得以壟斷資源，獲得巨大的利益。」[62]

熟悉中國政治的人士大概都會讀懂這段話。其中每一個權力中心，指的是江澤民時期的「多龍治水」與胡錦濤時期的「九龍治水」格局，每一個政治局常委都將自己管轄的範圍當成一個權力中心；圍繞「每一個權力中心」，形成一個蠶食國家資源以自肥的利益集團，比如這次情報系統的反叛，就是圍繞國安權力中心形成的利益集團在暗中策劃並實行。十九大要做的事情是：今後中國只能有一個權力中心，不再是多頭共治的集體領導。

該系列文章還指出：「胡溫十年形勢惡化，彼時的溫家寶身為一個性格軟糯、不諳經濟之學的工程師總理，加之在位期間，中國特殊政治權力結構的桎梏，可以說上位之初的雄心萬丈不久便熄滅，而最終只剩下難以回天的政改空號了。現在已經到了一個轉變的重要階段。」[63]

如何轉變？從經濟上來說，抑商時代將要開始，佐證是：據官方媒體報導，今年要適當提高十九大在生產和工作第一線的代表比例。省區市、中央金融系統和中央企業系統（在京）代表中，生產和工作第一線黨員所占比例一般不少於三分之一，例如桂林公共交通有限公司平山場站11路線公交駕駛員夏四初成為十九大代表[64]——這讓經歷過文革的人想起當年毛澤東時代九大時期的工農兵代表紡織工人吳桂賢、石油工人王進喜、農民代表陳永貴等人。

不過，在《人民論壇》述及的三類中國新富家族中，中國最高當局的策略不一樣。對付草根型、紅帽型，當局均鎮以雷霆之威，不少商人均落得財破人繫獄甚至身死的下場。對付紅色家族則（只能）採取「春風化雨」的柔軟手段。在習近平的壓力下，他的姐夫和姐姐、朱鎔基之子朱雲來、溫家寶之子溫雲松都相繼退出金融界。對中共前總理李鵬之女李小琳，則將其從中國電力集團董事長兼總經理之位，調到中國大唐

集團任副總經理，目前，在該集團領導層中，李小琳排名第四位。

外逃貪官則先後通過「獵狐行動」與「天網行動」實施海外追逃。2014—2016年，中國當局先後從90多個國家和地區追回外逃人員2566人，其中黨員和國家工作人員410人，追回贓款86億元人民幣，迄今追回「百名紅通人員」39人。讓中紀委覺得效果彰顯的成就是：新增外逃人員逐年大幅下降，[65] 在中共中央各大權力機構中，中紀委是個聾子的耳朵，擺設。但自從王岐山擔任中紀委書記之後，加以整頓並加強職能，對貪官及其朋友圈殺傷力特別大，「寧見閻王，不見老王」，成了中國官場流行語。「郭氏推特文革」的主要打擊對象就是王岐山，郭文貴曾提出「為貪官報仇、討回公道」的口號，因此其支持者有貪官群體、[66] 貪官家屬與情人。

上述權傾一時的官場大人物及商界富豪，目前正在書寫不知道結局的《紅樓夢》，只有那些前幾年就定居海外的富人與官員家屬，他們的「財富故事」可能會有個相對平安的結局。可以想像，號稱「精英聚會」的每年一度的人大、政協例會上，部分富豪們的身影將要讓位於工農兵這些生產一線的黨代表。庫恩寫的《江澤民傳：他改變了中國》，書名被人借用調侃：「江澤民改變的中國，習近平正在改回去。」

但時光不能倒流，無論怎樣，習近平無法帶領中國人回到過去。只要現存的政治體制不改，人大、政協的代表無論是富人還是生產第一線的工人，都沒有中國人會將他們當成自己的代表，也沒有代表認為他們代表了人民。權力只對權力的來源負責，他們既是執政黨遴選的代表，自然只能唯執政黨意志是從。但中共的社會基礎其實已經被掏空：中國模式拋棄了社會底層，習近平的反腐讓官員痛失樂園因而失去「官心」，正準備實施的抑富政策，將使富裕階層從半心半意地依靠黨變成離心離德的表面順從。一個只剩下槍桿子的政權，到底能走多遠，很值得懷疑。

今天，中共官方意識形態仍然將馬克思主義奉為正統，是因它能為紅色資產階級的特權身分和「無產階級專政」繼續維持下去，提供意識

形態上的合法性解釋。弔詭的是，中國模式本身是反馬克思主義的，建立在反民主的專制基礎之上。但中共生存下去的訣竅就在於：舉著馬克思主義的旗號和招牌，建設和鞏固反馬克思主義的資本主義經濟制度。「中國模式」既挑戰了馬克思主義，也挑戰了民主化理論。對中國未來的認識，需要從這裡起步。

至於社會主義制度在人類歷史中的命運，其實早有定位。1988 年在奧地利首都維也納召開過一個關於社會主義國家改革的討論會。在那次會上，一位來自共產黨國家匈牙利的經濟學家語驚四座：所謂社會主義，無非就是從資本主義到資本主義的過渡時期；也就是說，先從資本主義到社會主義，然後再從社會主義回到資本主義。一年以後，這位匈牙利人的看法就被蘇聯東歐共產黨陣營的相繼解體所證實。

註 ────────

1　Xiaonong Cheng, "Capitalism Making and Its Political Consequences in Transition-- An Analysis of Political Economy of China's Communist Capitalism," in Guoguang Wu and Helen Lansdowne, eds. *New Perspectives on China's Transition from Communism*, London & New York, Routledge, Nov. 2015, pp.10-34.

2　Xiaonong Cheng, "Making Capitalists without Economic Capital: The Privatization of State-Owned Industrial Enterprises in China and Russia," for presentation at the annual meeting of American Sociological Association, Aug. 2012, available at the website of the American Sociological Association for its members.

3　中國國家統計局編，《中國統計年鑑》1993 年；《中國統計年鑑》1997 年；《中國統計年鑑》2009 年，北京，中國統計出版社出版。

4　全國工商聯中國私營企業研究課題組，〈中國私營企業調查報告〉，北京，《財經》雜誌，2003 年第 4 期；Gan Jie, "Privatization in China: Experiences and Lessons," in James R. Barth, John A. Tatom, and Glenn Yago, eds. *China's Emerging Financial Markets: Challenges and Opportunities*, Berlin, Germany, and New York, NY, Springer, The Milken Institute Series on Financial Innovation and Economic Growth, 2008.

5　新華社，《中國全國人民代表大會常務委員會委員長（即國會議長）吳邦國在全國人大 11 屆 4 次大會第 2 次會議上的講話》，2011 年 3 月 10 日，http://news.sina.com.cn/

c/2011-03-10/094122087374.shtml.

6   Ross Garnaut, Song Ligang, Stoyan Tenev and Yao Yang, *China's Ownership Transformation: Process, Outcomes, Prospects*, Washington, DC, International Finance Corporation and the International Bank for Reconstruction and Development/ The World Bank, 2005; Shahid Yusuf, Kaoru Nabeshima and Dwight H. Perkins, *Under New Ownership: Privatizing China's State-Owned Enterprises*, Washington, DC, the International Bank for Reconstruction and Development/ The World Bank, 2006; Gan Jie, "Privatization in China: Experiences and Lessons," in James R. Barth, John A. Tatom, and Glenn Yago, eds. *China's Emerging Financial Markets: Challenges and Opportunities*.

7   Gil Eyal, Ivan Szelenyi, and Eleanor Townsley, *Making Capitalism without Capitalists: The New Ruling Elites in Eastern Europe, London and New York*, Verso, 1998.

8   Xiaonong Cheng, "Making Capitalists without Economic Capital: The Privatization of State-Owned Industrial Enterprises in China and Russia," for presentation at the annual meeting of American Sociological Association, Aug. 2012, New York, available at the website of the American Sociological Association for its members.

9   〈勞動爭議案件大幅上升〉，北京，《中國改革報》，1996 年 8 月 27 日；Ching Kwan Lee, *Against Law: Labor Protests in China's Rustbelt and Sunbelt*, Berkeley, CA: University of California Press, 2007, 44; 楊林，〈勞資矛盾有緩〉，北京，《瞭望新聞周刊》，第 50 期，2009 年 12 月 14 日。

10 Martin King Whyte, "Paradoxes of China's Economic Boom," Annual Review of Sociology, Vol. 35, 2009.

11 〈國企稅負 5 倍於私企說明了什麼〉，2010 年 8 月 5 日，新華網，http://news.xinhuanet.com/fortune/2010-08/05/c_12411148.htm.

12 Bloomberg, "Heirs of Mao's Comrades Rise as New Capitalist Nobility," Dec. 26, 2012, http://www.bloomberg.com/news/articles/2012-12-26/immortals-beget-china-capitalism-from-citic-to-godfather-of-golf.

13 〈66 家 A 股「殭屍企業」負債 1.6 萬億〉，《21 世紀經濟報導》，2015 年 11 月 19 日，http://epaper.21jingji.com/html/2015-11/19/content_26246.htm.

14 〈世界 500 強 16 家中國企業巨虧 377 億〉，飛揚投資網，2015 年 10 月 14 日，http://www.fei123.com/700000/698532.shtml.

15 〈A 股虧損之王：中國鋁業〉，新浪財經，2015 年 2 月 3 日，http://finance.sina.com.cn/focus/chalcodeficit/.

16 〈程定華社科院演講：A 股底在哪〉，和訊網，2015 年 12 月 17 日，http://m.23yy.com/3550000/3543044.shtml.

17 〈渤海鋼鐵債務 1920 億元 已成立債委會〉，財新網，2016 年 3 月 18 日，http://finance.caixin.com/2016-03-18/100921942.html.

18 興業資產管理，〈殭屍企業出清影響幾何：興業策略「過剩產能」系列專題報告〉，2016 年 1 月 6 日，http://www.ixzzcgl.com/web/views/a/20160112/367.html.

19 〈中共中央、國務院關於深化國有企業改革的指導意見（全文）〉，新華網，2015 年 9 月 13 日，http://news.xinhuanet.com/politics/2015-09/13/c_1116547305.htm.

20 〈新華時評：理直氣壯做強做優做大國有企業〉，新華網，2015 年 9 月 15 日，http://news.xinhuanet.com/2015-09/15/c_1116570748.htm.

21 《第二次全國經濟普查主要數據公報（第二號）》，國家統計局，2009 年 12 月 25 日，http://www.stats.gov.cn/tjsj/tjgb/jjpcgb/qgjpgb/201407/t20140731_590162.html.

22 〈全國人大常委會法制工作委員會關於《中華人民共和國中小企業促進法》有關制度立法後評估工作情況的報告：2012 年 12 月 24 日在第 11 屆全國人民代表大會常務委員會第 30 次會議上〉，全國人大網，http://www.npc.gov.cn/wxzl/gongbao/2013-04/17/content_1811046.htm.

23 〈工商總局：個體私營企業成為中國城鎮新增就業主渠道〉，新華網，2014 年 6 月 9 日，http://qd.ifeng.com/xinwenzaobanche/detail_2014_06/09/2399105_0.shtml.

24 宋方敏，〈警惕「國企低效論」為私有化開路〉，光明網，2016 年 10 月 25 日，http://theory.gmw.cn/2016-10/25/content_22649645.htm.

25 〈2015 年 7 月末中國國有企業平均資產負債率為 65.12%〉，全球經濟數據，2015 年 8 月 19 日，http://www.qqjjsj.com/zgjjdt/75756.html.

26 林定忠摘編，〈混合所有制：民企參股國企的六大風險〉，鳳凰商道，2013 年 1 月 7 日，http://finance.ifeng.com/business/special/fhsd53/.

27 王健林，〈萬達和國企合作 混合所有制中必須控股〉，新浪財經，2013 年 12 月 15 日，http://finance.sina.com.cn/china/20131215/214017639351.shtml.

28 珍妮弗・休斯，〈中國上市國企把黨委領導寫入章程〉，英國《金融時報》，2017 年 8 月 15 日，http://www.ftchinese.com/story/001073838.

29 〈三樁交易顯示失蹤的「明天系」掌門人肖建華與中國軍方有關聯〉，《華爾街日報》中文網，2017 年 4 月 19 日，http://cn.wsj.com/gb/20170419/BCH145459.asp.

30 米強、桑曉霓、吳佳柏，〈分析：吳小暉被帶走突顯中國商業風險〉，《金融時報》，2017 年 6 月 15 日，http://www.ftchinese.com/story/001073012.

31 陳小瑛，〈萬達出事了？王健林承認海外投資是轉移資產，還暴露了一個真相〉，搜狐，2017 年 6 月 22 日，http://www.sohu.com/a/151148363_777433.

32 Gil Eyal, Ivan Szelenyi, and Eleanor Townsley, *Making Capitalism without Capitalists: The New Ruling Elites in Eastern Europe, London and New York*, Verso, 1998.

33 李強，〈中產過渡層與中產邊緣層〉，《江蘇社會科學》，2017 年 2 月，http://www.js-skl.org.cn/uploads/Files/2017-03/21/1-1490063494-128.pdf.

34 〈官員腐敗背後的朋友圈：7 名獲刑高官涉 37 名商人〉，新華網，2015 年 4 月 13 日，http://news.xinhuanet.com/fortune/2015-04/13/c_127684123.htm；新華社記者鍾欣，〈貪官緣何頻被商人「圍獵」〉，中國網，2015 年 4 月 10 日，http://guoqing.china.com.cn/2015-04/10/content_35284107_2.htm；〈近思錄：透視郭文貴 中國野蠻人演進（上）〉，多維新聞網，2017 年 8 月 2 日，http://news.dwnews.com/china/news/2017-08-02/60004715_all.html.

35 〈「免死金牌」被拿走 周永康下場比黃菊慘〉，北美新浪網，2013 年 6 月 25 日，

http://dailynews.sina.com/gb/chn/chnnews/ausdaily/20130625/16394676362.html.

36　〈山西煤老板覆滅記：多人身陷囹圄〉，騰訊網，2014 年 9 月 1 日，http://finance.
　　qq.com/a/20140901/005587.htm；王華，〈令計劃恐判死刑 三天七舊部被免職〉，新紀
　　元，2016 年 3 月 12 日，http://www.epochweekly.com/qb/472/16184p4.htm.

37　見註 27。

38　〈宗慶后談混合所有制經濟：關鍵在於能否推動改革〉，新華網，2015 年 3 月 2 日，
　　http://news.xinhuanet.com/food/2015-03/02/c_127535090.htm.

39　〈郭廣昌：民企沒有管理權就不會與國企「混合」〉，新浪財經，2014 年 4 月 25 日，
　　http://finance.sina.com.cn/hy/20140425/185918927655.shtml.

40　〈「國企改革方案」的風，姓私還是姓公？〉，美國之音，2015 年 9 月 20 日，https://
　　www.voachinese.com/a/voa-news-guoqi-reform-20150919/2971063.html.

41　〈萬達地產負債率之謎：除非要跑路不應無視預收賬款債務〉，《證券市場周刊》，
　　2014 年 10 月 20 日，http://www.capitalweek.com.cn/2014-10-17/879073792.html.

42　丁鋒、賈華傑，〈安邦大冒險〉，《財新周刊》，2015 年第 5 期（2015 年 2 月 2 日），
　　http://weekly.caixin.com/2015-01-30/100780098.html.

43　〈揭秘滯留香港四季酒店的大陸富豪們 從蘇達仁到肖建明〉。騰訊財經，2014 年 11 月
　　25 日，http://news.m.fdc.com.cn/692372.html?from=timeline&isappinstalled=0.

44　〈香港四季酒店，為何能成大陸犯罪富商的避難所〉，2017 年 4 月 13 日，http://cj.sina.
　　com.cn/article/detail/5898164240/216029?column=licai&ch=9.

45　〈野蠻人妖精和害人精：劉士余給資本亂象貼啥標籤〉，環球網，2017 年 4 月 9 日，
　　http://www.sina.com.cn/midpage/mobile/index.d.html?docID%3Dfyeceza1630989%26
　　url%3Dnews.sina.cn/gn/2017-04-09/detail-ifyeceza1630989.d.html.

46　方珍珠，〈國務院金融穩定發展委員會成立，資本暴力時代即將結束〉，億歐網，2017
　　年 7 月 17 日，http://www.iyiou.com/p/50316.

47　蔡永偉，〈安邦集團掌門人吳小暉據報被帶走〉，聯合早報網，2017 年 6 月 13 日，
　　http://www.zaobao.com.sg/realtime/china/story20170613-770922.

48　侯雯，〈王健林：我們決定把主要投資放在國內〉，財新網，2017 年 7 月 21 日，http://
　　m.companies.caixin.com/m/2017-07-21/101120305.html.

49　張而弛、彭駸駸，〈郭廣昌談復星海外投資：走出去是為了更好的引回來〉，財新網，
　　2017 年 7 月 29 日，http://companies.caixin.com/2017-07-29/101123876.html.

50　羅天昊，〈中國新富家族崛起〉，《人民論壇》2010 年第 4 期，人民網，http://paper.
　　people.com.cn/rmlt/html/2010-02/01/content_458883.htm.

51　〈該不該特赦貪官？〉，人民論壇網，2013 年 3 月 1 日，http://www.rmlt.cn/
　　News/201303/201303011112276551.html.

52　何清漣，〈「特赦貪官推動政改」為何不可行？〉，美國之音，2012 年 8 月 3 日，
　　http://heqinglian.net/2012/08/03/pardon-corrupt-officials/.

53　劉登閣，《原罪：轉型期中國企業家原罪的反思及救贖》，中國三峽出版社，2007 年 7
　　月出版。

54　羅伯特‧勞倫斯‧庫恩（Robert Lawrence Kuhn），《江澤民傳：他改變了中國》（The

Man Who Changed China: The Life and Legacy of Jiang Zemin），中文版由上海譯文
出版社 2005 年出版。當年，英文版、中文版全球同步發行。

55　〈近思錄：透視郭文貴 中國野蠻人演進（中）〉，多維新聞網，2017 年 8 月 4 日，
　　http://www.dwnews.com ...1503357855850....

56　傅才德，〈中國兩會，富豪雲集〉，《紐約時報》中文版，2015 年 3 月 3 日，https://
　　cn.nytimes.com/china/20150303/c03rich/?mcubz=3.

57　傅才德（Michael Forsythe），〈彭博財經：中國的富豪代表們讓美國的議員們相形見絀〉
　　（China's Billionaire Lawmakers Make U.S. Peers Look Like Paupers），2012 年 2 月 27 日，
　　http://yyyyiiii.blogspot.com/2012/02/blog-post_6868.html.

58　〈中國「兩會」富豪雲集 財富知多少？〉，BBC，2017 年 3 月 2 日，http://www.bbc.
　　com/zhongwen/simp/chinese-news-39144280.

59　見註 57。

60　Samuel P. Huntington, "Social and Institutional Dynamics of One-Party Systems,"
　　in *Authoritarian Politics in Modern Society: The Dynamics of Established One-Party
　　Systems*, ed. Samuel P. Huntington and Clement H. Moore (New York: Basic Books,
　　1970), 20.

61　岳三猛，〈中紀委副書記狠批「商人謀權」，在指誰？〉，騰訊網，2017 年 3 月 19 日，
　　http://news.qq.com/a/20170319/001635.htm.

62　〈近思錄：透視郭文貴 中國野蠻人演進（下）〉，多維新聞網，2017 年 8 月 4 日，
　　http://news.dwnews.com/china/news/2017-08-04/60005217_all.html.

63　〈近思錄：透視郭文貴 中國野蠻人演進（下）〉，多維新聞網，2017 年 8 月 4 日，
　　http://news.dwnews.com/china/news/2017-08-04/60005217_all.html.

64　〈政治局委員在哪兒參選十九大代表？〉，鳳凰網，2017 年 7 月 6 日，http://news.
　　ifeng.com/a/20170706/51382864_0.shtml.

65　〈國際追逃追贓取得重要階段性成果 李書磊出席全國追逃追贓工作培訓班開班式並
　　講話〉，中央紀委監察部網站，2017 年 3 月 25 日，http://www.ccdi.gov.cn/ldhd/
　　wbld/201703/t20170327_96431.html.

66　牛淚，〈支持習王改革反腐，反對郭文貴等三股勢力〉，多維網，2017 年 4 月 27 日，
　　http://blog.dwnews.com/post-949268.html.

第叁章

中國經濟
高速增長的神話破滅

中國經濟曾有過輝煌的「黃金十年」（2001—2010年），在「黃金十年」當中，中國成為繼英國之後第二個被稱為「世界工廠」的國度，外資視中國為「投資福地」，為了進入中國「搶灘」，還需要付出「制度成本」，向政府官員行賄。基於中國經濟將持續增長的預測，曾有外國學者一度鼓吹，中國已經「和平崛起」，「北京共識」將取代「華盛頓共識」，中國必將在2025年或2030年超過美國，成為世界最大經濟體。中國政府也非常自豪地宣稱，中國已經成為世界發展中國家當中最大的對外投資國。外部觀察者未曾預料到的是，中國自2010年開始，進入L型的長期衰敗階段。與這些主流看法不同，本書作者一直認為，這種透支本國資源、收入分配嚴重不公導致內需不足的畸形發展，必將衰敗。從2009年開始，拉動中國經濟增長的「三駕馬車」（國內消費、出口和投資）陸續失靈，與房地產相關的幾十個上下游產業形成了巨大的產能過剩，需要通過「一帶一路」向外輸出。

一、「世界工廠」的衰落

從21世紀初開始，中國加入了世界貿易組織（WTO），長達十多年的「出口景氣」帶動了中國經濟的持續繁榮。從2003—2007年，中

國的出口連續多年以高於 25% 的速度增長，一些年份的增長率甚至高達 35%。[1]

一個國家的經濟對出口貿易的依賴，可以用對外貿易依存度這一指標來觀察。對外貿易依存度又稱為「對外貿易係數」，是指一國的進出口總額占該國國內生產總值（GDP）的比重。1985 年中國的對外貿易依存度只有 22.8%，2001 年加入 WTO 時是 38.5%，以後直線上升，2006 年達到最高值 67%。[2] 而日本在平成景氣結束的 1991 年外貿依存度只有 15.3%。在中國經濟繁榮頂峰階段的 2006 年，中國的外貿依存度是號稱「出口大國」的日本在平成景氣末期的外貿依存度的四倍多，這充分表明，中國的經濟繁榮高度依賴出口貿易。這種經濟的弱點在於：一旦出口下降，中國經濟遭受的打擊會非常嚴重。

由於中國出口產品的質量不可靠、成本快速上升、人民幣升值等諸多原因，中國的出口景氣從 2012 年開始衰退，出口的年增長率從這一年的 8% 減少到 2014 年的 6%，2015 年變成出口下降 2.8%，[3] 2016 年出口進一步下降 2%。[4] 當中國告別出口景氣之後，其外貿依存度也隨著出口下降而大幅度降低，2016 年中國的外貿依存度為 32.7%，[5] 回到了中國 20 世紀 90 年代初的水平。

1、「世界工廠」興於成本優勢毀於質量低劣

十餘年間，中國對外貿易依存度經歷急劇上升和快速下降這一過程，與中國「世界工廠」由盛而衰的過程高度吻合。2001—2010 年是中國經濟高速發展時期，有「黃金十年」之稱。這段時期，中國的紡織、製衣、玩具、箱包、電子產品等行業，幾乎占有世界市場的 40%—60%（玩具業在全球市場占有率最高，一度高達 80%），價格低廉的「中國製造」（Made in China）商品遍及世界五大洲，中國因此被稱為「世界工廠」。

中國之所以能夠成為「世界工廠」，是利用比較成本優勢吸引了世界各國投資。所謂「比較成本優勢」，是指中國當時的土地、勞動力成本低廉，對外商投資實行稅收優惠政策；加之中國政府幾乎不考慮環保，企業不需要支付環保成本。因為有這些比較成本優勢，中國很快成為發展中國家當中第一引進外資大國。在 2006 年之前，廉價的「中國製造」幾乎在全世界形成傾銷之勢。

「中國製造」後來在世界各國受到抵制，是由於廠商對自身產品質量不負責任。在 2006 年末，中國加入 WTO 之後的五年「觀察期」未滿之前，中國對內對外銷售商品奉行兩種質量標準，對外商品質量檢測比較嚴格，所以「中國製造」質量雖差，但還未出現有毒有害等安全問題。待五年「觀察期」一過，中國政府開始放鬆質量監管。2006 年美國發生了中國含鉛毒玩具事件，導致「中國製造」信譽受損。從 2007 年開始，一度在海外市場占有率非常高的「中國製造」因其有毒、有害而信譽掃地，成為「中國製造」由盛而衰的轉折點。曾經在全球市場占有率高達 80% 的中國玩具製造業，這一年因其油漆含鉛量超標，在世界各地召回將近二千萬件。2007 年 8 月，廣東佛山利達玩具有限公司因美國美泰兒（Mattel）公司宣布召回近百萬件該公司出產的含鉛量超標玩具，蒙受三千多萬美元巨額損失，該公司副董事長張樹鴻被迫自殺。[6] 此後，美歐等國啟動技術壁壘，拒絕塗料含鉛量過高的玩具，中國玩具業走向衰亡。

中國食品同樣讓海外消費者望而生畏。2007 年 5 月 6 日《紐約時報》報導，365 名巴拿馬病人因為服用中國製造的假的止咳糖漿而死亡，其中 100 例確診為中毒死亡。《洛杉磯時報》報導，從 2007 年 3 月—5 月 4 日，消費者已經舉報了高達 8500 起貓狗因食用受汙染寵物食品而死亡的案件，該寵物食品來源於中國。[7] 2008 年中國出口到日本的毒餃子事件更是導致中國食品在日本信譽掃地。

中國出口有毒油漆的玩具與各種劣質產品，引發不少訴訟。在

WTO 內部，批評中國政府操縱匯率，給國企大量資金補貼，人為操縱出口商品價格、侵犯知識產權、操縱重大工程招投標等行為的聲音從未消失。僅美國針對中國就提出涉及出口補貼、盜版、中國汽車關稅、汽車輪胎、有毒牆板等多項訴訟。[8]

2、中國的「比較成本優勢」逐漸喪失

就在「中國製造」聲譽日漸敗壞之際，中國的比較成本優勢也在逐漸喪失。

第一、勞動力成本上升：2007 年中國的《新勞動合同法》草案頒布。中國各地出現加薪潮。外資集中地東莞、廣州、深圳均調整了最低工資標準，上升幅度 20% 左右。

自 2010 年 5 月開始，以富士康事件、本田罷工為標誌，綿延不絕發生的罷工潮蔓延至中國十幾個省份，工人的利益主訴求是加薪與要求成立獨立工會。對這兩類要求，中國政府採取了不同的態度，對加薪要求表現了一定程度的容忍。繼本田及富士康加薪之後，中國 27 個省市紛紛宣布上調或計劃上調最低工資標準，但不允許成立獨立工會。[9]

中國維繫「世界工廠」的地位，大部分依賴於低廉的人力成本。在約占中國貿易總量 50% 的加工貿易中，人力成本上的優勢更是舉足輕重。而勞動力成本上升，導致許多外資遷廠至越南，當時，越南工人每日最低工資是二美元，而深圳是四美元。

第二、土地價格上漲，推高外企成本：從 2007 年開始，中國出口加工的重心珠江三角洲地區土地價格飛漲。2006 年以前，廣州開發區的工業用地最高價格不超過四百元／平方米，但 2007 年以後土地的最低價從六百元／平方米開始，沒有上限。深圳、東莞等地的土地價格亦相應上漲。[10]

3、中國取消了對外資的稅收優惠

與新《勞動合同法》同在 2008 年實施的還有新《企業所得稅法》。新稅法一是取消了對外資的優惠，讓外資與中國本國企業的稅率合一，因此外資企業的稅率由 15% 左右提高到 25%—30% 左右；二是將區域優惠改變為產業優惠，結果廣東港資企業投資集中的幾大產業，基本上都被排除在稅率優惠範圍之外；而此前絕大多數港資廠商的利潤來源於稅收優惠。試想：現在世界上還有幾個行業能夠獲得 10% 的利潤率？外資企業的稅率突然上升 10 到 15 個百分點，其稅後利潤就基本上消失了。

新稅法實施之前，中國政府對新稅法造勢宣傳，美國在華商會（The American Commerce Chamber in China）、歐盟在華商會（European Union Chamber of Commerce in China）遊說北京未果。當時，對形勢敏感的部分外資已經率先撤資，最先作出反應的是在華韓資、日資及港資、臺資等製造企業。這些外資紛紛將企業轉移至成本更低的地區，如東南亞國家。日本不少機械電子部件廠家及工業公司從 2007 年初也開始在越南設廠，並逐漸將部分中國業務轉移至越南。[11]

當中國仍有稅收優惠、土地、勞動力等比較成本優勢的時候，外商對中國有一項「比較成本劣勢」往往避而不談，那就是外商在華投資必須付出的制度成本（指政策、法律不透明等引起的費用與損失）和社會成本（比如知識產權的保護、商業信用等）。制度成本過高，往往是政府政策的不確定性所造成，外企為獲准一些業務，需要不斷遊說政府，這種遊說耗費大量金錢與人力，加大了商務成本。不少外商為了在中國落腳，被迫向負責外商投資審批的各部門官員行賄，如中國商務部官員郭京毅、鄧湛、杜寶忠及國家工商總局官員劉偉等十多人，均因向外商大肆索賄而聚斂大筆財富。至案發時為止，有些官員利用審批權力尋租

的過程長達十餘年。[12]

綜合上述各種因素來看，從 2008 年開始，中國不再是外商的投資福地。

二、投資馬車的換「馬」之後果

在長達 20 多年的時期內，拉動中國經濟增長的「投資馬車」不斷換「馬」，先是中國自己的假外資替代了來自發達國家的真外資。所謂「假外資」，即中國富人將資本轉移至海外洗白後，再以外商身分回中國投資。這些假外資的投資重點是收益快的房地產；加之各地政府把出售國有土地、開發房地產作為主要的經濟發展方向，因此不斷加大基礎設施投資，進而帶動更大規模的房地產投資，土木工程投資逐漸代替了製造業投資。其結果是：整個中國變成了一個巨大的建築工地，在帶動土木工程景氣的同時，中國經濟因房地產過度膨脹而高度泡沫化。

1、對華投資的外資中有多少假外資

中國號稱「全球發展中國家第一引進外資大國」，這一地位從 2002 年至今未曾變化過。國際社會測度中國在世界經濟中的地位，通常使用吸引外資數量這個指標。這一指標用於美國、歐盟、日本等國都沒錯，但用之於中國，則必須考慮假外資現象。從 20 世紀末開始，中國引進外資數額當中，假外資數量不斷上升，最近十餘年，中國引進外資的大部分實際上都是假外資。

全部外商投資當中，假外資的比重到底有多大？事實上，從 1997—2013 年，中國引進的外資當中，來自工業化國家的外資每年穩定在 200—300 億美元左右，但是，來自香港、澳門以及九個號稱「避稅港灣」的小島國的外資卻快速增加，這些小島國包括英屬維京群島（the British

Virgin Islands）、開曼群島（Cayman Islands）、薩摩亞（Samoa）、毛里求斯（模里西斯，Mauritius）、巴巴多斯（巴貝多，Barbados）、百慕大（百慕達，Bermuda）、巴哈馬（Bahamas）、文萊（汶萊，Brunei）和馬紹爾群島（Marshall Islands）。這些避稅港灣的對華投資從 1997 年的 242 億美元上升到 2013 年的 856 億美元，占中國引進外資的比重從 53% 上升到 73%。[13] 據中國商務部公布的數據，2015 年中國實際使用外資 1262.7 億美元，其中來自香港的外資就高達 926.7 億美元，占外資總額 73.4%，而來自韓、日、美、德、法、英等六國的外資只有 137 億美元，僅占外資總額 10.8%。[14]

這些假外資回流中國，基本上不會投資於製造業，而是投資於投機性強的房地產業或其他服務業。與真外資相比，假外資具有進入中國房地產業的人脈優勢，因為他們本來就是中國人或中國公司，能夠與國內的房地產公司合作炒作房地產，這種合作有時其實就是中國自身的「左手」與「右手」合作。

中國的假外資主要有三種類型：

第一種是在港澳及國外有實體經營的中資企業，出於企業發展的需要，回國創辦「外資」企業。

第二種是出於海外融資的目的，通過註冊海外空殼公司及返程收購，以紅籌形式在國外上市的原中國企業。對這種形式，中國政府持鼓勵態度，並給予政策扶持。2006 年 9 月，由商務部、國資委、證監會、國家稅務總局、國家工商總局、國家外匯管理局聯合頒發的《關於外國投資者並購境內企業的規定》（業內稱為「10 號文」）明文規定，中國企業可以通過離岸公司設計安排合同／協議控制模式（VIE 結構，即可變利益實體），進行海外私募及紅籌上市。從此，眾多國有企業，如中國銀行、中國電力、中國移動、中國聯通、中石油、中海油等，以及所有的國際風險投資與私募併購基金，加上眾多民營企業，如裕興、亞信、新浪、網易、搜狐、盛大、百度、碧桂園、SOHO、阿里巴巴、巨

人集團等，幾乎無一不是通過在中國境外設立離岸控股公司的方式，從海外證券市場獲得巨額資金，再把這些資金以外資公司的名義轉回中國。過去 20 餘年裡，中國大陸赴香港上市的家族企業資產規模最大的50 家之中，共有 44 家註冊於開曼群島，其設立離岸公司的主要目的是進一步到美國、新加坡以及英國等地上市；

第三種是純粹出於政策性尋租的目的，到境外尤其是離岸金融中心註冊空殼企業，然後將自己變身為外企的原內資企業。據估計，第三種形式的假外資在中國非常普遍，不僅實行低稅的香港成為內資企業註冊空殼公司的寶地，英屬維京群島、開曼群島、薩摩亞等地也分別成為中國引進外資（FDI）的第二、第七和第九大來源地。[15]

2、美歐日韓及港臺資本陸續撤退

西方發達國家對華投資的下降，實際上從 2008 年就開始了。2008年 3 月，上海美國商會與博思艾倫諮詢公司（Booz Allen）發布的《中國製造業競爭力研究 2007—2008》稱，在接受調查的美、日、歐製造商中，超過一半認為，中國相對其他低成本國家，正失去其作為製造基地的競爭優勢；再加上稅收與其他許多雜費的徵收永遠處於不透明狀態，讓企業無所適從。[16] 因此，中國不再被跨國公司視為「投資福地」。2011 年美國波士頓企管顧問公司（BCG）發布的研究報告《美國製造歸來》（Made in the USA, Again）指出，中美之間的製造業成本差距縮小，美國的土地、燃油、電力等成本均比中國低，因此美資企業已開始從中國撤離而回流美國，中國製造（Made In China）正在變身成為美國製造（Made in America）。[17]

先行撤資的外資企業是幸運的。2007 年年末至 2008 年，外資企業的破產潮幾乎席捲了珠三角與長三角，不少企業血本無歸。作為「世界工廠」主要車間的廣東東莞市衰落的轉折點是 2008 年，從 2008—

2012 年，東莞有 72000 家企業關閉；2014 年有至少 4000 家企業關門；[18]2015 年 10 月份又有 2000 多家臺資企業大舉撤離東莞，500 萬工人被逼離開。不少廠商選擇將工廠遷至越南、印度等東南亞一帶，期望維持原有的利潤率。東莞一度號稱「鞋都」，據亞洲鞋業協會統計，近年約有三分之一的訂單從中國往東南亞轉移。[19]

如果擬一份轉移清單，這些撤離的企業包括 Intel、LG、Panasonic 和 Microsoft 在內的眾多科技公司以及其他跨國公司，比如 Uniqlo、Nike、Foxconn、Funai、Clarion 等數十家外企。[20]2014 年越南的國外直接投資已經達到 124 億美元，比 2009 年增加近 25%。世界上最大的投資商之一韓國三星電子（Samsung）計劃在越南隆安省加大投資，生產電子產品。有人預測，「越南製造」可能會遍布全球，在吸引外資方面，「中國花費 30 年時間做成的事情，越南花費十年就夠了。原因是越來越多的公司把賭注押在這個國家」。[21]

3、土木工程景氣的必然結果：製造業巨大的產能過剩

投資這架拉動中國經濟快速增長的「馬車」，拉動它的「馬」，在 2009 年之前主要是外資帶動的製造業投資，而 2009 年之後卻換成了土木工程（房地產、鐵路、公路、基礎設施建設）投資。正當中國陶醉在出口景氣帶來的經濟高增長的成就感當中時，2008 年美國發生次貸危機，突然導致中國的出口訂單大幅度減少，使得中國 2009 年的出口下跌 16%。[22]中國政府擔心經濟受到衝擊，採取了經濟刺激措施。當時中國政府的這一決定有助於緩解其他國家的經濟困難，因此廣受好評，比如，聯合國亞洲及太平洋經濟社會委員會（ESCAP）的報告表示，中國將是全球經濟恢復的動力。[23]

中國政府刺激經濟的政策主要是推動基礎設施建設和房地產開發，由中央政府投入四萬億人民幣，加上地方政府通過各種融資平臺舉債投

入幾十萬億，試圖拉動經濟增長。中國政府以及各國的中國問題觀察家都沒有預料到，這輪土木工程景氣注定是短命的；不僅如此，在短期內投資幾十萬億於土木工程，雖然拉動了與土木工程有關的鋼鐵、建築材料、裝修材料及其上游產業，如煤炭、石油化工的產業投資，但土木工程景氣一旦終結，製造業當中與土木工程相關產業必然出現巨大的產能過剩，地方政府的投資後來成為它們無法償還的巨額債務。到了2015年，中國終於無可避免地進入了經濟衰退階段。

經濟衰退以後，中國的政府文件裡出現了兩個令企業界非常不安的詞彙，「產能過剩」和「殭屍企業」。「產能過剩」的含義是，某個行業的生產能力大大超過可能的市場需求，這個行業內將有大批企業必然破產；而已經嚴重虧損甚至停產但尚未宣布破產的企業，則被政府稱為「殭屍企業」。最先出現產能過剩的行業是鋼鐵、水泥、煤炭、化工、平板玻璃、電解鋁等產業，然後是與鐵礦石和集裝箱運輸相關的造船產業、與土木工程相關的工程機械產業、與煤炭運輸相關的載重汽車產業。[24] 中國目前的粗鋼產能達11.5億噸，而產能利用率僅為70%左右，未來2—3年內產能過剩最嚴重的行業（鋼鐵、煤炭開採、水泥、造船業、煉鋁和平板玻璃）需要減產30%，因此將裁員300萬人。[25] 2016年初，中國國務院提出，用3—5年時間減少煤炭產能5億噸、減量重組5億噸；2016年4月中國政府多個部委聯合發布通知，要求煤炭企業減量生產，同時裁員130萬人。[26] 根據中國國務院發展改革委員會（以下簡稱「發改委」）陸續下發的文件，焦炭、電石、甲醇等煤化產業、多晶矽、維生素C、風電設備製造等行業，無不如此。

據中國國家發改委的研究人員分析，如果把製造業過剩產能的周期性過剩部分剔除，那麼，製造業總體產能當中大約有15%屬於永久性過剩產能；也就是說，製造業固定資產投資的15%可以被視為無效投資。無效投資包括三大類：一是投資後未能形成實際生產能力；二是投資形成生產能力後成為過剩產能，未能投入使用；三是錯誤決策造成的

不當投資。該研究人員分析了包括基礎設施和房地產投資的狀況之後認為，就所有行業的投資來看，1997—2013 年中國投資的 35.6% 屬於無效投資，無效投資總額達 66.9 萬億元。[27]

無效投資的借貸者通常無法正常歸還貸款，這部分投資就很可能成為銀行的壞帳。按照該作者提供的上述無效投資數額，筆者對比了中國金融系統 2013 年底的全部金融機構貸款餘額，發現 66.9 萬億元的無效投資相當於當年金融系統全部貸款餘額 117.5 萬億[28]的 56.9%。

直到 2017 年，中國製造業的狀況仍然未見好轉。據安邦調研，中國製造業形成三分天下之局：成功轉型、無法挽救、努力求存的各占三分之一。[29]

中國產能過剩的根源在於：投資是社會主義的，需求是資本主義的。所謂投資是「社會主義的」，指投資資金主要來源於政府資金或國有商業銀行的資金，投資風險最後轉化為銀行壞帳，卻無須借貸者真正承擔風險，國企總管們個人也無須承擔責任，即使是私營企業的老板，破產前夕溜走不還帳的也大有人在；所謂需求是「資本主義的」，即產能形成後，只要市場需求下降，就會形成產能過剩。因此，中國的產能過剩有兩個特點：

首先，這是政府干預經濟的必然產物。只要中央政府推出刺激政策，各地政府必然大上各種項目，而這些項目具有極強的同構性，會迅速導致各地相同產業產能的同步快速擴張，然後又陷入嚴重的產能過剩。世界上除了中國之外，沒有哪個國家的鋼鐵廠商會因為短期價格的回升而貿然投資擴大生產，而中國的廠商無須為投資錯誤負責，因為貸款是銀行的，企業可以用工人失業影響社會穩定為名，賴掉銀行債務。

其次，不但政府的刺激政策會造成產能過剩，政府的產業調控政策也會造成產能過剩。以鋼鐵業為例，前幾年中國政府規定，二百立方米以下的高爐必須淘汰，本意是想關閉小鋼廠，但很多小鋼廠就將高爐改建成三百立方米、五百立方米甚至更大的規模；政府又把淘汰標準提高

到三百立方米，企業也水漲船高，把高爐改造成更大的規模。這種對鋼鐵行業的調控，反而造成鋼鐵行業的產能越來越大。中國嚴重的產能過剩不僅困擾自身，還給世界帶來麻煩。2016年全球各大鋼鐵生產國紛紛減產，以應對全球鋼材供應過剩的局面，但中國的鋼鐵行業卻用降價傾銷的方法，向各國大量輸出廉價鋼材，以避免因產能過剩而關閉，導致許多國家被迫採取反傾銷措施。2017年7月，在美國華盛頓召開的美中綜合經濟對話會議上，中美兩國發生嚴重分歧，關鍵點在於中國的鋼鐵出口和美國的巨額貿易赤字。美方認為，中國廉價的鋼鐵使美國工人失去工作。華盛頓智庫戰略與國際研究中心的中國部副主任甘思德（Scott Kennedy）預計：「在不久的將來，川普政府將以國家安全為由對中國鋼鐵施加制裁，可能也會限制來自其他幾個國家的鋼鐵進口。」[30]

4、中國成為世界第三大投資國，「麻煩項目」遍布世界

在歐美資本大量撤出中國、土木工程景氣終結之時，中國的企業大量到國外投資，因此讓中國成為世界第三大投資國。根據中國商務部《2013年度中國對外直接投資統計公報》的資料，截至2013年底，中國在184個國家和地區設立了25400家對外直接投資企業，當年投資金額高達1078.4億美元，僅次於美國的3383億美元和日本的1357億美元。2017年1月12日，普華永道發布報告稱，2016年中國海外併購市場再創新高。其中，中國企業海外投資金額大增246%，達到2210億美元，超過前四年中企海外併購交易金額的總和。[31]

美國智庫傳統基金會（The Heritage Foundation）設立了一個「中國全球投資追蹤」（China's Global Reach）數據庫，追蹤記錄中國企業價值一億美元以上的海外投資項目（不包含債券投資）。該數據庫顯示，中國投資涵蓋能源、礦業、運輸和銀行等多個行業。2005—2006年6月，

中國企業在海外投資了 492 個一億美元以上的項目，共計 5051.5 億美元，其中 90% 左右是國有企業投資。能源行業最受中國資金青睞。從海外投資目的地來看，中國企業的海外投資基本上不限地區，無論是美歐還是亞非拉落後地區，只要有市場、有資源，都有中國企業的足跡。

「中國全球投資追蹤」數據庫專列有「麻煩項目」一欄，即後期遭到監管機構駁回、部分或全部失敗的項目。2005—2012 年的麻煩項目共 88 個，總額達 1988 億美元。起初，大部分的麻煩項目主要涉及能源行業，後來，麻煩項目涉及的行業多樣化。2013 年中國企業海外投資或合同損失最多的 6 個國家為澳大利亞、美國、伊朗、德國、尼日利亞（奈及利亞）、利比亞，占「麻煩項目」全部損失額的五分之三。實際上，2014 年 8 月中國經濟貿易促進會副會長王文利表示，中國有 20000 多家企業在海外投資，「90% 以上是虧損的」，虧損原因包括資產陷阱（資產評估）、勞動陷阱（勞工權益引起的勞資糾紛）、反壟斷與國家安全問題（前述麻煩項目多由此引起）、稅收、環保、公關等等。[32] 他沒提到的還有國企海外投資管理層的監守自盜。

自 2013 年以來，中國推出「一帶一路」計劃構想，這個計劃是「絲綢之路經濟帶」和「21 世紀海上絲綢之路」的簡稱，把東盟、南亞、西亞、北非、歐洲盡收其中。自構想提出以來，中國方面費了很大力氣，組建了為該計劃服務的亞洲基礎設施投資銀行（簡稱為「亞投行」），就是希望將中國的巨大過剩產能以基礎設施投資的形式，投往「一帶一路」沿線的 30 多個國家。為落實這一計劃，中國花費了大量投資，僅 2013 年就投資包括印尼（307 億美元）、尼日利亞（207 億美元）、伊朗（172 億美元）、哈薩克斯坦（235 億美元）等。到 2016 年，中國認為，大力推廣「一帶一路」已經具備基礎條件，幾個平臺已經搭就：70 個成員國、一千億美元股本金的亞投行（2016 年 1 月開張），其中中國認繳了股本 30% 多。[33]

中國投資四百億美元的絲路基金；在「一帶一路」的絲綢之路經濟

帶上，中國還投資興建了 4G 時代的 TD-LTE 技術，促進了這些國家的電聯現代化。

　　由於「一帶一路」沿途國家大都是政治不穩定且信譽不佳的高風險國家，該計劃能否產生經濟效益，令人懷疑。更重要的是，從 2013 年中國提出「一帶一路」設想，到 2017 年 5 月「一帶一路」北京峰會召開，不到四年的時間內，世界政治經濟格局發生很大變化，其中最重要的變化是，中國由原來擁有巨額外匯儲備、大把向外撒錢投資，一變而為防止外匯儲備流失、限制本國資本對外投資。外匯儲備的短缺，使得中國的「一帶一路」從目標到資本籌集方式等，也發生了巨大變化，從中國出資到共同出資、共擔風險，這一變化使得「一帶一路」計劃面臨極大的變數。

　　「一帶一路」說起來龐大，其實是個可虛可實的計劃。實，是指這兩條絲綢之路上的許多國家，本來就與中國有或多或少的投資和貿易的經濟聯繫，世界上現有 224 個國家和地區中，中國已經與將近 170 個國家建立了經貿來往關係，基於這一現實，把這些國家納入「一帶一路」，只是形式上的變換；虛，是指把這些國家納入「一帶一路」之後，對中國與這些國家的經貿來往到底會有什麼變化？這完全取決於錢從何而來。從提出「一帶一路」的設想以來，其核心問題就是如下三方面：投資的錢從哪裡來？項目的利潤有何保證？有無投資風險，風險有多大？各國之所以願意參與，是基於一個在 2015 年以前看起來並無問題的設想：錢由中國出，中國並不計較利潤與投資風險。

　　但在 2017 年 5 月「一帶一路」北京峰會召開之前幾天，中國央行行長周小川在《中國金融》雜誌官方微信刊登了一篇署名文章，強調兩點：第一、長期來看，「一帶一路」投融資合作不是單向的資金支持，需要各方共商共建，構建共同付出、共擔風險、共享收益的利益共同體；第二、必須借助市場力量，以市場化融資為主，積極發揮人民幣的本幣作用，以撬動更多的當地儲蓄和國際資本。[34]

中國政府希望參與「一帶一路」的國家「共同出資、共享收益、共擔風險」，可算是吸取了以往教訓，即海外投資「麻煩項目」多，尤其是國企作為投資主體的項目，90% 以上陷入失敗。這想法當然比以前那種外援式的投資要聰明與現實；但「一帶一路」沿線各國對此反應強烈，因為周小川的設想是，長期來看，人民幣將取代美元的霸主地位，成為國際硬通貨，而各國的想法正好相反，並不認為人民幣能夠取代美元。

人民幣雖然已經躋身國際貨幣基金組織（IMF）的五大儲備貨幣，享有特別提款權（SDR），但與美元相比，沒有國家將其看作「紙黃金」。如果中國央行繼續像以前一樣開動印鈔機，世界各國也會考慮：若接受中國的人民幣本幣，貶值風險實在太高。各國的擔憂並非空穴來風，有事實支撐：2015 年 10 月國際貨幣基金組織將中國人民幣納入特別提款權（SDR）貨幣籃子，將其權重定為 11%，低於美元和歐元，但高於該籃子中的其他兩種貨幣英鎊和日元。中國方面一直認為，這是推進人民幣國際化戰略的重要一步。但事與願違，世界各國央行在 2016 年最後一個季度所持人民幣儲備為 845 億美元，在全球外匯儲備中，人民幣計價的儲備資產占比只有 1.07%，僅及國際貨幣基金組織的特別提款權（SDR）中人民幣份額的十分之一。[35] 更重要的是，人民幣作為國際結算貨幣地位也在下降：從 2015 年第三季度至 2016 年第二季度，跨境貿易人民幣結算規模由 20900 億人民幣下降至 13200 億人民幣，同期人民幣結算規模與跨境貿易總額之比則由 32.5% 下降至 22%。[36]

2017 年「一帶一路」北京峰會的與會國眾多，中國的聲音也很響亮，但實際成果不多。參與各國代表想到原本期望拿到手的美元可能變成人民幣與人民幣折價的中國產品，還要自己再出一部分資金，形成共同出資、共擔風險的利益共同體，興頭就減了許多，「一帶一路」計劃實施出現「雷聲大、雨點小」的狀況，將是意料中事。

西方國家則是另一番考慮。習近平提出的「一帶一路」計劃，不同

於以往各種出自西方、並由西方設定的概念和秩序，諸如「戰後格局」、「自由主義秩序」、「全球秩序」等等。西方世界對於沒有「自由、市場、民主」和西方主宰的秩序、穩定，難以理解和想像，因此，北京精心準備的「一帶一路」峰會，西方 7 國集團當中除了義大利之外，領導人都沒去北京出席峰會。[37]

三、中國經濟高速增長，內需卻持續萎縮

既然帶動經濟成長的出口和投資這兩匹「馬」，已經疲累到拉不動中國經濟這輛車了，那麼，中國這個人口超級大國是否能依靠十幾億居民的消費能力，保持今後的經濟繁榮呢？國際貨幣基金組織和世界銀行給中國政府的政策建議是「擴大消費、拉動經濟」；許多西方國家的學者和企業家也想當然地以為，中國經濟已經繁榮多年，人口又如此龐大，擴大消費順理成章地是一條通向經濟成長的成功之路。近年來，在歐洲、日本等國，中國人不是正在大量購買消費品和奢侈品嗎？很可惜，如果你讀完這一節，就會發現，國際貨幣基金組織和世界銀行給中國政府的政策建議是理論上正確、而現實中無用的廢話，因為在中國經濟過去的繁榮時期，國民消費實際上一直處於相對萎縮狀態。

1、中國收入分配嚴重不公

從 1990 年代至 2010 年代後期開始，吸乾中國中下層消費力的是住房、醫療與教育（中國人稱之為「新三座大山」），尤其是房價飛漲之後；隨著中國經濟告別繁榮，國民消費將進一步萎縮。因此，儘管中國消費人口眾多，中國政府也竭力試圖挽救經濟頹勢，但中國經濟復甦無望，恐怕已成定局。

在民主國家，國民消費通常都隨著經濟成長而快速增加。1960 年

日本首相池田勇人提出「國民收入倍增計劃」，曾經造就了日本經濟起飛與國民收入普遍增長。1990 年代以來，中國這個非民主國家經歷了 20 多年經濟高速成長之後，中國民眾是否也享受了日本國民從上世紀 60 年代到 80 年代那樣的快速富裕呢？

　　過去 40 年來中國政府一直展示「涓滴效應」的美好前景：經濟增長得快一些，國民收入的「蛋糕」做得大一些，大多數人便能從中獲益；但是，中國政府顯然忽略了「涓滴效應」產生作用的前提：國民收入分配必須比較公平，經濟成長帶來的財富不能只集中在少數人手裡。國際公認，判斷國民收入分配公平程度的指標是基尼係數，其數值在零和一之間，數值越小，表示分配越公平，而數值大則意味著收入分配嚴重不公；通常認為 0.4 是警戒線，一個國家的基尼係數超過這個數值，表明社會陷入嚴重的兩極分化狀態。中國的百度百科網站介紹，日本是全球基尼係數最低的國家之一，一般在 0.25 左右，2011 年為 0.27。[38] 而中國自從 2003 年出口景氣開始，基尼係數就一直處於警戒線之上，中國國家統計局公布的數據徘徊在 0.48 上下；但 2014 年美國密西根大學的謝宇根據中國的六份調查估算，2005 年以後中國的基尼係數為 0.53 —0.55。[39]

　　中國收入分配嚴重不公長達 20 多年，造成了財富分布迅速向少數權貴和商業精英家庭傾斜，北京大學《中國民生發展報告 2015》公布的調查結果是：中國家庭財產基尼係數從 1995 年的 0.45 擴大到 2012 年的 0.73。頂端 1% 的家庭占有全國約三分之一的財產，底端 25% 的家庭擁有的財產總量僅在 1% 左右。[40]

2、國內消費不足是中國經濟的內傷

　　中國畸形的收入和財富分布結構必然導致消費結構的畸形化，即大部分家庭的購買力很低，他們的消費處於維持基本生存的狀態。例如：

2013 年占全國人口 46.3% 的農村居民的總消費支出僅占全國居民消費支出的 22.2%，人均每日消費 3 美元，[41] 僅僅略高於世界銀行公布的國際貧困線標準（每日 1.9 美元）；而一小部分富裕家庭的消費能力又遠遠超過發達國家的平均水平。如果去看中國都市裡的豪華百貨商場和高檔餐館，確實生意興隆，但整個消費品市場卻呈現銷售疲軟的狀態。大約從十年前開始，「國內消費需求不足」（簡稱「內需不足」）這個詞語出現於中國的經濟分析文章中。眾多經濟學家多年反覆討論並向政府獻策，在現有政治框架中卻始終找不到提升國民平均消費能力的辦法。

國民平均消費能力為何無法提升？根源在於政治權力壟斷了經濟資源和社會升遷的管道，社會結構僵化，收入和財富的兩極化分布格局已經固定化，中低收入階層提升自己的社會地位和收入水準的可能性微乎其微。因此，最近兩年來，中國政府和經濟學家們已經明白，內需不足在中國幾乎成為持久性現象，繼續討論下去沒有意義，於是這個話題就在中國的政策討論中消失了。

讀者們可能會想問，那麼多中國遊客到日本和歐洲購物，花錢很大方，這不是證明中國的富人和中產階層人數大幅度增加了嗎？在中國的 13 億人口當中，富裕階層到底有多少人？美國一個網站上的文章提供了最樂觀的估計——3 億人；[42] 但是，中國政府和中國的研究機構估計則只有幾千萬。首先，占有全國三分之一財產的最富有的 1% 的家庭都集中在城市裡，大約 250 萬戶，約 750 萬人（按戶均 3 人計算）；其次，美國財經媒體《福布斯》（《富比士》）中文版發布的《2015 中國大眾富裕階層財富白皮書》指出，2015 年底中國富裕的中產階層人數將達到 1528 萬人，按照這些富裕的中產階層家庭戶均 3 人計算，這樣的家庭大約有 4500 萬人。[43] 這兩部分富裕階層總共約有 5300 萬人，占中國人口的 3.8%。需要指出的是，中國的富裕階層 30 年前基本上都是無產者（毛澤東領導的共產革命將全中國所有人都變成無產者），在短短的 30 年內，他們擁有了自己的企業，或者積累了大量金融資產和房產，

這些人的主體屬於前面提到的紅色家族、通過官商結合獲利者，只有少部分科技精英屬於抓住機會的人。

上述數字說明，中國的 14 億人口當中，96% 的人基本上只能維持小康與溫飽，真正具有高消費能力的 5000 多萬人口只占總人口的 4% 左右。任何一個國家，如果只靠 4% 人口的消費力，是沒辦法拉動整體經濟的，更何況這 5000 多萬有高消費能力的人，因為偏好國際名牌及奢侈品，喜歡到發達國家去購物，結果中國成為世界第一大出國旅遊消費國。2013 年中國的奢侈品消費總額為 1020 億美元，相當於全球奢侈品銷售額的 47%，其中 73% 是在國外購買的；[44]2014 年中國人在國外消費數額達到 1648 億美元。[45] 當中國人成為日本、韓國、美國及歐洲國家最大的外國消費群體時，中國的國內消費購買力大量轉移到了其他國家，拉動的是他國經濟，而非中國經濟。

與這 4% 頂端人口的超強消費能力形成對比的是，96% 的中低收入者消費嚴重不足，結果是居民消費占國內生產總值（GDP）的比例偏低。改革開始之初，中國的居民消費占 GDP 的比重為 53%；此後，隨著中國經濟進入繁榮狀態，這一比重不但沒有上升，反而不斷下降，從 2008 年到現在一直徘徊在 36% 上下。[46]

世界銀行公布 173 個國家的居民消費占國內生產總值的比重，除了一些特別小的國家之外，在人口規模超過一千萬人的國家裡，唯有 3 個國家的這一比重處於 35% 這種極端偏低的異常狀態，其中兩個國家是阿爾及利亞（Algeria）和沙烏地阿拉伯（Saudi Arabia），中國是第三個；而在世界上大多數發達國家，國內消費是經濟的主要支柱，這些國家多年來居民消費占 GDP 的比重相當穩定，美國、英國、日本、法國、德國分別是 69%、65%、61%、56%、55%。[47]

中國居民如此低的消費率還有一個重要原因，就是持續上漲 20 多年的房地產這臺金錢水泵吸乾了社會購買力，中國的房價高於美國、日本、歐洲等許多發達國家，中國多年以來亟盼啟動的「內需」購買力被

房地產這臺巨型水泵吸乾榨盡。中國早就流傳「一套住房消滅一戶中產階級」、「一套住房消滅一個百萬富翁」的說法。這一情況將在下一章分析。

　　中國這種高增長之下消費相對萎縮的極端反常情況說明了兩點：第一，中國經濟成長過程中收入和財富分布的兩極分化，多數國民的購買力並未隨經濟成長而同步上升，其消費能力明顯不足；第二，中國實行經濟改革將近 40 年，由於國民消費能力長期不足，無法依靠國內消費來充分拉動經濟，只能依賴出口和土木工程來支撐經濟增長，一旦出口景氣或土木工程景氣消退，中國經濟也就失去了成長的動力，陷入長期的經濟蕭條之中。

　　當中國占世界勞動力四分之一的人拼命生產，卻沒有能力消費時，要維持經濟不斷增長，只有兩個辦法，或者是不斷擴大出口，或者是不斷擴大土木工程。這兩個辦法中國政府都用過，結果是產生了畸形經濟結構下的巨大經濟泡沫，這個經濟泡沫目前未曾破滅，完全是依靠政府政策，比如銀行大量貸款給房地產開發公司與購房者、給予買房者各種免稅優惠，拼命支撐、推遲經濟泡沫破滅的時間。但是，中國為其短暫的畸形經濟成長付出重大代價這一過程已經開始，中國經濟有難以通過的幾大瓶頸，這些瓶頸導致中國經濟陷入「龐氏增長」（Ponzi Scheme）。

註 ─────────

1   程曉農，〈繁榮緣何而去？──中國經濟現狀和趨勢的分析〉，《中國戰略分析季刊》，
    2017 年 5 月 24 日，http://zhanlve.org/?p=673.

2   〈1985-2007 年中國對外貿易依存度表〉，中國商務部中國對外經濟貿易統計學會，
    2008 年 8 月 5 日，http://tjxh.mofcom.gov.cn/aarticle/tongjiziliao/huiyuan/200808/
    20080805752246.html.

3   2013 年以前數據見中國國家統計局編，《中國統計年鑑 2014》，第 330 頁；2014 年數
    據見中國商務部綜合司，《2014 年 12 月進出口簡要情況》，2015 年 1 月 16 日，http://
    zhs.mofcom.gov.cn/article/aa/201501/20150100869088.shtml；2015 年數據見中國商務
    部綜合司，《2015 年 12 月進出口簡要情況》，2016 年 1 月 13 日，http://zhs.mofcom.
    gov.cn/article/aa/201601/20160101233311.shtml.

4   中國海關總署，《2016 年我國外貿進出口情況》，2017 年 1 月 13 日，http://www.
    customs.gov.cn/publish/portal0/tab65598/info836849.htm.

5   根據上引數據計算所得。

6   徐可，〈一名玩具商的意外死亡〉，財經網，2007 年 8 月 21 日，http://www.caijing.
    com.cn/2007-08-21/100027644.html.

7   〈中國食品出口海外──成制裁對象，引黃禍恐懼〉，《新華時報》，第 158 期，2007
    年 7 月 21 日，http://www.xinhuatimes.net/old/read.asp?id=3271/read.asp?id=3271.

8   中國商務部，〈中國連續 18 年成遭遇反傾銷調查最多國家〉，中國商務部網站，2014
    年 1 月 16 日，http://money.163.com/14/0116/11/9IN5K6KE00255009.html.

9   〈最低工資上調推動漲薪潮，調查稱近九成企業將加薪〉，新華網，2011 年 2 月 16 日，
    http://news.xinhuanet.com/politics/2011-02/16/c_121084379.html.

10 〈外資製造業大遷徙〉，新浪財經，2007 年 3 月 9 日，http://finance.sina.com.cn/
    roll/20070309/22131255477.shtml；〈在美國建廠：很多成本低於中國〉，China Go
    Abroad，2014 年 6 月 13 日，http://www.chinagoabroad.com/zh/market_review/
    operating-a-plant-in-us-many-costs-lower-than-china.

11 〈外資製造業大遷徙〉，新浪網，2007 年 3 月 9 日，http://finance.sina.com.cn/
    roll/20070309/22131255477.shtml.

12 〈商務部工商總局官員因外資審批窩案相繼落馬〉，南方網，2008 年 10 月 30 日，
    http://news.163.com/08/1030/12/4PGLN29D0001124J.html.

13 程曉農，〈探尋中國熱錢的蹤跡：中國的假外商〉，縱覽中國網站，2015 年 8 月 9
    日；數據來源：《中國統計年鑑 1998》，第 456、639—641、646 頁；《中國統計年
    鑑 2007》，CD 版；《中國統計年鑑 2009》，第 487、745—749 頁；《中國統計年鑑
    2014》，第 350—352 頁。

14 〈2015 年 1—12 月全國吸收外商直接投資情況〉，中國商務部網站，2016 年 1 月 1 日，
    http://www.mofcom.gov.cn/article/tongjiziliao/v/201601/20160101238883.shtml.

15 柴青山，〈外資稅收漏洞調查：優惠政策讓中國付出沉重代價〉，《21 世紀經濟報導》，
    2006 年 6 月 19 日，http://news.sina.com.cn/c/2006-06-17/010410175765.shtml；〈百

度阿里為何都跑到開曼群島上註冊公司？〉，《新京報》，2015 年 1 月 18 日，http://view.inews.qq.com/a/TEC2015011801038902?refer=share_relatednews.

16 〈從中國製造到中國消費〉，《經濟觀察報》，2008 年 3 月 22 日，http://finance.sina.com.cn/review/20080322/15324655626.shtml.

17 "Made in the USA, Again," The Boston Consulting Group, https://www.bcg.com/documents/file84471.pdf.

18 〈東莞尋路〉，《經濟觀察報》2015 年 4 月 25 日，http://www.eeo.com.cn/2015/0425/275366.shtml.

19 〈中國製造，最好的時代已逝抑或未到？〉，一財網，2015 年 10 月 25 日，http://www.yicai.com/news/2015/10/4701877.html.

20 〈你未必知道的著名外企離華清單，中國經濟大拐點開始了〉，傳送門，2015 年 2 月 9 日，http://chuansong.me/n/1147277.

21 Athy Chu, "Why You May Soon See More Goods Labeled 'Made in Vietnam'," Wall Street Journal, Oct.18,2015, http://www.wsj.com/articles/why-you-may-soon-see-more-goods-labeled-made-in-vietnam-1445211849.

22 中國國家統計局編，《中國統計年鑑 2014》，第 330 頁。

23 聯合國亞洲及太平洋經濟社會委員會，〈2009 年亞洲及太平洋經濟和社會概覽〉，2009 年 3 月 27 日，http://www.economyworld.net:9091/economyworld/subpage/initPage.action?langCode=001&infoId=80152.

24 〈「中國工業發展報告 2014」發布：中國步入工業化後期〉，中國經濟網，2014 年 12 月 15 日，http://www.ce.cn/xwzx/gnsz/gdxw/201412/15/t20141215_4125196.shtml.

25 〈新華社：中國鋼鐵行業去產能可能造成四十萬人失業〉，2016 年 1 月 26 日，財經網，http://finance.sina.com.cn/china/gncj/2016-01-26/doc-ifxnurxp0017669.shtml.

26 楊清清，〈煤炭行業化解產能過剩將全面鋪開，超百萬產業工人安置政策陸續完善〉，《21 世紀經濟報導》，2016 年 4 月 19 日，http://m.21jingji.com/article/20160419/a0b622ae6e19233f0a88cfb20807252c.html.

27 徐策、王元，〈防止低效與無效投資造成巨大浪費〉，《上海證券報》，2014 年 11 月 20 日，http://finance.sina.com.cn/stock/t/20141120/023120866889.shtml.

28 《中國統計年鑑 2014》，中國統計出版社，2014 年，第 598 頁。

29 〈安邦調研：中國製造業三分天下，你在哪個行列？〉，第一財經，2017 年 1 月 24 日，http://cj.sina.com.cn/article/detail/2268916473/153546?wm=book_wap_0005&cid=76478.

30 〈經濟對話收效甚微，美國或加徵中國鋼鐵關稅〉，美國之音，2017 年 7 月 26 日，https://www.voachinese.com/a/news-us-china-trade-20170725/3958308.html.

31 〈普華永道：2016 年中國企業海外投資金額大增 246%〉，新華網，2017 年 1 月 12 日，http://news.xinhuanet.com/fortune/2017-01/12/c_1120300644.htm.

32 〈中國企業海外投資面臨五大陷阱，90% 以上虧損〉，參考消息網，2014 年 8 月 14 日，http://finance.cankaoxiaoxi.com/2014/0814/461938.shtml.

33 〈中國在亞投行占 26% 投票權，擁有董事會單獨選區〉，新華網，2016 年 1 月 18 日，

http://news.xinhuanet.com/fortune/2016-01/18/c_128637968.html.

34 〈周小川:「一帶一路」投融資應以市場化為主〉,財新網,2017 年 5 月 4 日,http://
    finance.caixin.com/2017-05-04/101086254.html.

35 〈外匯儲備中僅占 1.1%,人民幣國際化雄心遇阻〉,多維新聞網,2017 年 4 月 1 日,
    http://economics.dwnews.com/news/2017-04-01/59808552.html.

36 張明,〈人民幣國際化為何顯著放緩〉,新浪財經,2016 年 9 月 30 日,http://finance.
    sina.com.cn/zl/stock/2016-09-30/zl-ifxwkzyh3953682.shtml.

37 〈一帶一路:營造西方沒落後的新格局?〉,BBC,2017 年 5 月 16 日,http://www.
    bbc.com/zhongwen/simp/39944419.

38 百度百科,2016 年 2 月 8 日,http://baike.baidu.com/view/186.html.

39 維基百科,2016 年 2 月 9 日,https://zh.wikipedia.org/wiki/%E5%9F%BA%E5%B0%BC
    %E7%B3%BB%E6%95%B0.

40 〈報告稱,中國 1% 家庭占有全國 1/3 財產〉,《第一財經日報》,2016 年 1 月 13 日,
    http://news.sina.com.cn/c/2016-01-13/doc-ifxnkkuv4547850.shtml.

41 《中國統計年鑑 2014》,第 25、69 頁。

42 Rachel Lu, "Meet China's Beverly Hillbiliies," Foreign Policy, Oct.15,2013, http://www.
    foreignpolicy.com/articles/2013/10/15/meet_chinas_beverly_hillbillies.

43 〈福布斯中文版第三年發布「2015 中國大眾富裕階層財富白皮書」〉,人民網,2015 年
    4 月 29 日,http://qd.people.com.cn/n/2015/0429/c190551-24683180.html.

44 〈中國人均境外消費冠全球〉,自由亞洲電臺,2014 年 7 月 29 日,http://www.rfa.org/
    mandarin/yataibaodao/jingmao/cyl-07292014130753.html.

45 〈去年中國出境旅遊人次超 1 億,海外消費 1648 億美元〉,新華網,2015 年 2 月 24 日,
    http://money.163.com/15/0224/09/AJ78R2OU00253B0H.html.

46 所引百分比繫依據中國國家統計局的國民核算數據計算而得。數據來源:國內生產總
    值以及 2008—2013 年的居民消費數據見《中國統計年鑑 2014》(中國國家統計局編)
    第 68—69 頁;1981—2006 年、2014 年的居民消費數據見中國國家統計局網站,http://
    www.stats.gov.cn/tjsj/ndsj/2015/indexch.htm.

47 World Bank, "Household Final Consumption Expenditure(% of GDP)," 2/27/2016,
    http://data.worldbank.org/indicator/NE.CON.PETC.ZS.

中國經濟
為何陷入龐氏增長

自從 2008 年美國進入「雷曼時刻」（Lehman moment）並引發全球金融危機以來，所謂「中國經濟一枝獨秀」、「中國將充當拯救世界的『諾亞方舟』」這類說法不絕於耳。中國政府除對內推出「四萬億救市」計劃之外，領導人所到之處也儼然一副「救世主」姿態，大把向外撒錢。數年過去，再來檢視中國經濟，就會發現，從 2009—2015 年，中國經濟唯一的「亮點」就是房地產。曾被視為「世界經濟拯救者」的中國，幾年之後就因為「四萬億救市計劃」而陷入了巨額債務泥潭，中國經濟陷入了長達數年的龐氏增長，並養成了三頭巨大的「灰犀牛」（Michele Wucker 提出的概念，比喻大概率且影響巨大的潛在危機）：巨大的房地產泡沫、貨幣貶值與資金外流，以及巨額的銀行不良資產。為了防止中國經濟被「灰犀牛」擊垮，「金融維穩」現在成了中國政府的首要任務。

一、金融危機是怎樣釀成的

「龐氏增長」這一詞，是從美國龐氏騙局（Ponzi's scheme）引申而來。1919 年，美國義大利移民查爾斯・龐茲（Charles Ponzi）成立了一空殼公司，許諾投資者將在三個月內得到 40% 的利潤回報。龐茲的方

法是借新還舊，把新投資者的錢作為快速盈利付給最初投資的人，以誘使更多的人上當。由於前期投資的人回報豐厚，龐茲成功地在七個月內吸引了三萬名投資者，這一騙局持續了一年之久才被戳破。中國經濟體系高度依賴金融活動，在「金融自由化」口號下，金融業一枝獨秀，央行不斷印鈔，向社會投放新增貸款，刺激股市，推高房地產價格，與龐氏騙局有類似功能。全國那些星羅棋布的金融平臺發行的理財產品，基本都是設計一個宣稱能夠獲得高收益的投資品，吸引大量投資者參與其中，用後期投資者的資金支付前期投資者的高收益，循環往復，直至後續資金難以為繼，或投資者信心不再之時，整個系統便會迅速崩潰。

1、中國成為全球「第一印鈔機」

中國外匯儲備數量高居世界第一，2014 年 6 月 30 日曾達到最高峰值 3.99 萬億美元。這一龐大的外匯資產讓全世界覺得中國很富裕，中國政府與民眾（包括一些著名經濟學家）也這樣認為。因此有人居然主張將外匯儲備分給民眾，還有更多的人（包括外國媒體評論）希望中國政府拿出外匯儲備來拯救世界。基於同樣的想像，也有人提出，中國政府不需要引進外資，可以動用幾萬億外匯儲備來做新一輪開發投資。這些提法完全是基於一個誤解，即認為外匯儲備等於中國政府的外匯存款。

其實，中國的外匯儲備並非政府資產，也不是政府與人民共同擁有的公共財產。數年前，將外匯儲備分給人民之說成為一種民意時，擔任中國人民銀行（即中國的中央銀行，簡稱央行）貨幣政策委員會委員的經濟學家周其仁只得出面說明，中國那三萬多億美元的國家外匯儲備，每一元、每一分都對應著央行的人民幣負債，只是這負債不同於一般家庭、企業抑或商業性金融機構的負債。央行欠債的時候並不需要得到債權人的同意，甚至也不需要債權人知道，因為央行是中央政府開的。所

以，央行的負債，講到底都是政府的負債，靠政府的信用借，也靠政府的收入還。[1] 但「外匯儲備是中國政府與人民共同擁有的財產」這種說法，依然流行。

周其仁說的國家外匯儲備每一分都對應著政府負債，是由中國的外匯管制制度所造成。其實，中國的外匯儲備，絕大部分是通過國內增發人民幣「借」來的。中國的外匯管理體制和歐美及日本等國不一樣，外匯管制制度決定了中國政府必須無限制地、被動地用人民幣紙鈔收購美元等外匯，以維持人民幣匯率的穩定。通俗一點說：只要中國的銀行櫃臺前出現了美元等外匯，央行就必須用人民幣加以收購，買入的美元等外匯則構成了中國的外匯儲備。換言之，中國的數萬億外匯儲備中的大多數並不屬於中國人，而是外國政府和外國企業的財產，其中含有外國商人來華投資的款項、中國政府所積欠的外債、頻繁進出中國的國際游資即俗稱的「熱錢」，當然還有貿易順差；即便是貿易順差，也並不是全部屬於中國人，其中相當大的部分是外資企業的資產。中國的各大銀行為了維護中國的國家信譽以及正常的經濟秩序，必須滿足外商和內商的經常性兌換需求。這就決定了中國政府不能將大部分外匯儲備用於購買黃金、石油和礦產等實物。從 2014 年 8 月以來，由於中國政治、經濟環境惡化，資本外流加速，中國政府加強外匯管制，外資撤退不易。據《日本經濟新聞》報導，2016 年 9 月，日本經團聯率日本經濟界訪華團到中國，要求設立接訪窗口，統一處理海外企業撤出中國市場時的手續，結果是空手而返。[2] 日資撤出手續繁多，就是中國加強外匯管制的結果。

中國到底超發了多少貨幣？中國 21 世紀網數據部曾根據美國、日本、英國、中國、歐元區五大央行 2008—2012 年的廣義貨幣供應量（M2）數據計算，截至 2012 年末，全球貨幣供應量餘額已超過人民幣 366 萬億元。其中，超過 100 萬億元人民幣（占比 27% 左右）是在 2008 年金融危機爆發後五年內新增的貨幣供應量。這一期間，每年

全球新增的貨幣量逐漸擴大，2012 年這一數值達到最高峰，合計人民幣 26.25 萬億元。根據渣打銀行 2012 年的報告，2009—2011 年間，全球新增的 M2 中人民幣貢獻了 48%；其中 2011 年的貢獻率更是高達 52%。中國新增貨幣的增長規模和態勢，在世界各國經濟發展史上都是少有的。2012 年中國繼續巨量印鈔，新增 M2 達 12.26 萬億元，在當年全球新增 M2 中占比仍高達 46.7%。[3]

在 2003—2013 年的 11 年間，中國的基礎貨幣增加了 88 萬億元人民幣，而央行的外匯占款則增加了 3.4 萬億美元，也就是說，央行在此期間投放的基礎貨幣中大約 28% 來自外匯占款。截至 2014 年底，外匯資產占了央行總資產的 80%，其次是政府債券和央行貸款。[4]中國的貨幣政策嚴重受困於外匯儲備，喪失了其自身的獨立性，存款準備金率調整成為央行沖銷外匯流入的主要政策工具。從 2004 年以來，存款準備金率調整近 50 次。近兩年，儲蓄增多、投資減緩，更加劇了流動性過剩困境。

2、中國政府深陷債務泥潭

中國經濟陷入龐氏增長，除了超發貨幣之外，還有積欠的各種國家債務。僅 2015 年全年中國債券市場共發行各類債券 22.3 萬億元，較 2014 年同期增長 87.5%，增速較上年同期上升 55.2 個百分點。最關鍵的是債務狀況不透明，中國官方數據與國際投行界的計算有較大差距。[5]

在各種國家債務中，地方政府的龐大債務最為脆弱。根據中國國家審計署和財政部的數據，截至 2015 年年底，中國的政府債務規模總計 26.67 萬億。[6]衡量一個國家或地方政府赤字與債務的指標，有赤字率、負債率和債務率等。赤字率是一年中政府赤字與當年 GDP 的比率；負債率是當年政府債務餘額與 GDP 的比率；而債務率則是當年政

府債務餘額與可支配財力的比率。國際社會對於這些指標有一些大致認可的警戒線。為了簡化，在此只從債務率角度來分析。各國一般規定，地方政府的債務率不得超過 100%。中國社會科學院的研究報告《中國國家資產負債表 2015 年》的數據表明，2012 年年底地方政府債務率為 112.8%。貴州省和遼寧省的債務率分別達到 120.2% 和 197.47%，超過了全國人大常委會劃定的 100% 債務率紅線。

以上數據只是中國政府公布的數據，而非地方政府實際債務數據。2014 年發改委官員李鐵對外公開說，地方債務上報的 18 萬億債務額，不及實際債務的一半。在地方調研的時候，走了十幾個城市，他們說，只報了 10%；有些報了 20%、30%；上報數超過實際債務 50% 的幾乎沒有。[7] 總體債務不透明的狀況至今依舊，據財政部、發改委官員在內部會議上所言，除了隱瞞債務之外，還有不少未列入地方財政報表的隱性債務。[8] 也就是說，中央政府其實並不清楚地方債務到底有多少。

外國機構對中國債務規模的估算遠比中國官方數據要高。麥肯錫全球研究院（MGI）一項關於 2008 年金融危機後各國債務發展趨勢的研究報告指出，自 2008 年以來全球債務總額增加了 57 萬億美元，而中國則從 2007 年的 7 萬億美元增長到 2014 年中的 28 萬億美元，增長了三倍。[9] 按照這一計算，中國在這短短的七年裡增加的債務，相當於同期全球債務增長總額的 37%，2014 年年中時中國的總債務已相當於 GDP 的 310%。[10] 而英國《商務內幕》（Business Insider）的創刊編輯吉姆·艾德華（Jim Edwards）於 2015 年初在其文章中指出，當中國經濟維持增長時，中國的債務總額急劇上升，2014 年底已接近 35 萬億美元，相當於 GDP 的 350%。[11]

2017 年 5 月下旬，穆迪投資者服務公司（Moody's Investors Service）下調了中國的信用評級，將其對中國主權債務的評級下調了一檔，從 Aa3 降到了 A1，把對未來評級的前景從穩定改為不看好，這是 1989 年以來的首次降級。穆迪在一份措辭坦率的聲明中陳述了降級的

主要理由：1. 債務總額過高。中國仍繼續靠借貸來推動經濟增長。用經濟產出的百分比來衡量，中國目前的債務總額（包括政府、家庭和企業債務）對發展中國家來說很高，與許多西方發達國家類似；2. 債務增加速度過快。經濟學家認為，近幾年來中國債務增速與 2008 年全球金融危機之前希臘、西班牙等國相似。這個世界第二大經濟體債務負擔的穩步增長，將會削弱中國未來幾年的財務實力；3. 資金使用不透明。越來越多的非銀行金融公司也在銷售自己的理財產品，並把所集資金投到幾乎不披露資金如何使用的地方。如果公眾對理財產品失去信心，不再從小型銀行和非銀行公司購買這類產品的話，一波違約浪潮會席捲整個經濟體系。[12] 第三條所言，是指影子銀行系統的理財產品違約，後面將剖析其危害。

　　穆迪並非首家下調中國信用等級的信用評級機構。在穆迪之前，惠譽評級（Fitch Ratings）已將中國的信用評級下調一級，標準普爾（Standard & Poor's）雖然把中國的信用檔次提高了一級，但表示對前景不看好，這意味著這家機構下次對中國的評級也有可能下降。

　　上述三大評級機構是目前國際上公認的權威性專業信用評級機構，標準普爾側重於企業評級方面，穆迪側重於機構融資方面，而惠譽則更側重於金融機構的評級。如今這三大評級機構對中國信用評級一齊下調或不看好，對中國的殺傷力很大。國際公認，這世界三大評級機構是各國經濟、跨國公司、政府等信用的掌控者，這三大機構的權威性，連美國也無奈其何。有人說，「世界上有兩大強者，美國可以用武器毀滅一個國家，標普可以用評級毀掉一個國家」，此語雖是玩笑之語，但從中可見這些評級機構的威力。

3、影子銀行的理財產品騙局

　　本書兩位作者都是自由亞洲電臺民主沙龍的常年嘉賓。自 2015 年

以來，在做現場叩應節目中，總有聽眾痛訴自己深受集資之害，數萬元投資血本無歸。痛訴之後就是痛罵政府不作為，抓了人也沒幫他們要回錢。這些聽眾也許不知道，近幾年中國社會矛盾的一大引爆點就是以集資、傳銷、理財產品等名目出現的金融詐騙案頻發，據中國公安部官員在 2017 年防範和處置非法集資法律政策宣傳座談會上的發言，2017 年全國新發生的非法集資案件 5197 起、涉案金額 2511 億元，發案數量前十位省份合計新發案件 3562 起，涉案金額 1877 億元；其中，億元以上案件逾百餘起，受害者遍布全國各地。[13]

金融維穩正成為中國當局深感頭痛的問題。京滬兩地是中國經濟最發達之地，其金融犯罪也代表最高水平。

2017 年 6 月，上海市發布《2016 年度上海金融檢察白皮書》，其中涉及非法集資、理財產品等犯罪問題。[14]7 月下旬，北京市社會科學院發布《北京社會治理發展報告（2016—2017）》藍皮書，稱北京市非法集資類犯罪發案數量、投資人數、涉案金額均呈上升態勢，尤其是在「互聯網＋」的語境下，如「e 租寶」等打著互聯網金融旗號的非法集資等案件頻發，並引發如群體性事件等次生問題。[15]將兩地報告綜合起來看，這種金融犯罪具有專業化新特點：

一、涉案公司組織結構嚴密，專業化程度高；涉案金額巨大的案件均採用集團化、跨區域、多層級的運作模式，能夠在短時間內迅速複製出數量龐大的公司群，波及全國。這些公司實際控制在同一人之手，彼此關聯，互相掩護，對投資者具有更大的欺騙性，也造成了參與犯罪的人員數量遠超過傳統的非法集資案件。如 e 租寶、申彤大大、中晉系等均在全國各地設立分支機構，銷售層級眾多，銷售數額巨大。

二、與新興金融業相關的非法集資案大量出現，一些銀行等正規金融機構從業人員參與犯罪。這種情況是指各類依託於正規金融機構的金融公司，在「金融自由化」、「金融創新」口號的導向下，虛構一些理財產品吸引投資，其中最有代表性的就是以 P2P 為代表的互聯網金融

財富管理平臺。

三、追贓減損工作難，返還比例普遍偏低。北京的返還比例 10%
－30% 左右。這與其他地方相同，2016 年，山東省公安廳副廳長王兆
玉在接受採訪時表示，從非法集資案件多年處置情況來看，涉案資金發
還比例極低，基本在 10%－30% 之間，有的案件可能更低，基本稱得
上血本無歸。[16]2017 年 4 月，《半月談》雜誌在非法集資案調查總結中
指出：2016 年，全國檢察機關公訴部門受理非法集資案件 9500 餘件，
其中，非法吸收公眾存款案 8200 餘件、集資詐騙案 1200 餘件。返還比
例最高的是 e 租寶，案發時，其未兌付集資款共計 380 億餘元。據業內
人士計算，e 租寶投資人目前可以返還的比例也僅為三成左右。大多數
非法集資案返還比例只有 10% 左右；[17]

四、投資人缺乏理性，易產生極端化訴求。這話說得比較隱晦，其
實就是指容易引發群體性事件。2016 年，「傳播大數據」與非新聞曾
對 2015 年群體性事件類型加以歸納，作出了相同結論：與中國金融系
統影子銀行的大規模商業欺詐有關的群體性事件快速上升。[18]

全國各地通過 25 家金控平臺（即依託銀行生存的影子銀行系統）
所做的業務，大都具備跨地區特點，國有銀行通過賦權給影子銀行系
統，不斷吸納各種中小儲戶投資，所謂 P2P 是一種個人通過第三方平臺
在收取一定費用的前提下，向其他個人提供小額借貸的金融模式，「個
人」、「第三方平臺」、「小額借貸」是其中幾個關鍵詞。但幾年之後，
P2P 業務模式就變成了金字塔騙局，中國有 2520 家經營 P2P 業務的網
貸平臺，絕大多數陷入破產，只有約二十分之一倖存下來。[19]

中國政府高調宣稱「金融去槓桿」，結果卻發現槓桿最高的地方，
恰恰是在正規金融系統之外、且很難被監管的影子銀行系統，而這個影
子銀行系統恰恰是正規金融系統培養出來並授信的。中國金融系統的主
幹是國有銀行，由政府信用背書，這些銀行為了集資，通過賦權給影子
銀行系統，推出各種理財產品，騙取中小投資者的資金，經營不善倒閉，

國有銀行卻無須負任何責任。國際評級機構穆迪 2017 年 5 月發布報告稱，它測算出中國 2016 年影子銀行資產已達人民幣 64.5 萬億元，比上年同期增長 21%；從 2010—2016 年，金融系統發生了重點變化，大型銀行資產所占比例從 52% 下降到 28%，而非銀行金融機構（即「影子銀行」）所管理的資產卻從 9% 激增至 20%。[20]

　　穆迪從「一波違約浪潮會席捲整個經濟體系」中，看到了中國金融系統的危機，決定下調中國的信用評級。

二、中國天量貨幣的第一蓄水池：房地產

　　在投資興盛時期，超發貨幣的負面效果還不明顯。一旦投資減緩，貨幣超發的後果立刻顯現：國內儲蓄增加、游資增多，加劇了流動性過剩困境，引發了通膨危機。深諳中國金融情勢的央行行長周小川終於籌思出一個辦法，2010 年 11 月在財新峰會開幕式上，他首次提出了「池子理論」。

1、中國央行行長周小川的「池子理論」

　　周小川原話是：「如果短期的投機性資金要進來的話，我們希望把它放在一個池子裡，並通過對沖，不讓它氾濫到中國的實體經濟中去。等到它需要撤退的時候，我們再把它從池子裡放出去，讓它走。這將在很大程度上對沖掉資本異常流動對中國宏觀經濟的衝擊。」[21] 這一理論甫出，立刻引起中國財經界廣泛關注。

　　為了便於讀者理解，筆者在此打個比方：長江萬里，不斷有各種洪澇災害，儘管有洞庭湖與鄱陽湖作為蓄水池洩洪，但還得時時修整河道、築堤修壩，通過引洪分流去防治洪澇災害。同理，貨幣的流動性過剩，有如中國金融的洪澇災害，央行也得築池分洪引流。可以說，這個

「池子理論」是中國央行及其貨幣政策面臨嚴重困境的情境產品，它成功地解決了近年來中國貨幣政策面對的「流動性過剩」困境。

那麼，周小川為中國築的「儲水池」究竟指什麼呢？通俗一點講，一個是房地產，另一個是股市，這兩個「池子」被輪流用來做超發貨幣、應付國外湧入熱錢的蓄水池，圈住流動性（即超發的貨幣）。房地產如果過熱，中央政府就用股市做「池子」，號召全國人民炒股，比如2015年中國股災，就是政府運用媒體、政策造市的結果。一旦股市下跌，市值就蒸發，比如2015年股災蒸發市值25萬億人民幣，每位股民損失高達24萬元。[22] 股市不振時，就利用房市做蓄水池。這就是中國房價節節上升，高居全世界之首的原因。有人曾寫文章，戲說北京一地的房地產變現後，其金額可以買下整個美國。用股市與房市輪流做蓄水池，流動性就大大減少，暫時消解了金融危機。

2016年9月，習近平在杭州G20峰會的講話中稱：「單純依靠財政刺激政策和非常規貨幣政策的增長不可持續。」道理上非常正確。但如果聽者居然以為，中國政府真能夠管住自己那隻權力之手，痛改前非，放棄財政刺激、超發貨幣等「發展經濟」的老套路，那就太天真了。

2、房地產市場的嚴重供給過剩

世界開始在反思全球化帶來的災難。經濟方面的反思，幾乎都認定英美兩國2008年以前形成的房地產泡沫為全球金融危機的肇因。BBC的系列政論片《金錢之戀》（The Love of Money）的第二集追溯英美兩國金融危機的起因，也是房地產。中國的房地產現在被世界公認為最大的泡沫，從2013年開始，就有業內人士預測它的破滅。那麼，中國的房地產泡沫為何到2016年底不但未破，北京、上海、蘇州、深圳等地的房價還節節上升呢？下面就從三個方面來剖析中國房地產的「中國特色」：

其他國家，比如美國的房地產市場，房地產的供給往往由需求決定，一旦供給過大，房屋滯銷，房地產商就會停止建房。原因很簡單：無人買房，將導致房地產開發商無力償還銀行貸款，最終導致公司破產。但中國房地產市場的功能與美國、日本不同，承載著特殊的政治功能：地方政府的財政收入一半以上來自賣地所得，因而地方政府必須向市場源源不斷地供應土地，且國有商業銀行的貸款方向也要為地方政府的政策服務，為房地產開發商提供資金。這就導致新的供給不斷產生，最後大量房屋滯銷，「鬼城」（無人居住的待售住宅區）遍布全國。從2013年以來，「去庫存」成了中國政府發動的一場政治運動，但結果是庫存越來越多，原因是銷售速度趕不上建房速度。

中國的房地產庫存究竟有多少，始終是眾說紛紜。國家統計局的數據顯示，2007年底全國商品房待售面積僅為1.34億平方米，但2008年以來商品房待售面積不斷增加，到2015年末全國商品房待售面積高達7.18億平方米；與2007年相比，2015年底的商品房待售面積是2007年的5.34倍。[23] 然而，另有分析指出，國家統計局公布的「商品房待售面積」不包括在建房產項目的施工面積，也不包括房地產企業購買土地後正計劃施工待建的面積，只有將在建面積和即將開工的面積計入，才能得到相對接近真實的商品房庫存數；若把全國的在建面積和即將開工的房產面積計入，則2015年底全國的房地產總庫存約98.3億平方米，相當於國家統計局所公布數據的14倍，其中待售面積6.86億平方米，尚未開工的企業拿地42.3億平方米，在建商品房庫存約49.1億平方米。行內人士估計說，中國這些年建完了今後20年需要建設的住房。[24] 2016年中央政府將「去房地產庫存」當作重要經濟任務在全國推行，國有商業銀行以極寬鬆的條件提供個人購房貸款，但全國的「商品房待售面積」僅僅從最高峰的2016年2月的7.39億平方米降到8月的7.08億平方米，只去了0.31億平方米的庫存，占比約4%。[25]

一方面是房地產超量供給，另一方面是中國人已經基本擁有住房。

從住房的數量及戶均擁有量來看，中國已經成功地實現「居者有其屋」：1978 年中國城鎮人均住房面積僅為七平方米建築面積，約有 47.5% 的城鎮居民家庭缺房或無房，住房問題是當時最為嚴重的城市社會問題之一。[26] 中國現在的自有住房擁有率遠高於美國、日本等發達國家。據中國家庭金融調查與研究中心發布的《2015 中國家庭金融調查報告》披露，城市家庭擁有房產率高達 88.12%，戶均擁有住房為 1.22 套。其中，擁有一套住房的城市家庭占 69.05%，擁有二套住房的城市家庭占 15.44%，擁有三套及以上住房的城市家庭為 3.63%；而農村家庭擁有住房率則高達 94.72%，戶均擁有住房為 1.15 套，其中 80.42% 的家庭擁有一套住房，12.2% 的家庭擁有兩套住房，2.1% 的家庭擁有三套住房。[27]「美國夢」的傳統標誌之一是擁有自己的住房，實現屋主夢，而根據美國人口普查局的最新報告，截至 2014 年第三季度，美國人的住房擁有率僅為 64.4%。[28] 兩相對比，中國人的住房擁有率已經遠高於美國，可是中國的房地產開發卻仍然蒸蒸日上，這凸顯出中國極不正常的經濟發展模式。

可以想像，中國城市裡那 11.8% 的無房戶應該是無購買能力的城市貧民。北京大學中國社會科學調查中心曾發布《中國民生發展報告 2014》指出，中國的財產不平等程度在迅速升高，1995 年中國財產的基尼係數為 0.45，2002 年為 0.55，2012 年達到 0.73；頂端 1% 的家庭占有全國三分之一以上的財產，底端 25% 的家庭擁有的財產總量僅在 1% 左右，最底端的貧病型家庭僅能勉強維持生存，根本無力購買住房。[29]

房地產市場的本來功能只是滿足居住需要，而在中國，隨著貨幣過度投放，城市居民們為了避免財產在通貨膨脹壓力下縮水，把房地產當成了實現財產升值的投資品；不僅在國內如此，中國的富人還大量購買國外的豪宅。最近幾年，西方國家反洗錢活動卓有成效。2014 年 5 月 6 日，包括瑞士、中國在內的 47 個國家在法國簽署的《全球自動信息交

換標準》中規定，47 個簽約國家有責任將本國銀行的外國儲戶資料與相關國家交換，目的是防範各國富豪（政要）洗錢避稅。加之《中國離岸金融解密》、《巴拿馬文件》等等揭露了中國不少權貴政要家庭海外藏金的情況，中國的富人與權貴海外藏金的方式，已從瑞士銀行等避稅天堂轉為在世界各國搶購豪宅，導致這些國家的房地產價格上漲，終於引起英國倫敦、加拿大溫哥華等地開始限制中國人購房。[30]

3、中國房地產高度泡沫化

度量房地產是否出現泡沫主要有三個指標：房地產投資占 GDP 比重、房價收入比、租售比。中國的這三個指標均顯示，房地產已經嚴重供過於求而呈泡沫化。

房地產投資占 GDP 的比重這一指標，主要用於判斷房地產投資是否過熱，以及是否可能形成未來的房產空置。根據國際貨幣基金組織的計算，中國房地產投資占 GDP 的比重，從 2003 年的 7.39% 上升到 2015 年的 14.18%，住宅投資占 GDP 的比重從 4.93% 上升到了 9.55%，這個比例的上升，對中國的房地產市場來說，顯然不是好消息。與諸多發生過房地產周期波動的國家相比，中國住宅投資占 GDP 的比重已經處在非常危險的水平，日本上世紀房地產泡沫最嚴重時，該比例的最高值也不過 8.7%；而美國次貸危機期間該比值最高只有 6.5%。[31]

房價收入比是指住房總價與居民家庭年收入的比值，用於判斷居民住房消費需求的可持續性。據維基百科顯示的 2016 年各國房價收入比資料，在全球 102 個可統計的國家中，中國為 24.98，位居世界第 6；美國為 3.73，位居世界第 90；[32] 也就是說，美國的平均房價僅僅是人均年收入的 3.4 倍，而中國的平均房價卻是人均年收入的 25 倍，顯然，按中國居民的平均收入和現在的房價估計，中國民眾的住房購買能力僅及美國人的八分之一。在這樣虛弱的房產需求狀態下，中國還拼命擴大

住宅建設，必然會導致房產嚴重過剩。

租售比則是住房售價與月租賃價格的比值，用於判斷住宅是否具有長期投資價值。按照國際慣例，租售比是衡量一個地區房地產運行良好的重要指標，國際標準通常為 1:100 到 1:200，即住房的月租金相當於房價的百分之一或二百分之一。《中國房地產報》記者曾從《中國城市房價 30 強》與《租金排行榜 30 強》中，選取 20 個重點城市的租金與房價指標比值排序，結論是，目前這 20 個城市的房屋租售比均高於 1:300，其中排在第一名的深圳之租售比是 1:732，第三名的北京為 1:625，第五名的上海為 1:607。[33] 以深圳市的租售比為例，如果有人現在買房出租，要 61 年之後才能收回購屋投資的本金，至於屋主為購屋按揭（貸款）所付的利息，以其有生之年，可能是無法從房租中回收了，如此則以租養房注定是筆賠本買賣。

4、中國房地產為何大而不能倒

從 1960 年以來，世界上房地產投資占 GDP 比例高於 6% 的國家，其房地產泡沫最後都歸於破滅。但是，中國的房地產泡沫卻不同，在全世界「倒也，倒也」的預期中，至今北京、上海、深圳、廣州、杭州、蘇州、南京、成都等少數經濟發達的大中城市，房地產泡沫還在繼續脹大，其他二三線城市的房地產泡沫似乎也並沒有崩盤的跡象。究竟是什麼因素在支撐著中國房地產泡沫的繼續脹大？主要是三重原因：

（1）房地產業在中國經濟中的「龍頭」地位

早在 2009 年，中國國務院發展研究中心官員余斌曾公開表示，房地產業占到 GDP 的 6.6% 和四分之一投資，直接相關產業達 60 個，已成為中國經濟的命脈；[34] 到了 2015 年，房地產業占 GDP 比重已高達 14.18%，當然更是不可斷絕的中國經濟命脈了。在中國，唯有製造業

占 GDP 的比重大於房地產業的比重，但製造業包含了工業的所有部門，而房地產業只不過是建築業和服務業當中的一個子行業，如今卻成了中國經濟的「擎天一木」，雄霸中國，這樣的經濟結構，絕對畸形。目前房地產對經濟增長的帶動作用高達 24.1%，對於關聯產業的拉動效應約為二倍；[35] 一旦房地產市場出現大波動，依靠房地產的幾十個行業都將受到嚴重影響。中國實體經濟過剩產能的形成，主要就在與建築業相關的鋼鐵、煤炭、水泥、玻璃、石油、石化、鐵礦石、有色金屬等八大行業。房地產業蕭條，會導致這些行業的工人大量失業。

中國房地產業一旦崩潰，還會導致國人的財富嚴重縮水。據《中國家庭財富調查報告》的數據，在全國家庭的人均財富中房產淨值的占比為 65.61%，在城鎮和農村家庭的人均財富中，房產淨值的比重分別為 67.62% 和 57.6%。[36] 這種家庭財富結構說明，中國人的財富主要以房產形式存在。經濟蕭條之下，以製造業為主的實體經濟一片狼藉，失業嚴重，如果家庭財富再明顯縮水，極可能引發社會震動，中國政府顯然不想為維穩增加重負。因此，央行不得不繼續扮演經濟「莊家」的角色，不斷發鈔，即向地方政府、房地產開發商與房產購買者發「籌碼」，讓他們對賭；否則，一旦「輪盤」停轉，地方政府的債務危機立刻顯現，金融危機隨即到來。

（2）中國地方政府的「土地財政」高度依賴房地產

土地財政是指地方政府通過「經營土地」獲得的收入，包括三部分：以出讓土地所有權為條件的土地出讓金收入、與土地出讓相關的各種稅費收入、以土地抵押為融資手段獲得的債務收入。僅以第一項土地出讓金為例，1999—2015 年這 17 年，全國土地出讓收入總額約 27.29 萬億元，年均 1.6 萬億元，其中僅 2015 年的土地財政收入便高達 3.37 萬億元。[37]

中國各地的地方政府無不「以地生財」，因此出現了一個中國特色

的名詞：土地財政依賴度（土地財政依賴度＝城市土地出讓金／城市一般性財政收入×100%）。地方政府對土地財政依賴度有多高？2003—2015年間土地出讓金與地方一般預算收入的比例平均為49.74%，2010年曾高達69.43%，而與土地、房地產關聯的稅收則占地方一般預算收入的28%。[38]毫無疑問，「以地生財」成了地方政府的主要財政收入來源。在2016年房地產價格繼續上漲的城市，地方政府對土地財政的依賴度進一步加深。以二線城市蘇州為例，2006年前8個月，蘇州市的土地出讓金為966.7億元，土地依賴指數高達82.6%（2015年這一指數為40.58%）；此外，杭州、合肥、南京等城市依賴度指數都超過50%。[39]正因為土地財政支撐著地方財政的半壁江山，地方政府不得不做房市的大玩家，不斷向市場供應土地。

（3）銀行的安危繫於房市

由於房地產業在中國上升到了「大而不能倒」的地位，中國央行新增發的貨幣主要都流往房市，因此，房市泡沫如果破裂，勢必把銀行系統拖入危機。以2015年的11萬億新增貸款為例，主要流向3個方向：個人住房按揭貸款、基礎設施、房地產行業。[40]2016年7月全國人民幣貸款增量為4636億元，而代表居民房貸的「居民中長期貸款」卻增加了4773億元，[41]當月個人住房按揭貸款的新增數額比全部貸款新增總額還多，顯然是銀行在壓縮給工商企業的運營貸款，同時把所有的新增貸款都給了搶購房產的人。8月份全國新增貸款9467億元，仍然基本上流向房地產。[42]

房地產價格持續高漲，意味著銀行儲蓄之類的金融資產的價值在相對縮水，社會財富通過房地產炒作進行著再分配。中國人擔憂儲備存款相對貶值，很多人為了財富保值和升值，便選擇加入房產炒作「大軍」，紛紛通過「房抵貸」向銀行借款購第二套房，結果是持續推高了一線城市如北京、上海、深圳及二線城市蘇州、南京等城市的房地產價格上漲。

所謂「房抵貸」，是中國 2015 年開始推出的一種銀行貸款，指借款人以現有房產作抵押，向銀行申請另一筆購房貸款；由於現有房產未付清的按揭貸款額須從「房抵貸」中扣除，所以這樣的貸款又被稱為「二次抵押貸款」。這種操作過程充滿了騙局，比如高估抵押者的房產價值，從銀行裡盡可能多地貸款。由於銀行的貸款部門要完成上級下達的貸款指標，往往對房產高估裝聾作啞，甚至合謀做局。因此有評論者認為，這是銀行、申請房貸者與房屋評估機構同謀，玩「龐氏騙局」。

從市場經濟的規律來看，中國的房地產市場似乎必死無疑。因為中國房市的走勢完全依託於信貸、大量貨幣供應和債務，造成中國的信貸占 GDP 的比例畸高。過去幾年來中國的社會融資總量規模迅速擴大，占 GDP 的比例從 2008 年的 120% 上升到 2015 年的 200%；行內預測，2016 年底這一比率將超過 250%，高居全球之首，與中國相比，加、法、德、義、日、英、美這 7 個發達國家的信貸僅占 GDP 的 120%，遠低於中國。[43] 歷史上世界各國總共出現過上百次房地產泡沫，最近 20 多年裡，曾經雄踞世界 GDP 總量第二的日本、名列第一的美國、還有英國都發生過房地產泡沫破裂後的經濟崩盤。日本是房地產泡沫慢慢地癟下去；而美國則是瞬間崩盤，且呈斷崖式崩塌，引發了 2008 年的全球金融危機；2008 年的這場金融危機其實始於英國，但美國隨後爆發的危機吸引了全世界的關注，英國的危機反而被忽略了。從經驗觀之，盛宴必散，中國的房地產泡沫早晚有破裂的一天，只是如何死的問題。

但從中國政府的角度看，房地產崩盤的後果非常嚴重，第一塊倒下的多米諾骨牌就是必將出現的地方債務危機，緊接著便是金融危機。為什麼？因為地方積欠的巨額債務，包括用土地作抵押的銀行貸款，以及房地產業數十億平方米滯銷房屋、在建樓盤，都是銀行貸款在支撐。加上在行政命令支配下銀行對國企的貸款，中國銀行業早已形成巨額壞帳。圍繞中國銀行系統壞帳水平的估算和爭議從未曾間斷過，儘管官方數據稱，中國商業銀行不良貸款餘額約 1.4 萬億元人民幣，不良率

1.75%；但外國同行的估算卻高得多。2016年2月對沖基金黑曼資本管理公司（Hayman Capital Management）創始人凱利‧巴斯（Kyle Bass）曾指出，中國銀行業的資本虧損可達3.5萬億美元（約合23萬億人民幣）；法國興業銀行（Société Générale）在同年4月的一篇報告中則披露，中國銀行業的整體損失可能會達到8萬億人民幣，相當於商業銀行資本的60%、國家財政收入的50%、中國GDP總量的12%。[44]2017年8月，前惠譽金融分析師朱夏蓮（Charlene Chu）在最新報告中估計，到年底，中國金融體系中的壞帳總額將達到51萬億元人民幣（合7.6萬億美元），這個估算數字意味著壞帳比例為34%，是中國官方承認的不良貸款率5.3%的五倍以上，也就是說，中國金融體系實際壞帳比官方數字高6.8萬億美元。[45]所以，在政府看來，房地產是傾政權之力必救之地。因此可以預期，只要央行繼續放水，房價就會持續上漲，因為中國不缺投機者。

一些專家建議，政府要想辦法為房市降溫、控制房價。這些專家是從長遠考慮、從市場角度考慮，但他們的考慮重點顯然與中國政府不同；中國當局考慮的是政府的錢袋，要保持錢袋飽滿，就得玩龐氏騙局。在美國，龐氏騙局破產，那是因為玩家、銀行與政府（裁判）是利益不同的三家人，政府會盡到監管責任；而中國不一樣，裁判是中央政府，莊家是央行，大玩家是地方政府，涉入龐氏騙局的三方都是政府的一部分，雖有經濟利益之爭，但在保住政權這一要害問題上卻利益一致，不會弄翻了房市這條「船」。

央行把房地產業當作過剩貨幣的儲水池，用信貸支撐著房地產市場，這樣的經濟維穩之道不斷推高房價，造成了房價通貨膨脹，榨乾了中產工薪階層的消費購買力。通貨膨脹是一個逐漸稀釋社會財富的過程，在沒有外來軍事威脅與內部難以壓制的反抗的情況下，並不會直接導致政權垮臺，比如津巴布韋（辛巴威）的惡性通膨比中國要高不知多少倍，但也沒有導致政權垮臺。加之中國政府還有一整套控制房地產市

場的方法，比如限購、限售、限價，其操控房市的迴旋餘地相當大，收放裕如。一個政府兼做莊家、裁判及賣地大玩家的市場，泡沫可以吹得比當年的日本與美國還大，護持房地產泡沫的能力也同樣非常大。

上述分析清楚地指出了中國房地產泡沫特殊在何處：英、美、日三國都是以私有制為基礎的市場經濟，政府沒有能力做到一手管控銀行的印鈔機，另一隻手管控房地產市場包括土地供給。中國的房地產泡沫如此巨大卻仍然看起來「堅挺」，不是因為中國政府特別有能力，而是因為中國政府能夠既管控土地資源，又操縱房市運行、銀行操作：地方政府根據自身需要，低價強徵土地、強拆民房；中央政府用印鈔機來維持房地產市場的興盛，既為地方政府提供徵購、開發土地的資金，又為房地產公司提供房產投資，還為購房者提供買房貸款；更絕的是，政府還可以隨時修改、變更相關政策和房市交易規則，把購房者的投機資金引向政府希望他們去買房的城市，從而為地方政府積欠的債務買單。

有人曾經問我，中國的房地產什麼時候崩潰？我的回答是：中國的房地產價格，如同中國股市一樣，早就不是單純的經濟問題，而是政治問題，只要政府不放棄扶持政策，利用民眾擔心資產縮水的心理，就能夠維持畸形的虛假繁榮。如今的房地產早就成了一場中國的所有「槓桿」（銀行貸款）使用者與央行的一場對賭。炒房者玩的是「擊鼓傳花」遊戲，都希望別人成為最後的接棒者，想賭一把運氣；房地產開發商賭的是，地方政府要想活下去，就不會冷酷無情地「逼死」所有的房地產開發公司，比如著名房地產商人任志強認為，開發商不會先死，因為開發商手頭的現金可以維持一年不開工而不倒閉，但地方政府沒錢了就必須立即想辦法自求活路；至於地方政府則賭的是自己與中央政府的「父子同體」，「黨爹」、「央媽」怎麼也不能讓「兒子」們死在前頭，無人「盡孝」。

時至 2017 年，中國金融系統面臨許多問題，而外匯保衛戰成為重中之重；同時，中央政府開始金融整頓，讓房市價格既不能上揚，也不

能下跌。於是，各地政府頻出高招。例如：房價漲得最快的北京，市政府於 3 月 17 日推出房市新政，收緊銀行房貸，提高買家首付比例，購買普通自住房的首付款比例不低於 60%，購買非普通自住房的首付款比例不低於 80%，房市頓時降溫。來自雲房數據與北京房地產中介協會的數據顯示，目前近九成的中介都面臨「零成交」。[46]北京「317 新政」預示著中國政府調控房市的基本方向，即用收放銀行貸款加上直接干預房市交易的方式調控樓市。敏銳一些的經濟界人士已經看出中國政府對資本市場政策的長期導向，天風證券首席經濟學家劉煜輝撰文指出，2017 年 5 月開始的這輪「新老劃斷」式的金融整頓具有可持續性，中國人將進入資產冰凍期，過去 18 年中國的房子只漲不跌，這回不太一樣，政府往樓市裡面「釘釘子」，「每一顆釘子砸下去，釘住的是資產背後的流動性，釘死的是資產未來創造貨幣信用的能力。」[47]這篇文章的核心意思是：從現在開始到今後很長一段時間，房市上的各種賺錢機會都非常非常小；將來的趨勢是，許許多多的投資人和房產所有者都會虧錢，是慢慢地虧，一點一點地虧，一起虧，一直虧下去。這種資產慢慢萎縮的過程，讓政府得以避免房市的斷崖式崩塌；對房產主而言，則避免了資產驟然縮水帶來的痛感。政府刻意養育成這種「溫水煮青蛙」效應，意在避免社會混亂。

三、中國股市：國企的提款機，貨幣的洩洪口

1949 年中共建政以後，國民政府時期的股市被當作「資本主義社會的賭場」被取締。現在的中國股市於 1990 年創辦，以上海證交所與深圳證交所作為兩大中心，目前總市值在世界各大證券市場中位居世界第二。但這個股市幾乎從誕生之日開始就不是一個正常的投資之地，而是一個在中國政府的政策引導下、以投機為唯一目標的賭博場所。無論從政府開辦證交所的目標還是從實際效果來論，說中國股市是一臺由政

府操控的財富榨取機,非常形象。

1、股市是國有企業的提款機

　　股市是國有企業的提款機。1990年代朱鎔基總理主政時期就定下了「股票市場要為國有企業脫困服務」的基調。簡言之,當時中國政府將股票市場作為搞活國有企業,甚至實現國有企業「3年脫貧解困」目標的工具,把一批經營不善,甚至難以為繼的國有企業推上股票市場。因此,在政府主導下,股份制改造、發行股票上市,在很長一段時間內是國有企業的專利,非國有企業很難有機會上市融資。在政府政策鼓勵下,國有企業將股票市場作為圈錢渠道,母公司又將上市的子公司當成「提款機」。據研究者稱,中國股市的市場規模「十年走完國外一百年歷程」。

　　親身經歷過那段時期的陳東升回憶說:「朱鎔基還做了一個大事,所有企業的都去上市。……當年的資本市場改革很清楚,……一個省份一個億的指標,都想上,搞5家、6家。中國今天的資本市場怎麼來的?最初資本市場是為國企圈錢、解困,今天還是這樣一個東西,為什麼資本市場搞不好呢?今天還是這樣,新華國有,總理一批就上市,這是一個事實存在的。」[48]

　　以後的國企改革基本沿著這個套路進行。2015年6月12日《第一財經日報》記者發表調查報導,再次詳細揭露了中國股市成為國企提款機這一事實。該文稱,自從國務院推動兩家高鐵公司(中國南車與中國北車)合併、造就了一波財富盛宴之後,國企改革就成了中國資本市場最重要的炒作主題之一,不少國企大股東乘著市場的國企改革炒作浪潮紛紛套現,這背後或許是地方政府賣地收入減少而「缺錢」。這些效益不佳的大股東大量減持,不少散戶卻紛紛接盤。[49]

　　由於實行了對外開放,中國股市這一提款機功能,有時也被外資

加以利用。中國銀行、建設銀行、工商銀行當年曾想在華爾街大展宏圖，通過首次公開募股（initial public of offerings，IPO）上市圈錢，為此誠邀新加坡的淡馬錫（Temasek）、瑞銀（UBS）、美國銀行（Bank of America）、蘇格蘭皇家銀行（RBS）等多家外國銀行及李嘉誠基金會等，作為「戰略投資者」入股，將自己包裝成符合美國口味的「現代金融機構」。後來因當時的美國證監會主席考克斯（Christopher Cox）防範甚嚴，中資銀行不得不改在香港及大陸上市。[50] 這些外資銀行因為與中國銀行業同進退，享有中國政府提供的種種便利，在中港兩地股市賺個盤滿缽滿，據說年賺萬億；[51] 到了三年「鎖定期」一過，它們就將手中股票出手。[52] 中國有人對此很氣憤，認為當年讓這些外資銀行賤價買進國有銀行的股票，如今卻讓它們在中國股市上提款走人，實在太便宜這些外國銀行了，因此提出，要追查當年中國金融行業賤賣國有資產之罪。只是氣憤歸氣憤，這一追查行動在法律層面上得不到支持，未能成行。

這一特點至今未改。2016 年 9 月中國證監會發布《關於發揮資本市場作用、服務國家脫貧攻堅戰略的意見》，核心內容是，為中國 592 個貧困縣的 IPO 開放「綠色通道」（快速審批），讓貧困地區政府能夠上市圈錢，解決他們的財政困難。[53] 2016 年 10 月推出的「債轉股」，也是讓金融資產管理公司（AMC）接手銀行的壞帳，然後再將國企欠銀行的債務轉化為股權，最後目標還是上市去坑中小股民。為什麼要經過國有 AMC？原因是中國人民幣要國際化，必須遵循法律，中國《銀行法》規定「銀行不得直接將債權轉為股權」；另外，《巴塞爾協議》制訂的銀行資本管理辦法規定，銀行被動持有企業股權，兩年內風險權重為 400%，兩年後上升為 1250%，而正常貸款的風險權重僅為 100%。按照這個規定，銀行若持有企業股權，會在評級時受到不利影響。

2、股市是國企高管財富變現的洗錢機

中國國企的重要改革之一是「經理人持股」（Management Buyout，簡稱 MBO，亦稱管理層收購），即把國企上市公司的部分股份變相送給高管們。對於這一改革，外界一直認為，這是國企高管層憑藉職權瓜分國有資產，新華網亦曾在推動「經理人持股」之時發表文章表示質疑，認為國企高管利用「改革」直接切「蛋糕」（指獲取股份）分給自己，而不是在盈利後作為酬勞分「蛋糕」，有自肥之嫌。[54] 在國企任高管的紅色家族後裔，如國務院前總理李鵬的女兒李小琳等，就是這項改革的最大獲利者之一。

質疑歸質疑，國企經理人持股並拿特別高的薪酬的「改革成果」，卻一直延續下來。習近平的反腐終於讓國企管理層的好日子到頭了。從 2014 年開始，中國當局反覆強調黨對國企的終極領導權，並於 11 月成立了「國務院國企改革領導小組」。由於十八大以後的反腐中不少國企高管落馬，國企高管們擔心以往那種「空手套白狼」的經理人持股會被劃入「腐敗行為」之列，於是紛紛將自己持有的國企股票在股市上套現。據統計資料，截至 2014 年 10 月 17 日，中國上市公司高管大幅度減持股票，套現 474.31 億元。[55] 2015 年上半年國企高管又減持套現達 5000 億元，創史上最大規模減持潮，[56] 這正是 2015 年股災的成因之一。

3、股市是吞食股民財富的「老虎機」

從 1992 年至今，中國股市已經歷了十餘輪大漲跌。從中國股民炒股的歷史來看，虧者多，贏者少。但是，希望賭博致富的大有人在，通過股市輕鬆賺錢的願望支撐著他們屢敗屢戰，直至無法再戰。

以下選取 2008 年以來中國股民在三個年份中的集體成績單：

2008 年的 A 股市場以超過 70% 的巨大跌幅載入中國股市史。《上海證券報》聯合證券之星做了一次「2008 年股民生存現狀大調查」，全國共有 25110 位投資者參加了該項調查，結果是：逾九成股民虧損，其中在股市中虧損幅度超過 70% 的，占比多達 60%；截至調查時止，仍有盈利的股民僅占 6%。[57]2011 年的調查則顯示，80% 的股民虧錢，不到 10% 的股民賺錢，約 10% 的股民不賺不虧。[58]

2013 年中國股市被稱為「亞洲表現最差股市」。新浪網於 2014 年 1 月做了一項調查，這篇〈2013 年中國股市投資者大面積虧損〉的報導披露，2013 年虧損者占比約 65%，其中，26.3% 的人虧損了 20%—50%，7.5% 的人虧損高達 80% 以上；因為炒股，有 32.2% 的人生活水平明顯下降，9% 的人生活面臨困難。[59]2015 年情況更糟，全年股市蒸發市值 25 萬億人民幣，每位股民平均損失高達 24 萬元。

如果將中國股市與美國股市做一比較，會發現有幾個本質差別，即：

1. 中國股市只有投機者，沒有中長期投資者。股民們並不在意企業的真實經營狀況，只在意這支股票是否被機構資金或者炒作者拉抬；許多股票的股價完全脫離企業經營業績、財務狀況，而是隨機構炒作者與操盤者的炒作行為漲跌。西方國家的股市如美國股市，是短期投機者與中長期投資者都有，企業經營狀況與盈利能力才是股價的基礎。

2. 中國政府是股市操盤手，它用各種政策與手法調節股市漲跌。而美國政府只作為股市的看守者，用成熟的法規規範、管理股市，絕無中國政府的類似作為。

3. 眾多股民進入股市，並不意味著中國股市是多數人參與的利益分享之地。所謂中國股市融資成本低，實際上是參與者重在投機獲利，不看重企業的盈利能力及股票分紅。全世界只有中國股市才讓絕大多數投資者血本無歸。

筆者早就指出：中國股市是國企的提款機，也是國企高管等既得利益者將巧取豪奪來的不義之財變現的洗錢機，又是利益相關者依靠政

策、內幕消息與位置優勢斂錢的財富榨取機。所有這些特點，完全符合「攫取型經濟」那種剝奪多數人的利益為政府及少數人服務之特點。

中國經濟的龐氏增長，體現了典型的「攫取型經濟」的特點，這些特點正好驗證了制度經濟學一個著名論斷，即制度在經濟發展中起巨大作用，決定一國貧窮還是富裕。美國新制度經濟學家達榮‧阿西莫格羅（Daron Acemo lu）和詹姆斯‧魯賓森（James Robinson）曾合著《權力、繁榮與貧窮的根源：為什麼國家會失敗？》，書中提出了解釋國家繁榮與貧窮根源的兩個重要概念，即「包容性制度」（inclusive in stitutions）和「攫取性制度」（extractive in stitutions，也譯成「榨取型制度」）。包容性制度指一種多數人參與、利益分享，因而人們具有勞動與創造積極性的多元制度；攫取性制度指權力和財富高度集中，被少數人壟斷，整個國家制度建立在剝奪多數人而為極少數人服務的基礎上，大多數人沒有勞動和創造的積極性。根據該書作者的大量研究，世界上所有國家和地區，凡是選擇了前者的，都實現了經濟的持續發展和人民生活水平的持續提高，而選擇後者的則相反。[60]

註 ——————

1　周其仁，〈中國 2.5 萬億美元外匯儲備，每一分都對應著央行負債〉，《經濟觀察報》，2010 年 5 月 7 日，http://finance.ifeng.com/opinion/macro/20100507/2159868.shtml.

2　〈日本經濟界訪華團要求中方改善經營環境〉，日經中文網，2016 年 9 月 23 日，http://cn.nikkei.com/politicsaeconomy/politicsasociety/21596-20160923.html.

3　〈2012 年中國新增貨幣供應量占全球近半〉，21 世紀網，2013 年 1 月 28 日，http://finance.sina.com.cn/china/20130128/153914425282.shtml.

4　〈外匯局：外匯儲備占央行總資產超80% 帶來較大風險〉，搜狐財經，2014 年 6 月 12 日，http://business.sohu.com/20140612/n400767717.shtml.

5　〈2015 年發行各類債券達 22.3 萬億元 同比增長 87.5%〉，中國新聞網，2016 年 1 月 25 日，http://www.chinanews.com/cj/2016/01-25/7731985.shtml.

6　〈中央財政預算報表公布：政府負債率約40%〉，《21世紀經濟報導》，2016年3月31日，

http://finance.sina.com.cn/roll/2016-03-31/doc-ifxqtiwa5366093.shtml.

7　〈發改委：地方債上報數連實際一半都沒有〉，《第一財經日報》，2014 年 12 月 15 日，
　　http://finance.sina.com.cn/china/20141215/111721078104.shtml.

8　何帆，〈中國債務的風險到底有多高？財政部發改委官員在內部研討會上是這麼説的〉，
　　和訊網，2016 年 8 月 3 日，http://opinion.hexun.com/2016-08-03/185301985.html.

9　Richard Dobbs, Susan Lund, Jonathan Woetzel, and Mina Mutafchieva, "Debt and (not
　　much) Deleveraging," McKinsey Global Institute, Feb. 2015, http://www.mckinsey.com/
　　global-themes/employment-and-growth/debt-and-not-much-deleveraging.

10　中國國家統計局，《2014 年國民經濟和社會發展統計公報》，2015 年 2 月 26 日，
　　http://www.stats.gov.cn/tjsj/zxfb/201502/t20150226_685799.html

11　Jim Edwards, "China is Carrying $1 Trillion in Bad Debt and Unless this Vicious Cycle
　　is Broken, Financial Crisis or at Least a Sharp Slowdown is an Inevitable Ultimate
　　Outcome," Business Insider, May 1, 2016, http://www.businessinsider.com/china-1-
　　trillion-in-bad-debt-2016-5?r=UK&IR=T.

12　Keith Bradsher，〈穆迪下調中國信用評級，28 年來第一次〉，《紐約時報》，2017 年
　　5 月 25 日，https://cn.nytimes.com/business/20170525/moodys-downgrades-china-
　　economy-debt/.

13　劉麗，〈14 部門「穿透式」監管非法集資〉，《經濟參考報》，2017 年 4 月 26 日，
　　http://dz.jjckb.cn/www/pages/webpage2009/html/2017-04/26/content_31060.htm

14　〈上海發布金融檢察白皮書：涉案人數上升，新型犯罪高發〉，中國新聞網，2017 年 6
　　月 28 日，http://www.chinanews.com/sh/2017/06-28/8263631.shtml.

15　〈北京非法集資案件井噴式增長 研究建議區別對待〉，財新網，2017 年 7 月 29 日，
　　http://china.caixin.com/2017-07-29/101123896.html.

16　〈山東公安廳副廳長：非法集資返還比例基本在一到三成〉，鳳凰財經，2016 年 7 月 18 日，
　　http://finance.ifeng.com/a/20160718/14610206_0.shtml.

17　〈涉案金額屢屢破億 能追回的九牛一毛──非法集資案追款善後問題調查〉，半月談網，
　　2017 年 4 月 19 日，http://www.banyuetan.org/chcontent/jrt/2017419/225276.shtml.

18　〈2015 年我國群體性事件研究報告〉，壹讀網，2016 年 3 月 17 日，https://read01.
　　com/QA4O46.html https://read01.com/QA4O46.html；非新聞，《2015 年中國群體事
　　件統計》，https://newsworthknowingcn.blogspot.jp/2016/01/2015.html.

19　〈陸金所董事長認為多數中國網貸平臺會破產〉，騰訊財經，2015 年 4 月 16 日，http://
　　finance.qq.com/a/20150416/013719.htm.

20　〈穆迪：中國影子銀行達 64.5 萬億 受流動性收緊影響明顯〉，財新網，2017 年 5 月 8 日，
　　http://finance.caixin.com/2017-05-08/101087589.html.

21　張濤，〈中國央行已做好降準的準備〉，英國《金融時報》中文網，2013 年 1 月 24 日，
　　http://www.ftchinese.com/story/001048636?full=y.

22　〈股災周年祭：A 股市值蒸發 25 萬億人均 24 萬〉，新浪財經，2016 年 6 月 11 日，
　　http://finance.sina.com.cn/stock/t/2016-06-11/doc-ifxszfak3535841.shtml?cre=financep
　　agepc&mod=f&loc=2&r=9&doct=0&rfunc=100.

23　〈全國七億平米住宅待售，任志強稱有些庫存只能炸掉〉，中國經濟網，2016 年 1 月 20 日，http://finance.huanqiu.com/roll/2016-01/8412822.html.

24　〈房地產真實庫存 98 億平 完全消化需十年〉，《21 世紀經濟報導》2015 年 12 月 3 日，http://news.shangyu.fang.com/2015-12-03/18438819.html.

25　楊仕省，〈去不掉的樓市庫存：前八個月僅減少了 4%〉，華夏時報網，2016 年 10 月 14 日，http://www.chinatimes.cc/article/61393.html.

26　劉志峰，〈中國告別住房嚴重短缺時代〉，中國網，2002 年 2 月 19 日，http://www.china.com.cn/baodao/china/htm/2002/2002-19/19-2.html.

27　中國家庭金融調查與研究中心，《2015 年中國家庭金融調查報告精選》，http://money.sohu.com/upload/chinajrdcbg0510.pdf.

28　曉路，〈美國人住房擁有率下降〉，霧谷飛鴻，2014 年 11 月 24 日，http://blogs.america.gov/mgck/2014/11/24/homeownership/.

29　趙婀娜，〈報告稱中國頂端 1% 的家庭占有全國三分之一以上財產〉，人民網，2014 年 7 月 25 日，http://society.people.com.cn/n/2014/0725/c1008-25345140.html.

30　卿瀅，〈倫敦市長出手，欲調查房產海外買家〉，財新網，2016 年 10 月 1 日，http://international.caixin.com/2016-10-01/100993886.html；葉毓蔚，〈加拿大該不該對海外買房客收稅〉，新浪財經，2016 年 8 月 1 日，http://finance.sina.com.cn/zl/international/2016-08-01/zl-ifxunyya2926250.shtml.

31　〈高房價拉動了 GDP，房地產行業還能繁榮多久？〉，網易數讀，2016 年 8 月 16 日，http://data.163.com/16/0816/02/BUIB2VFU00014MTN.html.

32　維基百科，〈各國房價收入比列表〉，https://zh.wikipedia.org/wiki/%E5%90%84%E5%9B%BD%E6%88%BF%E4%BB%B7%E6%94%B6%E5%85%A5%E6%AF%94%E5%88%97%E8%A1%A8.

33　〈中國城市房屋租售比前 20 大城市排名出爐〉，《中國房地產報》，2016 年 5 月 21 日，http://www.gzhphb.com/article/19/197896.html.

34　〈房地產業占到 GDP 的 6.6%，成中國經濟命脈〉，網易，2009 年 11 月 29 日，http://news.163.com/09/1129/18/5PABA2380001124J.html.

35　〈房地產投資占 GDP 比例畸高，中國房地產泡沫遠超次貸危機〉，前瞻網，2014 年 5 月 4 日，http://www.qianzhan.com/indynews/detail/258/140504-7adae8c1.html.

36　〈中國家庭資產房產占六成，樓市困局如何解？〉，鳳凰新聞，2016 年 8 月 10 日，http://share.iclient.ifeng.com/news/sharenews.f?&aid=111953600.

37　〈全國賣地 17 年收入超 27 萬億 資金去向鮮有公開〉，搜狐財經，http://business.sohu.com/20160216/n437482190.shtml.

38　任澤平，〈地王之謎：還得從土地財政的視角來理解〉，《華爾街見聞》，2016 年 8 月 24 日，http://wallstreetcn.com/node/259401.

39　李苑，〈「滾燙」的土地財政〉，《華爾街見聞》，2016 年 9 月 21 日，http://wallstreetcn.com/node/263869.

40　楊志錦，〈詳解 11 萬億新增貸款：居民中長期貸款、企業短期貸款大幅增長〉，《21世紀經濟報導》，2015 年 12 月 23 日，http://epaper.21jingji.com/html/2015-12/23/

content_28139.html.

41 伊蒂斯,〈銀行大幅「輸血」房地產商,金融業恐積蓄風險〉,匯金網,2016年9月7日, http://www.gold678.com/C/20160907/201609071110402302.html.

42 〈中國8月新增人民幣貸款9487億元,高於7月及預期〉,《華爾街日報》2016年9 月14日,http://cn.wsj.com/gb/20160914/fin164657.asp.

43 林建海、劉菲,〈IMF:中國信貸占GDP比例高於潛在信貸占比25個百分點〉, 《經濟參考報》,2016年4月27日,http://finance.sina.com.cn/roll/2016-04-27/doc-ifxrprek3494919.shtml.

44 劉曉翠,〈中國銀行業壞帳究竟有多高?法興的最新測算再度引發關注〉,華爾街見聞, 2016年5月24日,http://wallstreetcn.com/node/245475.

45 吳佳柏,〈朱夏蓮:中國實際壞帳比官方數字高6.8萬億美元〉,英國《金融時報》, 2017年8月17日,http://www.ftchinese.com/story/001073881.

46 〈近9成房產中介遭遇「零成交」閉店潮倒逼中介行業變革〉,新華網,2017年6月27日, http://news.xinhuanet.com/house/2017-06-27/c_1121215539.htm.

47 劉煜輝,〈中國資本市場靈魂出竅 有活力的公司不在A股〉,鳳凰財經綜合,2017年6 月24日,http://finance.ifeng.com/a/20170624/15482001_0.shtml.

48 陳東升,〈朱鎔基開啟了混合所有制 把國企推上市〉,新浪網,2014年8月23日, http://finance.sina.com.cn/hy/20140823/153920100385.shtml.

49 李雋,〈國企湧動改革潮:股東頻頻套現或因地方政府缺錢〉,新浪財經,2015年6月 12日,http://finance.sina.com.cn/china/20150612/013622411955.shtml.

50 宇竟,〈憂思國有銀行改革〉,新浪財經,2006年3月8日,http://finance.sina.com. cn/bank/plyj/20060308/08362399952.shtml.

51 〈國有銀行改制,外資年賺萬億〉,新浪財經視點,2007年9月,http://finance.sina. com.cn/blank/bank2007.shtml.

52 〈匯豐與上海銀行正式分手,外資銀行紛紛撤資意在套現〉,新華網,2013年12月11日, http://news.xinhuanet.com/fortune/2013-12/11/c_118517186.html.

53 何清漣,〈誰說本屆中國證監會不聰明?〉,美國之音何清漣博客,2016年9月16日, http://www.voachinese.com/a/heqinglian-blog-20160917/3512944.html.

54 〈高管持股難逃「自肥」責難〉,新華網,2006年2月16日,http://news.xinhuanet. com/fortune/2006-02/16/content_4187498.html.

55 〈中國高管大逃亡,拋股套現逾二千億〉,香港膠登HK Galden,2014年10月20日, https://m.hkgalden.com/view/200239.

56 陳麗婷、李君行,〈今年高管減持套現已達五千億,創史上最大規模減持潮〉,新浪財 經,2015年6月28日,http://finance.sina.com.cn/stock/zldx/20150628/002522534765. shtml.

57 〈股民生存現狀調查〉,《上海證券報》,2008年12月29日,http://news.xinhuanet. com/finance/2008-12/29/content_10572931.htm.

58 〈逾八成股民虧錢,明年投資更謹慎〉,新浪財經,2011年12月21日,http://finance. sina.com.cn/stock/data/20111221/111811033151.shtml.

59 〈2013年股民虧損比例高達65%，僅三成看好2014年〉，新浪財經，2013年12月27日，http://finance.sina.com.cn/stock/data/20131227/102517772263.shtml.

60 Daron Acemo lu, and James A. Robinson, *The Origins of Power, Prosperity, and Poverty: Why Nations Fail*. Crown Publishing Group, 2012.

支撐社會存續
的四根支柱之現狀

支撐一個社會需要四根支柱：社會成員的基礎生存條件（最重要的是就業）、正常的生態系統、維繫社會的道德倫理、強制性的政府權力。這四根支柱的狀態不僅關係到一國人民今天的生存質量，還關係到這個國家承載的文明之存續。前四章解析了中國的經濟模式是一種掠奪型模式，這種模式的特點是不斷掠奪國民的生存資源並透支生態環境，在短期內促成經濟發展，結果是通過極不公平的收入及財富分配，造成了社會成員之間極大的貧富差距，最後導致四根社會支柱當中的三根嚴重傾斜甚至坍塌。目前，中國社會只剩下一根支柱未曾傾斜，即中國政府的強力維穩。

一、中國經濟模式與社會抗爭之間的關係

考察近 20 餘年的社會反抗事件，就會發現社會抗爭類型與經濟增長模式之間有極強的相關性。從 20 世紀 90 年代後期開始，中國經濟增長所依賴的四大領域分別是地產、礦產、股市與金融，而農民反抗徵地、市民反抗拆遷，以及以市民為主體的環境維權等社會反抗，都與中國的經濟增長模式有關。中國政府的資源抽取方式決定了公共政策的偏向性，而公共政策則塑造經濟增長的模式，從而決定社會抗爭的類型。

1、政府的資源抽取方式決定了社會反抗模式

　　從 20 世紀 90 年代後期開始，中國經濟增長完全是依靠對資源的過度抽取，經濟增長依賴哪幾個領域，哪幾個領域的社會反抗就非常激烈，民間的社會反抗直線上升，群體性事件逐年增長：2005 年為 8.7 萬起，2006 年超過 9 萬起，[1]2008 年為 12.4 萬起；[2]以後中國官方不再公布具體數據，只有清華大學教授孫立平曾經引用過一條數據，指出 2010 年一年內中國的群體性事件（即社會反抗）高達 28 萬起。[3]2012 年習近平接掌權力後，增強了對維權人士、反對者及批評者的打壓，各種抗議活動的空間大大縮小，處於低潮。

　　2016 年初，有官方背景的「傳播大數據」發布《群體性事件輿情年度報告》，[4]歸納了群體性事件的類型，但沒有總體數據；另一份是「非新聞」所做的《2015 年群體性事件統計》，該網站根據 2015 年內記錄到的群體遊行、示威、集會等加總，計算為 28950 起。[5]（「非新聞」由民間志願者盧昱宇開辦，盧及其女友後被中國當局抓捕。[6]）將「傳播大數據」的信息與「非新聞」的統計數據相比對，情況類似，這段時期所發生的群體性事件類別，也與中國經濟形勢密切相關。一類是經濟衰退引起大規模失業；另一類與中國金融系統影子銀行的大規模商業欺詐有關。值得注意的是，「傳播大數據」認為，較大的群體性事件均呈現組織嚴密的特點，在信息聯絡與社會動員上，社交媒體起了重要作用，越來越多的群體性事件通過線上組織形成了策劃、招募、安排、總結甚至發放報酬的一整套流程，線上安排與線下實施同步推進，重大群體性事件的組織已經呈現出典型的「互聯網＋特點」。互聯網新興經濟形式與社會的深度聯結，以及因監管滯後、行業發展粗放導致的社會問題，成為群體性事件發生的主因，這種狀況一直延伸到 2017 年。[7]

　　迄今為止，中國的社會抗爭主要還侷限於經濟類抗爭，絕少上升到

政治層面。從時間上來看，這些經濟抗爭幾乎與政府實施的每一項「改革」相隨發生。其間原因，筆者曾做過分析：所謂「改革」，就是通過各種社會公共政策對國家資源與利益再分配的過程。從 90 年代末期以來，這一利益再分配過程幾乎都以犧牲社會底層利益（主要是生存資源）為代價，並導引中國的公共政策與財政稅收體制的方向性變化，塑造了中國社會抗爭的類型。

2、中國社會抗爭的主要類型

第一類是圍繞土地徵用發生的社會反抗，在城市裡是拆遷，在農村裡是徵地。2007 年國家信訪局承認，土地徵收徵用、城市建設拆遷、環境保護、企業重組改制和破產、涉法涉訴等五大問題成為那一階段信訪的重點。[8]

關於中國失地農民的數據，我曾參考中國農業部的推算方法（耕地減少面積／人均耕地二畝＝失地農民人數），以及浙江師範大學教授王景新 2003 年在河北、山東、湖北、廣西、浙江、雲南等 11 省 134 個縣所作抽樣調查，全國失地農民達 1.27 億左右。[9]

城市拆遷方面缺乏總體數據，但在城市拆遷高峰期的 2003—2007 年，有一個據說極為保守的官方估計：全國城鎮每年拆遷住房占城鎮住房總面積的 3% 多，這 4 年全國城鎮住房的總面積平均為 94.25 億平方米，每年的拆遷失房面積計算為 3 億平方米，4 年之間全國城鎮住房共計拆遷失房 12 億平方米。不少學者認為，城鎮住房拆遷率高達 4%—5%；[10] 如果以學者估算為準，拆遷失房面積將高得多。不管採用哪種估算，不爭的事實是，大量城市居民失去了棲身之地。2005 年與 2007 年，總部設於瑞士日內瓦的國際人權組織「住房權利與驅離中心」曾兩度宣布，中國被列入當年違反住房權最嚴重的國家之一。該組織指責說，1997—2007 年這十年當中，中國有 370 萬城市居民因政府強制拆

遷而失去了住房。[11]這類大規模城市拆遷一直延續到 2011 年，直到房地產市場上住宅供應嚴重過剩，加上習近平接任後大規模反腐，城市拆遷才算基本停息，但小規模的拆遷仍時有發生。

第二類是因為基層村幹部貪汙腐敗問題而引發的群體性事件（即維權運動）。自 20 世紀 90 年代中期開始，一直延續至現階段，涉及村財務帳目不清、村幹部貪汙徵地補償款與國家扶貧款、基層選舉、集資債務糾紛、利用公款參與賭博等多方面。據中國最高檢察院公布，2013—2015 年 7 月中國最高檢察院開展專項工作，全國共查辦涉農和扶貧領域貪腐犯罪 28894 人，占同期檢察機關立案查辦職務犯罪總人數的兩成，其中「小官巨貪」及抱團腐敗（集體腐敗）現象明顯。[12]據官方資料，村幹部貪腐占據了基層違法案件總數的 70% 以上，由此引發的信訪數量占農村信訪總量的 50% 以上。[13]在湖南等地農村的群體性事件當中，40% 與村幹部貪腐有關。[14]

必須說明一下「小官巨貪」的含義。中共總書記習近平習慣用「老虎蒼蠅一起打」來表示中共反腐決心，這裡的「老虎、蒼蠅」指的是官職級別，不是貪腐數額。最高檢察院查辦的村官腐敗案中，有 12 起涉案總金額高達 22 億元人民幣，其中，與土地、拆遷相關的有 7 起，其他案件則涉及安置房、貪汙集體資金、國家農資補貼等領域的腐敗。貪腐數額超過千萬元的村官大多來自廣東、浙江、江蘇以及北京等經濟較發達地區。[15]媒體報導這類案件時，用的標題是「小小老鼠亦可吞天」。

第三類是環境維權，指環境汙染嚴重，陷民眾於生存絕境，因而引發的社會反抗。自 1980 年代以來，中國各地遭受程度不一的環境破壞，造成水、土地、空氣全方位的立體汙染。因環境汙染導致的傷害與恐懼，從 21 世紀初期以來已成為造成中國社會動盪的首要因素。有境外網站透露，1996—2013 年環境維權事件年均增長達 29%，2011 年環境重大事件增長 120%。[16]若只看環境維權事件的增長率，讀者無法了解，究竟發生了多少起環境維權事件。作者從其他文章中查到了如下數據：

2002 年發生的各種環境糾紛超過 50 萬起；[17]2006 年高達 60 萬人次向政府投訴，其中引發衝突的達 8 萬餘起。[18]從 2008—2013 年這五年當中，中國發生的大規模群體性反抗，大部分與環境維權有關。[19]

第四類是工人因失業、企業欠發工資而引起的社會抗爭。「傳播大數據」報告及「非新聞」都指出，工人的群體性活動主要類型是討薪，而不是爭工資與福利待遇。這種討薪抗爭基本上發生在工人離廠之前；一旦工人失業離廠，有的回鄉，有的另謀出路，就成了一盤散沙，很難再組織針對原就業工廠的抗爭活動。2015 年企業因破產、外資關廠撤退等原因，至少有一億幾千萬工人失業，但因為工人分散而較少發生抗爭事件，但這並不說明中國失業現象不嚴重。2016 年，中國勞動年齡（16—59 週歲）的人口為 9.1 億，政府公布的城鎮登記失業率僅為 4.02%，但真實失業率高達 22.9%。星火記者聯盟在比對各種數據並詳加推算後，得出結論：由於中國統計慣例是農村人口算全員就業，用勞動年齡人口減去就業總人口，說明城鎮戶籍總失業人數維持在 2 億左右。[20]

第五類是大量影子銀行經營的理財產品，因破產而中斷兌付引發的群體性事件。「傳播大數據」稱，泛亞、MMM、卓達等借貸機構利用准入門檻低、缺乏監管等條件，推出名目繁雜的理財產品，依託互聯網平臺，頻頻打出「金融創新」的旗號，以遠遠高於銀行存儲利率的利息來吸引投資者，使網絡平臺成為詐騙、洗錢、非法集資等違法犯罪的溫床。據「非新聞」分析，欠薪、商業欺詐引發的群體性事件占 2015 年統計到的中國群體性事件總數的一半。

長達 20 多年的群體性事件類型變化表明，中國社會反抗發生的原因與中國經濟發展模式密切相關，參與者多因利益嚴重受損，希望通過溫和的社會反抗滿足利益訴求。出於政治原因的抗爭，在中國政府的高壓之下幾乎毫無冒頭可能。

二、生態安全：國家安全的最後一道屏障

上述五大類抗爭，有些會隨著中國政府的經濟政策重心變化而消失或弱化，比如工人失業、理財產品因破產遭受整頓而暫時淡出等，只有環境維權將長期延續下去。

1、中國的汙染已成不可逆轉之勢

中國當局現在也承認生態危機已成「水陸空立體型惡化」之勢。比如，3.49 億畝耕地被嚴重汙染，約占耕地總面積的五分之一（19.4%）；[21] 水資源問題嚴重，中國本來就是世界上 13 個貧水國之一，加之現有河流近二分之一的河段受到汙染，十分之一的河流長期汙染嚴重。[22] 據統計，目前水中汙染物已達 2221 種，主要為有機化學物、碳化物、金屬物，其中自來水裡有 765 種（190 種對人體有害，20 種致癌，23 種疑癌，18 種促癌，56 種致突變而誘發腫瘤），89% 的飲用水不合格；[23] 空氣汙染帶來的災害也非常嚴重，據《2010 年全球致病量研究》（2010 Global Burden of Disease Study），中國一年有 120 萬人因空氣汙染而過早死亡，約占全球總數的 40%。[24]

中國受重金屬汙染的耕地面積已達二千萬公頃，占全國總耕地面積的六分之一，這是中國工程院院士、華南農業大學羅錫文教授於 2011 年接受採訪時透露的。[25] 中國的汙染之嚴重，有高發的癌症為證：據《2012 中國腫瘤登記年報》公布的數據，「全國每六分鐘就有一人被確診為癌症，每天有 8550 人成為癌症患者，每 7—8 人中就有一人死於癌症。」[26] 據專家分析，癌症高發與高汙染密切相關。但這種高汙染讓中國人無處逃遁：農作物與食品汙染幾乎形成了從種植者到生產者全員共犯結構；空氣汙染、水汙染無處不在，其主角重化工業都是中國大型

國企，它們在各地的大量投資，對提高當地 GDP 很有幫助，這種利益共謀，使企業很容易與地方政府形成共犯，導致對環境資源的掠奪性利用。

2010 年 8 月中國甘肅省舟曲市被泥石流吞沒後國人方才發現，中國已經進入地質災害高發期，而地質災害緣於人類過度的開發活動，例如大量砍伐樹林、水電開發等。據《2010 年上半年全國地質災害通報》披露，2010 年 1—6 月全國共發生地質災害 19552 起，是 2009 年同期的十倍；中國地質環境監測院透露，全國共發現地質災害隱患點 20 萬處，其中類似於舟曲的特大型和大型地質災害隱患點 1.6 萬處，這種隱患點主要分布於雲南、貴州、四川、重慶、甘肅、陝西、湖南、湖北等山多坡陡的省市。而地質災害緣於人類過度的開發活動（包括砍伐樹林、水電開發等），地質災害中人為活動的因素占到 50% 以上。[27]

2、中國為何會失去生態安全

中國的人口與資源關係歷來就比較緊張，為何會在短短 30 餘年時間內徹底失去了生態安全，產生了無處可去的 1.86 億生態難民？[28] 對其間原因，我寫過許多文章，認為破壞中國生態安全的根本原因就是現行政治經濟制度。

外國人經常會問：中國政府為何不通過立法，保護本國環境生態？比如，日本在上世紀 60 年代也曾經歷過嚴重的環境汙染，最後就是通過環境立法遏制了汙染。在分析現行政治、經濟體制如何破壞中國的生態安全之前，先得破解這個許多讀者可能會有的迷思，以中國的近鄰日本為例，也許是最合適的參照系。

（1）中國的環境立法雖多，管用的不多

20 世紀 60—70 年代，既是日本經濟飛速成長時期，也是汙染問題

成為社會公害的時期。在這一期間日本政府先後出臺了《公害對策基本法》、《大氣汙染防治法》、《噪音規制法》、《水質汙染防治法》、《海洋汙染防治法》、《惡臭防治法》和《自然環境保護法》等一系列環保法律，形成了比較完整的環境法規體系，為治理環境問題打下了良好的法律基礎；與此同時，日本還不斷加強環境管理體制，在特定事業所設立了「防治公害專職管理部」；日本國民的環保意識也不斷得到提升。正因如此，日本防治環境汙染經驗為世界所稱道。

上世紀 80—90 年代中日關係尚算友好，兩國政府不僅交流過防治汙染經驗，還有不少日本民間人士主動幫助中國人做環保。為何中國竟然未能學習日本經驗？說起來讓中國人很慚愧，中國在環保立法方面確實學了日本經驗，立法之多，名列世界前茅。早在 2006 年，從中央到地方，各級政府的環保立法就突破 1600 多項，只是這些法律絕大多數流於虛文。從中央直到省、市、區、鄉，各級政府也都設有環保部門，專司環境評估、監督職能。但事實卻如國家環保總局副局長潘岳所說：「我國環境立法雖多，但管用的少，很多法律條文似乎還停留在理想主義層面」；除了立法空白之外，更重要的，「缺少一部專門約束政府行為的環境法律，地方保護干擾正常執法現象普遍。」[29]

（2）企業與政府環保部門之間的共犯關係

在政治與金錢合謀之下，中國的各級政府與企業之間形成了一種汙染共犯結構。具體說來，這種共犯結構的形成出於兩大因素：

首先，地市級黨政一把手出於升遷的利益考量，必然在經濟發展（GDP 增速）與環保之間，將 GDP 作為優先考慮。地方官員的這種考量與中國官員的政績考核體系有關。新加坡國立大學、中國清華大學等四所大學曾共同發布一項調查報告，該報告分析了 2000—2009 年 287 座城市、976 名書記和 1075 名市長的相關數據，所得出的結論是：下級政府執行上級指示是有條件的。如果省級領導更為看重交通基礎設施

投資，地市級黨政幹部將加大本地區的交通基礎設施投資；如果省級領導更為關注環境指標，地市級黨政幹部卻未必迎合。決定地市級官員態度的因素是：加大對交通基礎設施的投資，短期內將來帶來更高的土地價格、更多的土地出讓收益，有助於提高次年的 GDP 增長率，增加官員被提拔晉升的機會；但對環境基礎設施的投資，並不能促進 GDP 的增長，於官員的晉升並無助益，甚至存在負面影響。[30] 這個報告正好印證了中國官場一件舊事：2005 年時任國家環保總局副局長潘岳曾試圖推行「綠色 GDP 核算體系」試點，兩年後因遭遇地方政府共同抵制，無疾而終，潘本人從此仕途折翼。

其次，基層環保局成了吸附在汙染企業身上的寄生機構。地市（縣）級領導既然追求 GDP 高速增長，當地的環保局自然得配合「一把手」。按照政府賦權，環保機構負責對轄地企業進行環境評估、監測環境變化、以及懲處企業的違法違規行為。不幸的是，無數事例證明，許多地方的汙染企業是當地政府的「一把手工程」，「一把手」的意志不但導致環保審批制度失靈，更導致監管失靈，基層環保部門早就陷入「收錢養人，養人收錢」的怪圈——「學術」一點的說法是：監管者與被監管者形成了一種利益共犯結構。

近年來，中國各地推行了排汙費徵管「環保開票、銀行代收、財政統管」的「雙線運行」機制，以便「確保排汙費足額用於環境治理」。但新華社記者調查發現，地方財政將環保部門徵收的「排汙費」繳入國庫後，經預算安排仍返還環保部門，名義上是用於環保自身能力建設，實際上是默許環保部門將此經費用於人員開支。河南審計部門 2009 年曾針對某市六個縣（區）排汙費做過一次審計，發現六個縣（區）環保局實有人員 765 人，其中自收自支人員 606 人，占總人數的 79.2%。養活這自收自支人員的費用就來自於對汙染企業的收費。[31]

基層環保部門與汙染企業形成的共犯結構，讓所有的檢查與監管失靈。中央電視臺（CCTV）曾在《經濟半小時》節目裡列舉了四川岷江

流域沿岸數家企業直接排汙，造成嚴重汙染，讓 15 萬人飽受癌症威脅之苦。這些企業之所以明目張膽地排汙，就是因為與地方環保局已形成了共犯結構。當地群眾反映，每當市環保局檢查時，環保局內部就有人向企業通風報信，汙染企業就臨時停止汙染排放。而當地村民向政府部門舉報或反映後，卻常常受到企業主的威脅、報復、毆打。該報導強調，這樣的情況在全國各地都普遍存在。[32]

　　中國的汙染具有對外擴散效應，國際社會的相關指責從未停止，於是中央政府的對外部門便承擔了一項經常性職責——為中國的汙染出口辯護，乃至於徹底否認。[33] 早在 21 世紀初，各國對中國的「汙染出口」就頻頻抱怨，原因是中國的水源汙染、空氣質量惡劣和工廠廢氣等常見的環境汙染，越來越多地殃及鄰國。例如，吉林省 2006 年發生化工廠爆炸，有毒物質汙染了松花江，毒水流至俄羅斯；源於中國（中國境內稱瀾滄江）的湄公河和源起於西藏的印度河（Indus）等亞洲主要河流的上游河段在中國境內受到汙染，於是禍及下游各國；中國的工業煙霧導致酸雨侵襲南韓和日本，汙染空氣和粉塵甚至有時飄過太平洋，到達美國西岸，就連遙遠的非洲森林也有受到破壞的痕跡。[34]

（3）環境評估中的利益集團「俘獲國家」（Capture State）現象

　　一個國家的生態安全有三道屏障：法律限制、環境評估與依法監管。為了保護生態環境，企業投產之前必須依法進行環境評估。但中國的環境評估存在嚴重的腐敗，作者將這種現象稱為「環境評估中的利益集團俘獲國家現象」。所謂利益集團「俘獲國家」，是西方政治學界使用的一個概念，指企業或金融集團通過遊說、賄賂等方式，影響政府或者國會，制訂有利於這些利益集團的法律、政策並讓其執行，而任何不利於這些利益集團的法律、政策則形同虛設。

　　2011 年遼寧省大連市福佳大化發生防波堤潰壩事件，導致二甲苯等劇毒化工產品外洩汙染。媒體對這一事件追蹤報導，根據國家環保部

網站上《關於 2010 年 11 月份受理建設項目竣工環境保護驗收監測和調查結果公示的通告》，發現這個福佳大化 PX 項目早在獲批試生產前十個月、國家公示環保驗收結果之前 17 個月便正式投產。在發生潰壩事件之前，當地居民便發現周邊海域的魚蝦大批死亡，曾向當地政府舉報，未獲任何回應。潰壩之後媒體調查揭示了兩點：一是這家企業是當地的納稅大戶，其 PX 項目年產值約 260 億元，可納稅 20 億元左右；二是該企業在環境評估上有腐敗行為，其 PX 項目的審批速度創國內石化行業之最，對環境風險估量不足。從環境評估到違法投產，再到事後監管，該危險品生產企業能夠在各環保執法環節上不受任何法律約束，原因在於，其部分股權有官方背景。[35]

PX 項目是一個有高汙染隱患的項目，在經濟效益和安全問題之間兩相比較，最需要審慎權衡的是地方政府。但由於地方政府負責人有任期限制，投資近百億建一個 PX 化工項目，在地方政府看來，既能增加稅收，還可以拉動整個產業鏈的發展；既能形成巨大的 GDP 增量，又可以解決就業，容易獲得好的政績考評，因此，地方政府都樂於充當 PX 項目的背後推手，所以就要求當地環保部門對這些項目（包括其他能夠帶來效益的汙染項目）的環境評估開綠燈。據中國環保部透露的數據，從 2002—2008 年 6 月，22 個省區市環保部門有 487 人被立案查處，環保系統幾名高級官員連續因「環評腐敗」落馬。[36]2015 年在國家環保部一次檢查行動中，有 63 家建設項目環評機構和 22 名環評工程師被查出存在問題。[37]

汙染企業的興旺亦與中央的經濟政策有關。從本世紀初開始，中央政府大力扶植資源型企業，以涵養稅源，於是重化工類企業大量投產。分析自 2005 年以來的中國納稅排行榜五百強，就會發現，這些納稅大戶以中央部屬重化工企業為主。重化工企業在五百強中的突出地位，正好彰顯了中國經濟發展模式的「軟肋」：能源消耗巨大，汙染嚴重，以中國人未來的生存基礎換取今天的「繁榮」。在中央政策鼓勵與地方政

府積極推行之下，環境評估形成了一條巨大的利益鏈條，項目業主、環評機構、地方政府部門等附著其上，利益交織、環環相扣，必然產生「利益集團俘獲國家」現象。

一個國家的生態安全是其最終的政治安全。世界著名環境專家諾曼·邁爾斯所著《最終的安全：政治穩定的環境基礎》一書反覆強調這樣一個觀點：國家安全的保障不再僅僅涉及軍事力量和武器，而是越來越涉及水流、耕地、森林、遺傳資源、氣候等環境因素。只要生態環境持續地受到破壞，就沒有政治經濟的最終安全。因為環境退化使生存環境惡化，生存空間縮小，並不可避免地導致國家經濟基礎的衰退，其政治結構也將變得不穩定。結果或是導致一國內部的動亂，或是引起與別國關係的緊張和衝突（中國與東南亞國家的矛盾部分緣於水資源）。[38]

中國對資源的過度抽取，包括對生態環境以竭澤而漁、透支未來的使用方式，都與中國近 30 多年以來道德倫理的淪喪有密切關係。

三、中國信用體系的全面腐蝕

一個國家的基本秩序必須從兩個層面建構，一是基本制度（包含政治制度與法律制度），二是倫理道德體系，其中包含社會成員的道德觀念、政府官員的政治倫理、各職業群體的職業倫理。法律約束是強制性的他律，在日常生活中，對人們行為起自我約束作用的主要是倫理道德規範，其中最基礎的就是信用。關於中國道德倫理的崩壞，我在《中國的陷阱》一書的第六章〈中國當代經濟倫理的劇變〉中分析過 90 年代的狀況，現在的情況當然更惡化，幾乎是國家信用體系的全面崩壞。

一個國家的信用體系由四個層次構成：個人與個人之間的信用、廠商與消費者之間的信用、社會成員與政府之間的制度信用、國與國之間的國家信用。

1、廠商與消費者之間的信任鏈條斷裂

　　我在第三章〈中國經濟高速增長的神話破滅〉中，簡略分析過中國這個「世界工廠『興於成本優勢，毀於質量低劣』」的原因。但中國廠家並未因為世界工廠衰落導致自身生存艱難而反思質量問題，產品質量問題依然如故。個體生產者銷售的各種農產品與加工食品的質量與安全成問題，在中國幾乎人盡皆知，本處只談資質較高的企業產品。2016年4月25日歐盟委員會消費者保護機構公布了2015年度歐盟「危險商品快速預警系統」（Rapex）的統計報告。報告顯示，2015年歐盟市場上共有2000多件商品被拉響了警報，其中占比最多的是玩具（27%）、服裝、紡織品和裝飾用品（17%）。從危險的類型來看，有害化學成分（25%）和可能導致受傷的危險（22%）排在最前列。最常見的包括含有鎳、鉛等有害重金屬成分的時尚飾品，以及含有磷苯二甲酸酯類（Phthalate）塑化劑的玩具等。這種塑化劑能對男性的生殖系統造成影響，尤其對幼兒危害更大。中國是危險商品的最大來源國。2015年歐盟產品安全預警系統記錄在案的危險商品中，62%來自中國。歐盟進口的商品中，中國產品的比例也是最大的。在產品安全方面，歐盟委員會面臨的另一個挑戰是跨境電子商務（簡稱「電商」）。據統計，從2006—2015年在網上購物的歐盟消費者數量上升了27%；2015年有65%歐盟居民在網上購物。隨著跨境電商的增加，越來越多的歐洲人在網上購買的商品直接來自歐盟以外，在出產地可能未經安全檢測，或檢測標準偏低。迄今為止，中國方面已對11540件產品進行了立案追蹤，並對其中3748件產品採取了善後處理。不過在許多情況下已無法找到出口或生產廠家。[39]

　　一般情況下，中國出口商品的安全性能高於供國內消費的商品，廠商對內銷商品基本上不考慮質量問題。20世紀90年代，製假造劣的廠

商以地下工廠、個體工商戶、鄉鎮企業為主；到了 21 世紀，製假造劣的廠商囊括了各種所有制形式的大型企業，甚至一些以中國為生產基地的外資企業、以出口為主的食品加工企業也加入進來。導致食品劣質化的原因很複雜：一是企業本身的責任，如河北三鹿公司在生產奶粉的過程中加入三聚氰胺等；二是食品原料受到汙染。食品原料汙染又分為三類情況，第一類是因土地受到嚴重汙染，導致該地出產的農產品含有各種致癌物質。目前中國受鎘、砷、鉻、鉛等重金屬汙染的耕地面積近三億畝，約占耕地總面積的五分之一，[40] 被重金屬汙染的糧食每年也多達 1200 萬噸；[41] 第二類汙染源於農產品生長過程中過度噴灑農藥；[42] 第三類是食品加工過程中的人為汙染，比如蔬菜種植、木耳加工成乾貨時使用硫酸銅，養殖業大量使用各種抗生素和激素等。[43]

隨著各種所有制的大企業成為製假造劣的生產主體，以及食品汙染源多樣化，中國當局對食品管理的態度發生了微妙變化，對不同企業的製劣造假採取分而治之的態度。對於外資企業的質量醜聞，當局態度比較認真，比如，美國惠氏公司的學兒樂奶粉亞硝酸鹽超標準，雀巢公司的轉基因（基因改造）奶粉與碘超標奶粉，均被禁售。但對本國「民族工業」態度則比較「仁慈」，比如，三鹿公司 2004 年曾與阜陽假奶粉事件有關，但仍被國家質檢局列為向國民推薦的八種免檢優質奶產品之一，中央各部委還將各種榮譽不斷加之於三鹿公司之身，[44] 直至釀成 2008 年的三鹿毒奶粉事件。

2、政府與國民之間的制度信任已經破產

政府取信於國民，主要依靠制度即法律保證，稱之為制度信任。從現實來看，中國政府與國民之間的制度信任已經完全破產。

中國《憲法》賦予國民的政治權利，在現實中一條都未落實。中國憲法第 35 條明確規定，「中華人民共和國公民有言論、出版、集會、

結社、遊行、示威的自由」，[45]但事實上，中國人從未享受過憲法所保障的政治權利。中國在世界新聞自由指數排名方面墊底多年，至今仍然是全世界關押記者、博客作者人數最多的國家，持續滯留於世界新聞自由的黑暗區；無國界記者（總部設於巴黎的 NGO）在 2016 年最新的報告中指出，中國在新聞自由度上居世界倒數第五名。[46]網絡自由與新聞自由及言論自由密切相關，從無國界記者在 2007 年發布「互聯網之敵」名單以來，中國政府年年榜上有名。[47]政府對新聞自由的理解越來越趨近毛澤東時代的水平，即「要麼與黨保持一致，要麼就去監獄」。

經濟方面制度信任正在崩塌的例證，莫過於影子銀行系統經營的理財產品大量破產。中國自 2008 年之後，資金開始「避實就虛」，天量的貨幣發行使得社會上形成了大量融資機會，而非銀行金融中介趁機大舉介入，在「金融自由化」、「金融創新」口號的導向下，出現了琳琅滿目的以 P2P 為代表的互聯網金融的財富管理平臺，「影子銀行」氾濫成災。據「券商中國」記者的不完全統計，目前全國至少成立了 25 家金控平臺。[48]這類金控平臺依託銀行「逐鹿天下」，其運作手法是，國有銀行通過賦權給「影子銀行」系統各種金融公司，不斷吸納各種中小儲戶投資。所謂的 P2P 是指個人通過第三方平臺在收取一定費用的前提下向其他個人提供小額借貸的金融模式，「個人」、「第三方平臺」、「小額借貸」是其中幾個關鍵詞。2015 年 10 月中國的 P2P 網貸平臺已達到 2520 家，比上年同期增長 71%。[49]

關於「影子銀行」的這些金融活動，作者在第四章中已有分析，本章只談一點，因為「影子銀行」是混業經營，行業監管空隙便成為金融欺詐活動蓬勃生發的領域，許多 P2P 業務模式變成了金字塔騙局，金融業界有行家指出，經營 P2P 業務的網貸平臺絕大多數會陷入破產，只有約二十分之一可能倖存下來。[50]2016 年民生銀行爆出 30 億元假理財產品案以及國海證券的「蘿蔔章」事件，動輒涉及逾百億資金，[51]便是近年來較大的理財產品詐騙案。

在理財產品不斷破產的過程中可以發現，「影子銀行」系統往往是銀行系統培養出來並授信的。中國金融系統的主幹是國有銀行，由政府信用背書，這些銀行為了集資，利用「影子銀行」推出理財產品，騙取中小投資者的資金；一旦「影子銀行」倒閉，國有銀行卻無須負任何責任。據「傳播大數據」發布的《2015年度我國群體性事件研究報告》與「非新聞」所做的 2015 年群體性事件統計，2015 年經濟問題高發的領域，就是群體性事件的高發領域，比如民間金融方面的群體性事件暴增，緣於大量「影子銀行」經營的理財產品破產。[52]

以上事實證明，這個政權早已不能取信於民，嚴重喪失了制度信用。它之所以存在下去，唯一的原因就是用槍桿子說話。

3、中國政府缺乏國家信用

中國政府對外的國家信用不佳，可從兩方面說明：一是加入 WTO 之後與多國經常因產品質量、知識產權問題發生各種摩擦，直到 2016 年底美國、歐盟仍然拒絕承認中國是「市場經濟國家地位」。[53]二是國際社會對中國政府缺乏信任。

西方國家自 90 年代末期開始直至 2009 年為止，主流態度是很願意相信中國，許多國家包括法國在內甚至希望中國強大，以牽制美國。間中會有一些觀察人士表示對中國的懷疑，2001 年 8 月《遠東經濟評論》（Far Eastern Economic Review）一則題為「騙子共和國」的報導，講述「中華人民共和國」（People's Republic of China）如何淪落為「騙子共和國」（People's Republic of Cheats），首度對中國的誠信表示質疑。

最能表明中國的國家誠信受到深度懷疑的事例，是對中國經濟數據的懷疑。儘管這一懷疑過去也常有冒泡，但並未形成共識。2010 年《維基解密》（WikiLeaks）曝光了一份美國駐北京大使館的密電，披露 2007 年 3 月 12 日，時任遼寧省委書記的李克強曾到美國大使官邸與

大使共進晚餐，當時李說：中國的 GDP 數字是「人造」的，因此不可靠。他說，在評估遼寧的經濟時他側重於三個數字：1. 電力消耗；2. 鐵路貨運量；3. 銀行發放的貸款金額。但即使如此，海外不少經濟分析師還是有意忽視這條消息。後來這種懷疑才慢慢擴散。2012 年 6 月 22 日《紐約時報》的一篇報導稱，地方政府要求中國的發電廠管理人員在發電量數據上造假，不讓中央如實了解經濟減緩的程度。[54]2012 年 7 月 25 日又有一篇〈不再相信中國領導人的四個原因〉在網上廣為流傳，其中提到：「一涉及到經濟運行問題，我們認為，不能再相信中國領導人。」[55]而《華爾街日報》則直接去信中南海，該報在信中表示，「從堅信中國陷入熊市的人，到看好中國的投資銀行分析師，每個人都懷疑經濟增長率是否低於官方統計數據」，因此，他們要求了解中國經濟的實際增長速度。[56]

似乎上述所有懷疑還不足以表達國際社會對中國政府的懷疑，2012 年 8 月 15 日，美國加州大學爾灣分校經濟系教授彼得‧拉法羅（Peter Navarro）完成的《致命中國》（Death by China）紀錄片在洛杉磯首映。該片長 80 分鐘，結合訪談和調查報告，揭露中國當局漠視人權，縱容黑心食品和山寨商品橫行，以及美中貿易逆差惡化，為中國百姓和整個世界帶來致命危機。[57]

2017 年 8 月 15 日，美國總統川普（Donald Trump）授權美國貿易代表調查中國政府強制美國企業轉讓技術，以及中國人盜竊美國知識產權的問題。[58]中國侵犯美國的知識產權由來已久，讓美國人十分惱火。2017 年 2 月下旬，美國知識產權盜竊委員會（Commission on the Theft of American Intellectual Property）發表一份報告，稱仿冒、盜版以及盜竊商業機密等與知識產權相關的問題，每年給美國經濟造成的損失在 2250—6000 億美元之間。其中，僅盜竊商業機密一項就令美國經濟損失 1800—5400 億美元。這一估算數字與美國國家情報總監辦公室（Office of the Director of National Intelligence）的數據接近。該機構曾於

2015 年公開宣布，電腦黑客（駭客）進行的經濟間諜活動每年給美國造成的損失高達 4000 億美元。美國認為，中國是製造這些問題的主要「元凶」，稱美國沒收的假冒商品 87% 來自中國，並指責中國政府鼓勵知識產權盜竊。[59]

因為盜竊知識產權，中國成為美國「337 調查」的頭號目標，中國媒體也承認，中國已連續 15 年成為世界上遭遇美國「337 調查」最多的國家，針對中國的調查占美國發起的全部「337」調查的比重由 2015 年的 29.4%，到 2016 年的 40.6%，再到 2017 上半年的 48.1%。[60] 這說明，美國的「337」調查正在加大對中國商品的調查力度。同時，在對中國企業的「337」調查中，顯現出領域相對集中的特點，其中技術含量最高、知識產權最密集的機電和輕工領域在「337 調查」中占比約 80%。[61]

奧運金牌一直是中國裝點盛世的主要標籤，但中國運動員卻因多人服用興奮劑而備受批評。2017 年 1 月國際奧委會宣布，因查出使用興奮劑，取消 2008 年北京奧運會上中國三名女子舉重運動員的金牌資格，中國舉重隊面臨禁賽一年的處罰；另有五名參加 2008 年和 2012 年奧運會的運動員亦被查出服用禁藥。[62]

在履行世界領導責任這方面，中國很善於利用自身作為聯合國安理會常任理事國的優勢，讓各種國際規則為自己服務。聯合國資深人權活動家菲麗絲・蓋爾（Felice Gaer）數年前在一篇專訪中說：中國政府很擅長威脅非政府組織及小國政府，讓它們保持緘默；如果某位代表對中國有所批評，中國通常會施之以恐嚇威脅的報復手段作為回應，包括毀掉某個外交官的事業。丹麥曾於上世紀 90 年代在人權委員會提出了一項針對中國的決議。此後中國一方面孤立丹麥，另一方面對該國施以貿易制裁和其他威脅手段，結果丹麥被迫在第二年表示退讓。出席人權會議的民間組織代表往往遭到中國用警告、敵意攝像和公開斥責等手段加以威脅。大多數國家或者組織都會在中國咄咄逼人的攻勢下妥協退讓，

只有美國仍然堅持坦率地提出一些問題，比如會在人權理事會的定期審議過程中提到具體人名和人權案例。[63]

　　除了在聯合國人權機構那些飽受非議的所作所為之外，中國在國際事務中經常發揮壞作用。中國曾非常驕傲地在國內媒體上宣稱，自己在聯合國有八次說「不」的「光榮」經歷，其中包括 2012 年 2 月 4 日與俄羅斯聯手在聯合國安理會就敘利亞問題決議草案表決中投否決票。[64]這次否決票的後果非常惡劣，導致國際社會無法對敘利亞進行干預，讓 ISIS 在混亂中誕生，成為世界禍源。

　　凡中國取得領導權的國際組織，總有部分功能無法正常運作。比如，2016 年 4 月中國接任 G20 主席國，就暫停了一個國際反腐敗工作組 B20 的工作，導致全球打擊避稅天堂的努力受到挫折。[65]也正因為中國的國家信用不佳，中國想在亞太地區謀取區域領導權的夢想，一直遭到亞太國家的抵制。在中國崛起之後，中國的亞洲鄰國曾一度腳踩兩隻船，希望「經濟發展靠中國，政治安全靠美國」；但在中國咄咄逼人的姿態之下，這些國家最後只好籲請美國重返太平洋，與中國之間終於演化成今天南海海域的緊張態勢。

　　正因為中國的國家信用不佳，北京為了營造美好的國際形象，聘請偉達（Hill+Knowlton）、凱旋（Ketchum）、奧美（Ogilvy Public Relations）、福萊（Fleishman Hillard）、愛德曼（Edelman）等五家國際知名公關公司，「幫助中國更好的與西方溝通，傳播中國好聲音」。[66]此舉說明，北京想投注大本錢，為「敗絮其中」的中國在國際社會謀個「金玉其外」。但是，一個國家的「好國際形象」，靠的不是好聲音，而是這個國家的「好行為」，一個不遵守國際規則的國家，是無法得到尊重的。

　　中國社會的人際關係早就形成了以鄰為壑的特點。農村地區多種犯罪活動就發生在鄰居、親戚之間，大行其道的傳銷活動均以熟人、朋友、親屬、配偶為詐騙對象，所謂的「殺熟」更是最好的例證。[67]

四、中國維穩面臨的財政壓力

中國政府的「維穩」工作內涵經歷過一段演化，到習近平擔任中共總書記之後，「維護穩定」被提升為「維護國家安全」，2014年4月習近平宣布了新型國家安全觀，包含11項安全，也就是集政治安全、國土安全、軍事安全、經濟安全、文化安全、社會安全、科技安全、信息安全、生態安全、資源安全、核安全為一體的國家安全體系。通觀這11項安全，其實核心就在於政治安全。所謂「政治安全」，在中共話語系統裡其實就是中共執政權的安全，其他各種安全都是為中共執政權安全而服務的。從世紀之交開始建立並逐步充實的維穩模式，就是為政權安全而逐步升級的。[68]

1、一個由告密者與線人構成的龐大維穩網絡

中共維穩模式的形成與定型，前後經歷了十多年。由於社會反抗（即中國官方指稱的「群體性事件」）日漸增多，2000年5月11日中央維護穩定工作領導小組辦公室（簡稱中央維穩辦）成立，此後從中央政府到省、市、縣直到鄉和街道一級，乃至國有大企業內，都設置了「維穩辦」。從此，中國各級政府多了一項專項工作，即「維穩」；政府開支也多了一種專項支出，即「公共安全支出」（又稱「維穩費用」）。到2009年，中國地方政府的工作重心發生了微妙變化，從「發展是第一要務」，變成了「發展是第一要務，維穩是第一責任」，考核政府官員的政績時，「穩定」成了比GDP數字更重要的考核指標。

「維穩辦」的主要工作任務是掌握社會動態，並將各種「問題」消滅於萌芽之中。維穩體系包含輿論監控、負責搜集情報的信息員密報制度、派遣線人滲透反對者群體，並將以「六張網」為特點的監控網絡當

作社會常規監控模式。

中共的輿論監控系統遠比前網絡時代複雜精密，除了對傳統媒體、電視、電臺的控制之外，重點放在監控互聯網方面。由於互聯網技術不斷在發展，中共的監控技術也不斷升級，為公眾所熟知的是網絡評論員與輿情監測兩項。據中國網友考證，中國的網絡評論員制度開始於 2006 年，由南京大學創設。該校校方在關閉小百合 BBS、同時開設南京大學 BBS 之後，指令學生會幹部及一部分「上進」學生擔任網絡評論員（簡稱「網評員」），將其「納入學校勤工助學體系，根據每月的考評結果發給適當的勤工助學補助」。這些網評員的主要職責是，在「南京大學電子論壇通過發帖，發布正面信息，跟帖回應抵制、消除負面信息，引導輿論並將重要信息及時上報學校網絡管理工作領導小組辦公室」。[69] 隨後，各個學校紛紛仿效，競相招聘網絡評論員。江蘇省宿遷市、浙江省台州市、安徽省合肥市等也開始聘請網評員，讓他們以普通網友的身分，引領「正確導向」，普及「黨和政府的方針政策」。由於網評員的報酬是每發一條帖給付 0.5 元人民幣（即五毛錢），中國民間將其稱為「五毛」。五毛數量有多少？無人掌握準確數據，估計有數百萬甚至逾千萬之多。2016 年哈佛大學三位學者發表了有關網評員的研究報告。報告估計，被稱呼為「五毛黨」的網評員每年在網絡上發表高達 4.88 億條留言，約每 178 個留言中就有一條是網評員的留言；這些留言中有大約 52.7% 發布到政府網站內，其餘則在商業網站上發布，例如微博等社交平臺。[70]

比五毛高級一點的是網絡輿情分析師。據官方資料，「網絡輿情分析師」這一職業誕生於 2008 年（與 2008 年北京奧運籌備工作編織的「六張網」工程有關），服務對象是政府機關、企事業單位和社會組織（即工會、共青團、婦聯）等職能機構。「網絡輿情分析師」的工作範圍與「五毛」不同，其任務是負責搜集網民觀點和態度，整理成報告，遞交給決策者，從業人員多達二百萬人。輿情分析師報酬優厚，共分成四級，

最低月薪 6000—8000 元。如果按照四級的人數與工資取中位數，至少人均 10000 元月薪，全國每年為這個行業支付的工資就高達 2400 億元左右。這還不包括他們使用的軟件（軟體）與設備費用，據說這些費用也相當昂貴：「一般的輿情監測軟件，包年的價格從五萬元到幾百萬元不等。」[71]

一個能夠讓二百萬人從事的行業，其規模已相當可觀，中國皮具業、電子商務行業、動漫遊戲產業都是二百萬人的就業規模。不同於後三個產業的是，輿情監控產業並不創造價值，只為政府提供監控服務，是一個消耗納稅人上交的稅收並監控納稅人的產業。

監控產業形成於江澤民統治時期，最初叫做「金盾工程」，1999年 9 月正式投入使用。金盾工程名義上是公安自動化系統，實為一個全方位網絡封鎖和監視系統。最先在西方揭開金盾工程黑幕的是格雷格・沃爾頓（Greg Walton），他 2001 年發表的〈金盾工程：龐大的中國電訊監控工程揭秘〉，[72] 揭開了中國使用高科技手段，將中國變成喬治・奧威爾筆下的《1984》世界：金盾工程這個「老大哥」將時時刻刻「照看」著中國人民。

這種監控在胡錦濤時期不斷完善，發展到習近平時期達到極致，這與習近平的工作經歷有關。在習近平作為中共領袖「接班人」升任國家副主席、中共政治局常委之後，他曾被賦予一項重任，即擔任 2008 年北京奧運會、殘奧會籌備工作領導小組組長，時任公安部部長孟建柱是副組長。奧運會結束後，孟建柱在中共中央機關刊物《求是》雜誌發表長文，大談如何加強政府部門處置「群體性事件」的能力，其中特別提到要加強「六張網」的建設。所謂「六張網」是指街面防控網、社區防控網、單位內部防控網、視頻監控網、區域警務協作網和「虛擬社會」（網絡）防控網。中國當局希望通過這「六張網」，織成一張防止一切反抗的天羅地網，「實現對動態社會的全方位、全天候、無縫隙、立體化覆蓋」。這「六張網」只是常規監控，每逢有慶典或者需要防範的一

些特殊日子，比如「兩會」、「六四」期間等等，當局還要再啟動「奧運安保模式」，除了讓警察扮裝成便衣，與巡防隊員、保安員等職業隊伍全部上街之外，還動員「志願者」如街道基層組織居民委員會的治保積極分子、單位「門前三包」人員等「社會力量」，用「人民戰爭」的方式消滅一切可能的反對力量。[73]

除了五毛、輿情分析師之外，中共的維穩系統還擁有龐大的線人網絡，例如在大學、中學、企事業單位、鄉村都廣設「信息員」（即告密者）。以全國數千所高等院校為例，招聘信息員的廣告在大學網站上隨處可見，連工作任務都逐項列明。有些學校的線人數量相當龐大，比如西安理工大學全部在校學生共 26000 餘人，僅在學生中就招聘了 2627 名安全信息員，並在師生員工中發展了 65 名「特別信息員」，約每十個學生中就有一名線人。[74] 內蒙古開魯縣縣長助理、公安局黨委書記、局長劉興臣在接受新華社記者採訪時說，該縣通過「三個一工程」建立了一個巨大的線人網絡，可以對任何異議及反抗保持「高度敏感」。全局民警及協警人員不分警種、不分崗位，每人在社區、村屯、行業單位、複雜場所等布建 20 名信息員，共 10000 名；在此基礎上，刑偵、經偵、國保、網監、治安及派出所一線實戰部門每名民警至少布建 5 名耳目，共 1000 名；刑偵、經偵、國保部門每名民警至少布建 4 名刑事特情，共 100 名。劉興臣開列的線人數據如下：由開魯縣公安局掌握的線人高達 12093 名。該縣共有 40 萬人口，在這 40 萬人口當中，減去約占人口四分之一的 18 歲以下未成年人，相當於每 25 個成年人當中至少布有一名「線人」在盯著。[75]

英國《每日電訊報》曾發表一篇〈中國政府養了大批密探〉，該文介紹：「有專家稱，在中國北京、上海這類大城市或西藏、新疆這類不穩定地區的密探數量還要更多。從開魯縣的密探人數可以推測出，中國全國至少有 3900 萬線人，占總人口的 3%」，「其他中國城市已經建立了獎勵系統。在深圳，有超過 18730 英鎊（約合 20 萬元人民幣）在

一個月中作為線人舉報 2000 餘條犯罪線索的獎勵而被發放出去。」即每一條信息 100 元人民幣。[76]

2、「維穩」開支超軍費，內敵多於外敵

在社會反抗增多、維穩機構正規化的同時，中國的維穩經費快速增長，使中國成為世界上公共安全開支最多的國家之一。為了說明中國政府巨大的維穩開支，研究者通常將維穩費用與軍費相比較。2009 年的 5140 億維穩經費已接近同年軍費開支 5321 億元；2011 年的維穩費用是 6244 億元，超過同年的軍費開支 6011 億元；2012 年維穩費用為 7078 億元，軍費則為 6703 億元；2013 年的維穩費用為 7691 億元，軍費為 7202 億。[77]維穩費用高於軍費這一實況，直到 2015 年才稍有改變，2015 年軍費為 9114 億元，維穩經費是 8899 億元，這是 2009 年以來中國的維穩費用首次比軍費少。[78]

如前所述，中國的社會反抗主要緣於各級政府對資源的過度抽取，因此，維穩與經濟發展形成了一個怪圈：地方官員需要 GDP 作為政績，不得不大量上馬各種項目，最容易賺錢的項目莫過於房地產與汙染工業；但房地產開發必然涉及徵地和拆遷，工業汙染會引發當地居民的環境維權活動。因此，經濟越發展，產生的官民矛盾越多，維穩的任務越繁重，維穩開支就越龐大。市縣級地方政府普遍感到維穩經費吃緊。2011 年 11 月廣東汕尾烏坎村村民因政府強徵土地而持續抗爭數月之久，汕尾市政府為該村的「維穩」花了不少錢。市委書記鄭雁雄在內部講話中大歎「苦經」：「你以為請武警不用錢啊，好幾百個武警、警察駐在這裡，我們邱市長的錢包一天一天地癟下來了。」[79]

中國官方公布的統計數據顯示，「維穩」經費的來源，中央與地方大概維持三七開的比例，中央承擔 30%，地方承擔 70%。經濟落後地區在「維穩」方面的經濟壓力要遠遠大於發達地區，很多省份因「維

穩」開支而負債。[80] 在中國經濟依賴房地產高速發展時期，地方財政狀況尚好，可勉強負擔維穩費用。自 2009 年以來地方財政減收，為了解決地方財政困難，中央政府不得不代全國 31 個省市的地方政府發行數千億三年期債券，以維持地方財政運轉。2012 年 3—8 月共有 2100 多億元債券到期，但地方政府無法償還，只能玩借新債還舊債的把戲。[81]

3、地方政府的雙重角色：社會動亂的製造者與維穩者

本書作者將地方政府形容為「社會動亂的製造者」，是出於以下事實：地方政府是徵地拆遷活動中的利益相關者，政府通過對土地先徵後賣，抽取增值部分作為地方財政收入。2010 年全國土地出讓金占地方財政收入的比例高達 76.6%，[82] 中國的腐敗官員當中有 80% 與土地有關。[83] 這兩個數字揭示的事實是：沒有土地出讓金，地方政府的財政便塌了大半邊天；如果不能發土地財，官員們的腐敗收益會大為減少。至於地方政府保護汙染企業、形成共犯結構背後的利益驅動，前面已經分析過。由此可見，這些因徵地、汙染所引起的糾紛與反抗，真正的肇事者其實就是地方政府；但地方政府擁有當地的行政權、司法權，隨時可使用暴力機器鎮壓人民。大量事例可證，當利益受損的民眾試圖通過法律訴訟討公道時，或者是當地法院不給立案，或者是花費大量精力財力後仍然敗訴。如果民眾被迫發動反抗，幾乎都是以地方當局出動警察暴力鎮壓、並栽上各種罪名將領頭者逮捕入獄判刑為終結。

將上述事實的邏輯關係理清楚之後，事實簡單得如此可怕：中國各級地方政府本身就是各種社會矛盾的製造者，是公共安全的最大威脅。「維穩」在中國已經成為一根粗大的產業鏈條。鏈條的上端是地方政府的掠奪，通過徵地、拆遷、汙染來保持稅收與財政收入；中端是截訪、打壓，控制輿論、宣傳與告密者；末端是司法系統、精神病院與監獄。值得注意的是，中國仿效前蘇聯的做法，將思想罪當作精神病，公然將

「價值觀念混亂甚至解體造成普遍的無所適從感，社會嚴重分化造成的心理失衡，以及人的期望與實際的落差增加等」列入「精神病」範疇。[84] 這條新興的維穩產業鏈，為中國各級政府官員及其親屬提供了一個巨大的利益分配機會，上至中央部委，中至地方政府，下至窮鄉僻壤，莫不附在這一利益鏈條之上。

2016 年 3 月，中國政府宣布，對「維護國家安全」網絡中的關鍵性鎮壓力量（武裝警察）的運行體制實行改革：三年內停止武警的一切有償服務；地方政府不再擁有直接調用武警的權力，只能動用普通警察；如果群體性事件規模過大，地方警力不夠時，才能上報中央調用武警，[85] 這一改變減少了地方政府對中央瞞報地方群體性事件的可能性；與此同時，中央政府還調整了中央與地方的財政關係，規定公共安全屬於國家安全範疇，其支出由中央負責，不再撥付資金給地方政府，此舉則削弱了地方政府的維穩食物鏈。

從維繫中國社會生存的「四根支柱」的現狀來看，其中生態系統與倫理道德系統已嚴重潰敗，沒有可能在一兩代人的時間內修復，就業問題已經成為中國人的一個噩夢。中國社會之所以沒有發生大規模動亂，只是因為政府的強管制能力在維繫社會。習近平非常清楚，政權的穩定有賴於槍桿子，故此特別注重提高軍人待遇。自 2016 年 6 月軍隊加薪之後，最低階的士官每月薪水高達 5750 元，副連級 10470 元，正連級 11390 元，副營級 12340 元，正營級 13820 元；副團級 17600 元，正團級 21270 元；副師級 25640 元；正師級 30070 元。[86] 儘管有人認為，中國軍隊的薪酬水平不及美國，但承認遠遠高於中國黨政機關。現階段，與團級軍官同級別的縣委書記月薪在 3000—5000 元之間，由此可見，中國當局對軍隊、武警這類維穩工具的投入之大。

英國作家喬治·奧威爾曾寫過一部政治諷刺小說《1984》，這部傑作名列世界三大反烏托邦的政治諷喻小說之一。書中的大洋國處於永久的戰爭狀態，因此建立了無所不在的政府監控和公眾操控系統，最頂端

是一位至高無上的「老大哥」；「老大哥」依靠特權階層的核心黨員（Inner Party），控制全社會，將一切獨立思考列入「犯罪思想」並予以打擊。當今的中國社會，在維穩體制操控下實際上早就成為《1984》的現實版。

註 ————

1 徐凱、陳曉舒、李微敖，〈公共安全賬單〉，《財經》雜誌，2011 年第 11 期，http://magazine.caijing.com.cn/2011-05-08/110712639.html.

2 2008 年數據見：John Lee, "If Only China Were More Like Japan", 美國《商業周刊》，2010 年 8 月 31 日，http://www.businessweek.com/globalbiz/content/aug2010/gb20100831_989060.htm#p2.

3 〈投資實業辛苦，導致投機行為增加〉，新浪網，2011 年 7 月 4 日，http://news.sina.com.cn/c/sd/2011-07-04/144522753694.shtml.

4 傳播大數據，〈網際網路形塑群體性事件，處置一元化框架有待探索——群體性事件輿情年度報告〉，壹讀網，https://read01.com/QA4O46.html.

5 《2015 年中國群體事件統計》，非新聞，https://newsworthknowingcn.blogspot.jp/2016/01/2015.html.

6 〈中國維權網站六四天網、非新聞獲「無國界記者」組織新聞自由獎提名〉，自由亞洲電臺，2016 年 10 月 26 日，http://www.rfa.org/mandarin/yataibaodao/meiti/xl2-10262016103900.html.

7 〈2016 年上半年群體性事件網絡輿情報告〉，輿情日報，2016 年 7 月 15 日，http://www.yuqingribao.com/article.php?name=20160715164007；〈滬非法集資案高發 犯罪方法傳銷化模式化輻射面大〉，中國網，2017 年 6 月 29 日，http://sh.chinadaily.com.cn/2017-06/29/content_29926234.htm；〈北京非法集資案件井噴式增長 研究建議區別對待〉，財新網，2017 年 7 月 29 日，http://china.caixin.com/2017-07-29/101123896.html.

8 〈城市拆遷等五方面問題成信訪工作重點〉，中國新聞網，2007 年 3 月 28 日，http://www.chinanews.com.cn/gn/news/2007/03-28/902760.shtml.

9 何清漣，〈中國失地農民知多少〉，原載於何清漣 VOA 博客，2011 年 1 月 9 日，http://voachineseblog.com/heqinglian/2011/01/chinese-farmers-lost-their-land/.

10 沈曉傑，〈城鎮居民「房情」大盤點：官員「說大了」人均住房面積〉，新華網，2007 年 10 月 8 日，http://news.xinhuanet.com/house/2007-10/08/content_6845540.htm.

11 陳蘇，〈中國獲今年最嚴重違反住房權獎〉，VOANEWS，2005 年 11 月 29 日。http://

www.freexinwen.com/；希望，〈人權組織：中國為奧運強迫百萬人搬遷〉，自由亞洲電臺，2007 年 12 月 6 日，http://www.rfa.org/mandarin/shenrubaodao/2007/12/06/aoyun/.

12 〈最高檢：涉農扶貧犯罪兩年查辦 2.8 萬人〉，人民網，2015 年 7 月 22 日，http://politics.people.com.cn/n/2015/0722/c1001-27341507.html.

13 人民網輿情監測室輿情分析師何新田等，〈今日輿情解讀：治理村官腐敗還須推進基層治理現代化〉，人民網，2014 年 11 月 6 日，http://yuqing.people.com.cn/n/2014/1106/c212785-25989063.html.

14 張洪英，〈公共品短缺、規則松弛與農民負擔反彈——湖南省山腳下村調查〉，《調研世界》，2009 年第 7 期。

15 〈最高檢：涉農扶貧犯罪，兩年查辦 2.8 萬人〉，人民網，2015 年 7 月 22 日，http://politics.people.com.cn/n/2015/0722/c1001-27341507.html.

16 劉鑑強，〈環境維權引發中國動盪〉，中外對話，2013 年 2 月 1 日，https://www.chinadialogue.net/authors/1085-Liu-Jianqiang.

17 楊東平，〈十字路口的中國環境保護〉，《2005 年：中國的環境危局與突圍》，中國網，2006 年 3 月 22 日，http://www.china.org.cn/chinese/zhuanti/hjwj/1161880.htm.

18 革繼勝，〈環保民生指數 2006 出爐，環境投訴去年增三成〉，《北京娛樂信報》，2007 年 1 月 16 日。

19 見註 16。

20 星火記者聯盟，〈深度：中國失業率，被掩蓋的真相〉，新浪財經，2017 年 6 月 7 日，http://cj.sina.com.cn/article/detail/1010236564/275893.

21 劉虹橋，〈中國被汙染耕地數字翻番，約 3.5 億畝〉，財新網，2014 年 4 月 17 日，http://china.caixin.com/2014-04-17/100666834.html.

22 〈中國會因北京缺水而遷都嗎？〉，《中國環境報》，2001 年 3 月 1 日，http://old.hssyxx.com/zhsj/kexue-2/zutiweb/zu26/01/20.files/k042201.htm.

23 四眾環保，〈我們身邊的水汙染你了解多少？〉，每日頭條，2017 年 5 月 11 日，https://kknews.cc/health/lp86mqg.html.

24 見註 23。

25 〈羅錫文院士稱，全國 3 億畝耕地受重金屬汙染威脅〉，《經濟參考報》，2013 年 6 月 17 日，http://news.sciencenet.cn/htmlnews/2011/10/253662.shtm；〈土壤重金屬汙染集中多發，多地出現「癌症村」〉，2011 年 10 月 14 日，http://news.qq.com/a/20111014/000497.htm.

26 錢煒、王臣，〈中國癌症現狀：每天 8550 人成為癌症患者〉，中國新聞周刊，2013 年 4 月 7 日，http://news.ifeng.com/shendu/zgxwzk/detail_2013_04/07/23935298_0.shtml.

27 呂宗恕、唐靖，〈中國地質科學院、地質環境監測院權威專家警示：還有多少個「舟曲」潛伏？〉，《南方周末》，2010 年 8 月 12 日，http://www.infzm.com/content/48811/0.

28 陳中、陳初越，〈潘岳：中國正在變成世界垃圾場〉，《南風窗》，2005 年 2 月 24 日，http://www.china.com.cn/chinese/OP-c/794363.htm.

29 〈潘岳：環境立法雖多但還只停留在理想主義層面〉，新華網，2006 年 7 月 13 日，http://news.xinhuanet.com/environment/2006-07/13/content_4824946.htm.

30 龐溟、杜韻竹，〈中國官場升遷指數分析：市長們怎樣升官〉，財經網，2013年5月23日，http://politics.caijing.com.cn/2013-05-23/112816298.html.

31 〈媒體調查基層環保局：汙染企業成為其收入來源〉，新華網，2013年4月16日 http://news.xinhuanet.com/yuqing/2013-04/16/c_124587694.htm.

32 〈經濟半小時：偷排暗流染醴泉〉，央視網，2013年6月5日，http://jingji.cntv.cn/2013/06/05/VIDE1370365558609873.shtml.

33 林娜，〈官員：中國汙染，洋人有責〉，《中外對話》，2013年3月14日，https://www.chinadialogue.net/blog/5801-Official-blames-foreigners-for-China-s-pollution/ch.

34 Emma Graham-Harrison, "China Adds Pollution to List of Exports," Reuters, January10, 2006.

35 尹一傑、楊志錦，〈福佳大化身分之謎：大連PX項目面臨搬遷難題〉，《21世紀經濟報導》，2011年8月11日，http://finance.sina.com.cn/chanjing/gsnews/20110811/031110297415.shtml.

36 〈環評領域腐敗頻發，63家環評機構頂風違規被查處〉，《京華時報》，2015年3月7日，http://www.chinanews.com/m/ny/2015/03-07/7109411.shtml.

37 〈環保部門權力凸顯，成腐敗易發多發「高危地帶」〉，《瞭望新聞周刊》，2009年4月27日，http://fanfu.people.com.cn/GB/64374/9199222.html.

38 Norman Myers, *Ultimate Security: The Environmental Basis of Political Stability*, W. W. Norton & Company, 1993.

39 〈歐盟2015年進口的「危險商品」62%來自中國〉，《歐洲時報》，2016年4月26日，http://www.oushinet.com/europe/other/20160426/228584.html.

40 諶旭彬，〈調查史回顧：中國土壤汙染、地下水汙染究竟嚴重到了何種地步？〉，短史記，2017年4月21日，https://mp.weixin.qq.com/s/1hO0raIVQ0ar-vvrPYFeoQ.

41 謝慶裕，〈內地重金屬年汙染糧食1200萬噸，足夠養活珠三角〉，2011年4月1日，http://news.ifeng.com/mainland/detail_2011_04/01/5508311_0.shtml.

42 楊猛，〈過度化肥農藥威脅中國農業〉，中外對話，2012年7月9日，https://www.chinadialogue.net/article/show/single/ch/5153-The-damaging-truth-about-Chinese-fertiliser-and-pesticide-use.

43 〈中國養殖業，抗生素濫用令人憂〉，德國之聲，2013年2月12日，http://p.dw.com/p/17co5.

44 維基百科，〈2008年中國奶制品汙染事件〉，https://zh.wikipedia.org/wiki/2008%E5%B9%B4%E4%B8%AD%E5%9B%BD%E5%A5%B6%E5%88%B6%E5%93%81%E6%B1%A1%E6%9F%93%E4%BA%8B%E4%BB%B6.

45 《中華人民共和國憲法》，http://www.people.com.cn/GB/shehui/1060/2391834.html.

46 莫雨，〈全球新聞自由退步，中國繼續倒數第五〉，美國之音，2017年4月27日，https://www.voachinese.com/a/world-press-freedom-20170426/3826970.html.

47 周羿伶，〈記者無國界：中國與互聯網為敵〉，2013年3月13日，https://www.voachinese.com/a/china-is-listed-as-one-of-the-enemies-of-internet-20130312/1620137.html.

48 〈中國最強金融控股集團拿多少張牌照？除了中信、光大、平安，還有22家來勢凶猛〉，搜狐財經，2016年9月16日，http://www.sohu.com/a/114448022_481572.

49 何帆，〈中國的影子銀行：不斷在轉型〉，財新網，2015年12月10日，http://pmi.caixin.com/2015-12-10/100884471.html?NOJP.

50 劉冬，〈P2P破產潮將延續，新年第一周兩家觸雷〉，騰訊網，2014年1月6日，http://finance.qq.com/a/20140106/001600.htm；〈陸金所董事長：絕大多數中國P2P平臺會破產〉，2015年4月16日，搜狐財經，http://business.sohu.com/20150416/n411367626.shtml.

51 〈民生銀行爆出三十億元「假」理財產品 牽涉「飛單」和「蘿蔔章」〉，《華爾街見聞》，2017年4月17日，https://wallstreetcn.com/articles/3004749.

52 〈2015年我國群體性事件研究報告〉，壹讀網，2016年3月17日，https://read01.com/QA4O46.html https://read01.com/QA4O46.html；非新聞，《2015年中國群體事件統計》，https://newsworthknowingcn.blogspot.jp/2016/01/2015.html.

53 斯洋，〈美歐為什麼還不承認中國「市場經濟地位」？〉，美國之音，2016年12月13日，https://www.voachinese.com/a/china-wto-market-economy-20161212/3633967.html.

54 〈紐約時報：中國統計數據掩藏經濟深度放緩〉，阿波羅新聞網，2012年6月24日，https://www.aboluowang.com/2012/0624/251054.html.

55 Tyler Durden, "4 Reasons Why You Should Stop Believing In Chinese Leadership," Jul 26, 2012, http://www.zerohedge.com/news/guest-post-4-reasons-why-you-should-stop-believing-chinese-leadership.

56 〈從非官方數據看中國經濟〉，《華爾街日報》，2012年8月12日，http://cn.wsj.com/gb/20120813/rec143336.asp.

57 〈致命中國〉- Death by China (in English), https://www.youtube.com/watch?v=RYlPSi0LpPU.

58 布雷德邁爾、莫雨，〈川普下令審查中國竊取知識產權行為〉，美國之音，2017年8月15日，https://www.voachinese.com/a/news-trump-china-trade-20170814/3985396.html.

59 〈美國因知識產權盜竊年損失至多六千億美元〉，新浪網，2017年2月27日，http://finance.sina.com.cn/stock/usstock/c/2017-02-27/doc-ifyavvsk3713048.shtml.

60 〈美國近半數337調查針對中國 多數中國企業應訴失敗〉，《經濟觀察報》，2017年6月23日，http://finance.sina.com.cn/china/gncj/2017-06-24/doc-ifyhmpew3196028.shtml.

61 李玥，〈中國企業在專利海外戰場的用兵之道〉，搜狐網，2016年7月12日，http://www.sohu.com/?strategyid=00005.

62 〈當年服藥參賽，如今被奪金牌〉，2017年1月13日，http://p.dw.com/p/2VkFe.

63 〈在人權問題上與中國的交手：聯合國的迷宮——中國人權專訪菲麗斯‧蓋爾〉，中國人權論壇，2010年10月29日，http://www.hrichina.org/chs/content/3661.

64 〈中國在聯合國八次說「不」〉，新京報網，2012年2月12日，http://www.bjnews.com.cn/world/2012/02/12/181983.html.

65 〈中國暫停了一個20國集團的反腐敗工作組〉，BBC，2016年4月20日，http://www.

bbc.com/zhongwen/simp/world/2016/04/160420_china_g20_anticorruption.

66　〈路透社：西方公關公司競爭「講好中國故事」〉，BBC，2016 年 4 月 22 日，http://
　　www.bbc.com/zhongwen/simp/china/2016/04/160422_china_public_relations_pr_west.

67　江蘇省如皋市公安局，〈淺談非法傳銷犯罪的發展特點、打擊方向及防範對
　　策　〉，2013 年 9 月 30 日，http://www.njga.gov.cn/www/njga/2010/gaxw4-mb_
　　a39130930323538178.htm.

68　〈習近平：堅持總體國家安全觀走中國特色國家安全道路〉，新華網，2014 年 4 月 15 日，
　　http://news.xinhuanet.com/politics/2014-04/15/c_1110253910.htm.

69　〈南京大學小百合 bbs 論壇復建情況〉，南京大學考研網，http://www.nandakaoyan.
　　com/yuanxijieshao/xx/8116.html.

70　Gary King, Jennifer Pan, Margaret E. Roberts, "How the Chinese Government
　　Fabricates Social Media Posts for Strategic Distraction, not Engaged Argument,"
　　https://gking.harvard.edu/50C.

71　〈網絡輿情分析師成官方認可職業，從業者達二百萬〉，2013 年 10 月 3 日，http://
　　news.xinhuanet.com/politics/2013-10/03/c_117587953.htm.

72　Greg Walton, "China's Golden Shield：Corporations and the Development of
　　Surveillance Technology in the People's Republic of China," Greg Walton's homepage:
　　go.openflows.org /jamyang, www.ichrdd.ca/english/commdoc/publications/
　　globalization/goldenMenu.html.

73　孟建柱，〈著力強化五個能力，建設全面提升維護穩定水平〉，《求是》雜誌社，2009
　　年 12 月 1 日，http://www.mps.gov.cn/n2255053/n5147059/c5163571/content.html.

74　田建平，〈成果巡禮：創建平安校園優化育人環境 —— 我校創建「陝西省平安校
　　園」綜述〉，西安理工大學網站，2008 年 11 月 20 日，http://xiaobao.xaut.edu.cn/
　　nr.jsp?urltype=news.NewsContentUrl&wbnewsid=98092&wbtreeid=9833.

75　唐建權，〈採訪開魯縣縣長助理、公安局黨委書記、局長劉興臣同志〉，新華網，2009
　　年 8 月 28 日，http://www.nmg.xinhunet.com/zt/2009-08/28/content_17535202.htm.

76　Malcolm Moorein, "Chinese Police Admit Enormous Number of Spies," Shanghai, Feb
　　09, 2010, http://www.telegraph.co.uk/news/worldnews/asia/china/7195592/Chinese-
　　police-admit-enormous-number-of-spies.html.

77　徐凱等，〈公共安全賬單〉，《財經》雜誌，2011 年第 11 期，http://magazine.caijing.
　　com.cn/2011-05-08/110712639.html；〈中國公共安全支出超軍費，不用大驚小怪〉，新
　　華網，2011 年 4 月 7 日，http://mil.huanqiu.com/observation/2011-04/1612496.html；
　　陳志芬，〈兩會觀察：中國軍費和「維穩」開支〉，BBC 中文網，2014 年 3 月 5 日，
　　http://www.bbc.com/zhongwen/simp/china/2014/03/140305_ana_china_npc_army；〈中
　　國歷年軍費一覽〉，網易，2014 年 3 月兩會專題，http://news.163.com/special/junfei/.

78　〈2016 年中國軍費預算增幅降低〉，德國之聲，2016 年 3 月 4 日，http://dw.com/
　　p/1I73O.

79　方方，〈當局見村民後烏坎村問題真的解決了嗎？〉，美國之音，2011 年 11 月 22 日，
　　http://www.voanews.com/chinese/news/20111222-China-Wukan-problems-136072303.

html.

80　謝岳，〈地方政府天價「維穩」將拖垮地方財政〉，愛思想網，2010 年 10 月 27 日，
http://www.aisixiang.com/data/36939.html.

81　〈財政部拒延到期地方債，地方政府扎堆借新還舊〉，經濟觀察網，2012 年 6 月 2 日，
http://www.eeo.com.cn/2012/0602/227613.shtml.

82　〈2010 年土地出讓金占地方財政收入的比例高達 76.6%〉，《南方周末》，2011 年 1 月
14 日，http://www.infzm.com/content/54644.

83　〈專訪國土部副部長：十個貪官八個跟土地有關〉，新浪網，2005 年 7 月 4 日，http://
bj.house.sina.com.cn/news/yjgd/p/2005-07-04/105782301.html.

84　〈研究顯示，中國精神病患超 1 億，重症人數逾 1600 萬〉，《瞭望新聞周刊》，2010
年 5 月 30 日，http://news.xinhuanet.com/politics/2010-05/30/c_12158168.html.

85　徐國華，〈中央軍委部署軍隊和武警部隊全面停止有償服務工作〉，中國軍網─解放軍
報，2016 年 3 月 27 日，http://www.81.cn/jwzb/2016-03/27/content_6979008.htm0.

86　〈提士氣定軍心 解放軍全面加薪細節曝光〉，多維新聞網，2016 年 6 月 22 日，http://
news.dwnews.com/china/news/2016-06-22/59747987.html.

中國的
地方治理困境

中國的地方治理困境是多重的，一是體現在中央政府對基層社會的控制力弱化，鄉縣級政權已經墮落成中共基層黨委與黑社會、鄉村流氓共同治理；二是體現為香港與少數民族地區對中央政府離心離德，其中新疆維族的「東突厥斯坦化」（近年該族不少人投奔 ISIS）以及西藏在海外的藏獨勢力的活動，幾乎成了北京的心腹之患。

中國內地的治理困境將從各方面深刻地影響中國政治與社會結構的演變，決定中國未來政治演變的方向，香港、新疆、西藏等地的政治演變將從屬於中國內地的政治演變。

一、縣城的「政治家族」與三種勢力

至今中國一半以上的人口仍然生活在農村，漂蕩在大小城鎮的「農二代」甚至「農三代」的戶籍也還在農村，農村的情況關係到中國的根本。

1998 年我曾在《現代化的陷阱》一書第九章〈社會控制的多元化及地方惡勢力的興起〉當中，警告過中國農村地區有黑白合流隱患，即地方黑惡勢力與中共的基層組織合二為一，控制農村社會的可能。這個「預言」十年後全面實現，大概從 2010 年前後開始，中國的媒體開始

高密度地談農村問題，結論是，「每個人的家鄉都在淪陷」，淪陷的程度或有區別，但警察、基層政府與黑社會之間結成保護與被保護的關係，卻是每篇文章必述主題。[1]

2015 年 5 月，一篇〈中國小縣城的黑社會江湖〉[2]不脛而走。我在這裡只簡要引述其中關鍵內容：「一個縣域社會有幾十萬人口，但真正有權有勢或許只是幾百個人。這幾百個人裡面大概有二三百個科級以上幹部，然後有幾十個較有影響的各行各業的老板，再有就是幾個有頭有臉的江湖人士。」切莫以為作者描繪的只是少數縣域社會的情況。中國總共有縣級行政區 2860 個，其中 1463 個縣、117 個自治縣，幾乎絕大部分都出現縣域政治的劣化，這種劣化表現在兩方面，一是體現為家族政治，即少數家族共同壟斷了一縣黨政機關的政治權力；二是體現為政府與黑社會共同治理。

1、縣級政治的家族化現象

2011 年 9 月 1 日，《南方周末》發表了一篇頗有份量的調查報告——〈中縣「家族政治」現象調查〉，2015 年這個「中縣」被證實為河南新野縣。

該報告作者是北大社會學系博士生馮軍旗，他曾在新野縣掛職副鄉長及縣長助理，有機會觀察該縣各種盤根錯節的政治關係。[3]在該調查中作者完整地記錄了這個縣級政權系統內部各家族成員的任職關係。作者根據一個家族出「幹部」的多少，把政治家族分為「大家族」和「小家族」：一個家族產生五個人以上副科級幹部為「大家族」；五個人以下、二個人以上的為「小家族」。作者作了細緻調查後在新野縣竟然梳理出 21 家政治「大家族」和 140 家政治「小家族」，總共 161 家大小政治家族。支撐新野縣政治的就是這樣一張巨大的關係網。在種種關係中，除了血親是自然的連接紐帶，也是最強的連接紐帶外，其他都是社

會性的連接紐帶，都需要編織和維持。編織關係網的主要方式有喝酒、打牌和送禮，以及長期的互相關照。[4]

這種縣級政治資源被幾個家族壟斷的現象，早在 90 年代就已相當嚴重。2011 年《南方周末》曾登載一篇〈清遠鹽業「領導幹部之家」〉，記錄了中國另一種資源家族壟斷的現象，即大型的國有企業（行業）裡掌握資源的上層往往是一張具有裙帶關係的社會網絡。[5]

在現代政治中，一國的政治資源被某些家族成員壟斷，其實是該國社會的精英選拔機制出現了嚴重問題。縱觀中共統治近 70 年的歷史，除了在上世紀 80 年代至 90 年代前期曾出現過按「成就原則」選拔精英的短暫陽光時期之外，從未脫離按血緣選拔精英的文化窠臼。對於中國自 2010 年代中期開始回歸「身分型社會」這一危險性，我在〈從紅色接班人到官二代〉等文章中反覆提醒過。

從 21 世紀開始，中國標識身分的詞中多了「二代」一族，出身於參與中共建政的「革命幹部」家庭，稱之為「紅二代」，比如習近平、薄熙來；出身於官員家庭的稱之為「官二代」，比如溫家寶的兒子就被「紅二代」視為「官二代」。縣級政治的家族化，就是在中國向身分型社會復歸的情況下出現的。

中國的社會支撐系統從來就是一張以家族為節點的社會關係網絡。一個社會，只要還處於「身分型社會」，只要一個人的成功在很大程度上依賴「血緣」關係的便利，這個人所處之社會就不能自誇已進入「現代文明國家」（契約型社會）的行列。從第一次鴉片戰爭（1840—1842年）至今已歷 170 餘年，中國經歷過天翻地覆的改朝換代，但並沒有經歷過「從身分到契約」這個社會進步過程。這個過程有多重要？正如英國 19 世紀法律史學家亨利‧梅因（Henry Sumner Maine）所說：「至今為止，所有進步社會的運動，都是一個『從身分到契約』的運動。」一個社會的身分型特點越強，標識著這個社會保留的前現代因素越多。

2、縣級政治的黑社會化

呂德文在〈中國小縣城的黑社會江湖〉一文中指出：在官、商與黑社會這三種勢力當中，公安局是一個非常特殊的地方，它有兩個功能。一是權力的交匯點，這點很好理解，因為公安是縣城裡唯一合法掌握並可施展暴力的機構。縣政府如果要強力推行某項工作，必定要借重公安局的力量；而社會中的各方勢力如果要順利活動，也必須有公安局勢力的保駕護航。二是信息集散地，因為公安局是唯一可以毫無阻力地接觸社會各個角落的機構，它本身就是一個情報中心。

黑社會組織的黑老大們，既與當地經濟圈相熟，也與權力圈網絡有關聯，公安系統是黑社會必須籠絡之部門，因為黑社會組織經營的多是賓館、娛樂場所、建築業——這與東南亞地區包括港臺甚至日本在內的黑社會涉足行業大致相同。黑社會團體之間因競爭關係，有血拼，也有各自的組織內部規則，比如不犯命案、不與政府作對、嚴守秘密等。血拼過程中會有黑社會組織消亡，但其政府系統的保護傘在一般情況下卻安然無事。

這種情況與何清漣在〈當代中國「官」「黑」之間的政治保護關係〉[6] 一文中所分析的並無差別。這篇文章揭示了自世紀之交以來，中國各地警察與黑社會之間錯綜複雜的利益關係，該文在分析許多案例的基礎上指出，中國黑社會組織的快速擴張，與政府官員、尤其是公安部門的警察之扶持有直接關係。任何一個地區，只要一個黑社會組織長期存在，其背後就一定存在「保護傘」；黑社會組織存在的時間越長，它的「保護網絡」就編織得越嚴密，公、檢、法系統則是黑社會組織滲透的重點。[7] 從已有案例看，黑社會組織在初起時期，往往需要所在地警察的庇護；一旦警察與黑社會結成互惠關係，黑社會組織的違法犯罪活動就迅速膨脹。2004 年審判的遼寧盤錦劉曉軍黑社會組織在當地活動數

年，通過走私、盜竊、賭博、強迫交易等手段瘋狂掠奪財富，從 1993
—2000 年斂財 3894 萬元人民幣。他之所以如此猖狂且無人敢於管束，
就是因為他背後有盤錦市雙臺子區公安分局建設派出所所長劉曉明等三
名警察做其保護傘。[8] 如果說這篇文章分析的是世紀之交中國基層政治
黑社會化，那麼十年之後呂秉文在〈中國小縣城的黑社會江湖〉一文中
則指出，中國縣級政治中官黑之間的關係模式已經固化，成了中國基層
社會的一種政治生態。

二、中國鄉村淪落，失業農民工有家難歸

由於對縣級城市的政治生態不滿甚至厭惡，不少小城市與農村出身
的青年，大學畢業後寧可選擇在北京、上海等城市中做漂流一族，也不
願意回家鄉。馮軍旗在「中縣」調查中也談到，當地縣級官員子弟當中
不少人通過外出讀書而離開家鄉謀生。但外出務工的農民工們，由於城
市生活成本高昂，加上戶籍制的限制，進城務工也無法完成身分轉換，
成為城市居民。一旦失去工作，他們就得回到家鄉。對城市而言，他們
只是暫時的居住者；但是，在外生活久了的農民工以及成長於城市的農
二代、甚至農三代，其實都想逃離已經淪落的農村。

自 2013 年以來，隨著製造業企業大批倒閉、公共工程與建築業的
蕭條，中國 3 億農民工的出路再度成為話題。2015 年 7 月澎湃新聞發
表了北京工友之家呂途的文章〈迷失的 3 億新工人：待不下的城市，回
不去的農村〉。文中的「新工人」，是基於政治正確的考慮，給農民工
的一個新稱呼。文章列舉了一組數據：2014 年全國打工者共計 2.74 億
人，其中 8400 萬人從事製造業，6000 萬人從事建築業，2000 萬人從事
家政服務。全國農村留守兒童 6103 萬，流動兒童達 3600 萬。[9] 這些農
民工為什麼會面對「回不去的農村」？是他們不想回到與自己生命息息
相關的故鄉麼？當然不是，他們只是為了逃離從生態環境到精神狀態都

已淪落的家鄉，為自己尋覓一塊能夠正常生活之地。

1、中國農村凋蔽與農業生態系統瓦解

進城的農民一旦失業，由於城市生活成本高昂而無法在城市繼續生活下去；但如果真要回到鄉土，也會發現自己難以回歸。回不去的原因有多重。澎湃文章敘述時極為簡單，說是「農業生態系統在瓦解」，依靠傳統的農耕活不下去。

所謂的「農業生態系統在瓦解」，其實是「崩潰」的好聽說法。農業生態系統主要由水、土、氣候（空氣、雨水等）構成，中國農業這三大基本要素都面臨著嚴重破壞。據官方公布的數據，中國約有 3 億畝（2000 萬公頃）土地遭受鎘、鎳和砷等重金屬汙染，占全國總耕地面積 18 億畝的六分之一，這些土地主要集中在中國的長三角與珠三角等經濟發達地區。[10] 而中國的水資源問題則被概括為「兩大痛點」：水資源短缺和水汙染。《2014 中國環境狀況公報》提供的數據是政府的保守測算：近三分之二的地下水和三分之一的地面水，人類不宜直接接觸。水汙染對農業、市政工程、工業和人體健康等方面造成的經濟損失每年達 2400 億元。空氣汙染有霧霾為證，各地經常會出現黑雨、紅雨等含有各種有害汙染物的降雨。[11]

2014 年中國農業部總經濟師錢克明曾在一次國際會議上公開承認，中國每年大概要用相當於一億噸的化肥，等於每五斤糧食要用一斤化肥，超出了國際公認安全線的一倍左右，重金屬、有機物農藥的超標幅度大約是 20%。[12] 2017 年 5 月底至 6 月初環保組織在河南省新鄉市牧野區、鳳泉區隨機取了 12 個樣品送給第三方機構檢測，結果顯示，鎘含量超標從一倍到十多倍不等；記者調查發現，當地人不少都出現慢性鎘中毒症狀，有的還非常嚴重。[13]

這種狀態注定中國的農產品在國際市場上毫無競爭力。由於汙染、

生產成本上升等各種原因，中國的糧食質量次，但價格卻比國際市場高出 20%—30%。如果不是政府補貼並限制農產品進口，中國農業早就垮掉了。中國政府為什麼要限制更便宜的外國農產品進口呢？中財辦原副主任陳錫文說得很清楚，除保證供給與國際市場的競爭關係之外，「更要考慮還在農村居住生產生活的六億多農民。」[14] 其實，近十幾年來，工資性收入已成為許多農民家庭收入的主要來源；若僅僅依靠種田，即便政府補貼維持著高於國際市場價的收購價格，但因人均耕地太少，種地收入依然非常微薄，遠低於打工收入，無法維持農民家庭的生活。

自改革開放以來，中國農業占 GDP 比重不斷下降：1978 年農業占 GDP 的比重為 28.2%；中國社科院農村發展研究所公布的《中國農村經濟形勢分析與預測（2013—2014）》綠皮書顯示，2014 年第一產業（以農業為主）的增加值，在國內生產總值中比重將下降到 9.8%，進入 10% 以下的時代；[15] 該書預測，到 2018 年，中國農業占 GDP 比重將降至 7% 以下。[16] 也就是說，數億失業農民工即便想回歸農村，其家鄉已經失去支撐其回歸的物質條件。

2、村幹部普遍腐敗

與農業生態系統瓦解同樣嚴重的問題是，鄉村社會痞子化，農村基層組織村委會基本由地痞流氓式人物把持。我在 1998 年出版的《現代化的陷阱》一書中已經指出過這一點，此後的農村實況則日益惡化。2003 年開始稅費改革（取消農業稅）之後，政府放棄從農村直接提取資源的同時，也放棄了對農村社會秩序的關注，農村基層組織逐漸淪為黑惡勢力把持之地。國內媒體的相關報導與調查報告有很多，這裡以〈引導好農村特殊群體〉[17] 一文的調查為例。該文介紹，自稅費改革以來，中國農村基層組織與農民的關係由「緊密型」變為「鬆散型」，基層組織職能出現某種「空位」，一些鄉村惡勢力趁機把持了鄉村基層政

權。這種勢力約有三大類：一是農村家族勢力，這類勢力既可能幫助黨和政府化解矛盾糾紛，但管理不好也容易成為基層政權的「毒瘤」，主要原因是，大姓可以操縱基層選舉，因此只顧及本家族的利益，容易與弱勢家族發生利益衝突；二是農村宗教勢力，有些宗教勢力在導人向善方面具有一些作用，但一些邪教、流教卻危害不淺；三是農村一些刺頭、混混即鄉村痞子等逐漸活躍，通過操控基層選舉或與村幹部勾結，實現自身的政治訴求。

　　比較值得關注的是此文之結論。該文說，對這些鄉村惡勢力不能一棒子打死，建議政府要利用誘導這些勢力去管理鄉村。文章作者沒考慮的是：對這些鄉村惡勢力唯一的制約是政府權力，在政府權力面前，這些惡勢力當然會服從，因為他們深知，再惡的黑社會也鬥不過政府這臺龐大的國家機器；但這些黑惡勢力可以通過金錢等物質利益結納官員，換取官員對其在鄉村治權的認可；而面對民眾，這些強橫的鄉村痞子又怎會考慮民眾利益與鄉村的社區公共利益？

　　現階段，中央政府與鄉村的關係，其鬆散有點像民國時期。不同的是：民國時期，延續千年的鄉紳自治傳統猶在，當時雖然出現了土豪劣紳，但總體上鄉紳還保留著傳統道德，以維持鄉村社會公共利益為自身責任，因此，鄉紳主導下的鄉村自治是良性的。中共消滅了鄉紳，培植農村邊緣人甚至痞子作為土改骨幹，並讓這些骨幹成為合作社、人民公社時期的農村基層幹部。傳統的鄉村自治早被痞子文化摧殘殆盡，因此，中國政府放鬆對農村的管制，留出來的權力空白必然由痞子惡霸填補。

　　村委會幹部的腐敗在農村普遍存在。村官的選舉依然是上級指派，村官們普遍濫用權力，只是由於各地的資源情況不同，被村幹部用來營私的公共物不同而已：廣東、浙江等經濟發達地區，村幹部主要通過買賣土地貪腐，貧困地區的村幹部則是通過侵吞集體財產或者分配扶貧款的權力貪腐。安徽東北部地區農村，「低保」成為「村官手中拉攏與安

撫村民的資源，想給誰就給誰，該有的沒有，不該有的卻有了。誰家權勢大，有。誰家上面有人，有。誰家送禮了，有。誰家是刺兒頭，容易鬧事的，有。」[18] 各地爆出村幹部集體或個人違紀違法案件，大多涉及索賄貪汙、挪用公款、套取國家補貼、農村集體土地徵用、房屋拆遷、農村賄選等。[19]

中國總計有 68 萬個行政村、500 萬名包括村黨支部書記和村委會主任在內的村官，他們掌控著農村政務，乃至 9 億農村人口的生活及生產資源。近十多年來，村官群體的犯罪現象越演越烈。「全國村務公開協調小組辦公室」調動十部委組成督察調研組，分赴海南、青海、湖南、遼寧、山東等 8 省的調查也驗證了這一點。這次大範圍的調研統計數據表明：違紀違法的村幹部主要是掌握實權的村支書、村委會主任和村會計，尤其是村支書兼村主任的「一把手」，成為「村官」犯罪人群的高危類型。[20] 2008 年中國立案偵查的涉農職務犯罪案件的 11712 名犯罪嫌疑人中，農村基層組織人員（即村官群體）為 4968 人，占 42.4%（其中有 1739 名村黨支部書記、1111 名村委會主任）。[21] 2015 年 11 月中紀委官網通報 193 個貪腐者，其中近六成涉及村幹部。[22] 村官本非公務員，竟然需要中紀委處理，可見中國農村基層政治生態非常惡劣。有些村官貪汙受賄動輒上千萬元，有的擁有個人資產上億元。例如，青島一「村官」涉案上億，村出納員貪挪徵地補償款四百萬元。[23] 小小村官為何能貪這麼多？原因在於，他們的權力不受任何限制。廣東江門市新會區三聯村村長劉宏球曾說過：「在三聯，我就是皇帝。」廣東媒體報導那些動輒上千萬的村官腐敗案件時發出的無奈感嘆是：「權力不受制約，老鼠雖小亦可吞天。」[24]

3、鄉村社會痞子化

如果說，通過數據表達的現實，不夠讓人產生痛感，那麼，近年來

中國網絡媒體大量刊登的〈我的家鄉在淪陷〉或者〈每個人的家鄉都在淪陷〉這類文章，則比較生動地描繪出一個相同的現象：鄉村社會的痞子化，以及瀰漫在鄉村上空那種令人絕望的「死亡氣息」。上述文章的作者都是農村出身、上大學後留在城市工作的人，他們近年回到家鄉，非常痛切地感受到鄉村的淪陷。這種淪陷，從基層組織到人際關係，從鄉村教育的衰落到道德的淪喪，包括從生產有毒食品到視坑蒙拐騙為理所當然。一位安徽作者在〈不想不願不得不說的中國農村之現狀〉中，提到農村老家的早婚早育（20歲以下）、青少年輟學率高、大多數人初中畢業後就外出打工、村支書憑藉著發放低保的權力收取賄賂、賭博偷盜成風、治安惡化、鄉村教育衰落、基層選舉被當地勢力與基層政府操縱（「選舉不過是走個過場，上面讓誰幹，就是誰幹」）。[25]2009年騰訊網做了一個專題〈誰的故鄉在淪陷〉，開篇就提出，是每個人的故鄉都在淪陷，無人能夠躲避這種命運，選中的各篇文章從不同的側面揭示了前述現象。[26]

正常的社區是個利益共同體，但已經嚴重痞子化的中國鄉下村落卻很難被稱為利益共同體。鄉鎮企業製造的汙染讓周圍鄉民受害，辦企業的家族卻從中獲益。生活在鄉村的人，大都將眼光放在眼前微薄的個人利益上，全然不顧及村民的集體利益。BBC《大家談中國》欄目，曾登載過一篇河南網民的來稿〈農民工扎根家鄉的現實之困〉，文章末尾所述一件事讓我印象深刻：「拿筆者所在的村莊來說，去年曾有外地商人在村裡建了個服裝廠，但廠房建成後當地各種部門就隔三差五的『光臨』，以各種理由吃拿索要。頂著這種壓力，工廠開工後，由於工人都是當地村民，他們想方設法從廠裡『揩油』，就連做羽絨服所用的羽絨，都被人隔著牆扔了出來。就這樣，工廠運轉不到半年就倒閉了。」[27]

中國的鄉村再也不是農村遊子可以回歸的田園，家鄉只存在於他們的念想之中。許多新工人寧可遊蕩在城市，也不想回到家鄉。作者何清漣的故鄉是湖南省邵陽市，該省由於改革以來一直居於落後地位，特別

不喜歡有人批評本地的落後。但該省邵陽地區新寧縣一位村支書實在忍不住，於 2016 年發表了一篇文章，談到當地近 20 多年的狀況：污染嚴重、賭博盛行（年長者在家中操持家務，看帶孫子，整理田土。而坐在麻將桌或紙牌桌上的是一群身強體壯的中年男女或敢於下賭注的年輕人）、崇拜金錢、為致富不擇手段、青少年大量輟學、不事生產、農田棄耕、人際關係惡化，鄉土重建希望渺茫⋯⋯最重要的是，這位村支書指出湖南人聽不得別人批評本省落後的護短習性：「大戶（麒麟）村大約有 90% 的年輕人在外務工，其中有不少優秀者，或文化人，或小老板，或公務員，也許是常年漂泊在外的緣故吧，總把故鄉想像得似抒情詩一般地美好，常表白自己對故鄉的無限思念和眷戀，表現出濃厚的故鄉情結，把貧窮品德化，把落後浪漫化，認為醜化家鄉就是對自己人格的侮辱，在這種迷茫之中，家鄉的腐爛就漸漸模糊起來⋯⋯」[28]

鄉村痞子化這一過程，幾乎與中國縣城政治黑社會化同步。中國的地區行政治權由中央、省、地（市）、縣、鄉（鎮）五級構成，縣級政治是決定中國地區政治生態的關鍵，它既是鄉（鎮）、村的直接管理機構，其政治生態也是鄉村政治生態的高級版。

2015 年《當代青年研究》發表了一篇題為〈中國農村後代之殤──從留守兒童到鄉村「混混」〉的調查報告。[29] 這是作者對湘北紅鎮所作田野調查的簡略介紹。作者揭示了一個事實，大量留守兒童成為鄉村混混的主力軍。該文很直觀地揭示了中國大部分農村地區的現狀，因此摘錄部分內容，以備存照：

紅鎮地處湘鄂贛三省交界，資源匱乏，近年來發展賭場經濟與高利貸，衍生出一條食物鏈。開地下賭場的莊家、為賭場看場子當「保安」、放貸與收賬的人通稱為「吃水飯」的人；為這些人效勞的賭場打手，以及為高利貸者收取息錢抽取佣金的人，統稱之為「吃血飯」。這些年輕人約在 15—20 歲左右，大部分都是因父母外出打工而留在家裡，由留守兒童成長為鄉村小「混混」。混混們的存在不僅顛覆了鄉村秩序，還

顛覆了鄉村的價值觀。調查報告說，鎮裡大混混即賭場老板、高利貸主的風光，小混混的囂張，不僅讓家長們對看不見明顯效果的教育投資充滿懷疑，更讓眾多青少年開始羨慕他們的「成功」方式轉而紛紛效仿：「在鄉村內部壓制力量與懲罰機制日漸消亡的情況下，『混混』獲得了足以震懾他人的價值再生產能力，而鄉村社會不再認為『混混』行為是一種越軌和罪惡時，被認可的『混混』人生觀進而占據了鄉村價值系統的主流地位。」紅鎮一些村民也開始利用這幫小「混混」來達到目的，如利用他們解決鄰里糾紛、農忙時搶水紛爭等。男生做鄉村痞子，女生則外出賣春。紅鎮調查寫道：紅鎮中學教師黃某某在這個學校當了六年老師，教過的學生當中已經有 100 多名女生初中未畢業就出去打工，其中只有十多個人是通過學技術就業，其餘幾乎都是「不正經就業」，潛臺詞很明白，那就是「賣」——對於不少農村女孩來說，「賣」並沒有難以逾越的心理障礙。

2013 年 9 月 13 日中國少年兒童基金會發布《女童保護研究報告》指出，在經濟欠發達地區，農村留守女童受害者多，侵害女童者多為同村男性甚至親屬；例如，廣東婦聯發布的《女童遭受性侵害情況的調研報告》表明，本地農村留守女童占被性侵女童的 94%。[30] 在經濟發達地區，流動女童（外來務工人員或其女兒）則是主要受害人群。

本書作者認為，留守兒童成為混混的主要原因是，缺乏家庭與社會教化，村莊的傳統道德和倫理秩序已經崩壞。從教育學的角度來看，缺少家庭教育與關愛的孩子，心理往往不健康，容易成為不良青少年。全國有農村留守兒童 6103 萬，流動兒童達 3600 萬，總共將近一億，幾乎占中國人口的十四分之一。[31] 將要成長起來的農村一代，不少人便具有這種流氓無產者特點。這類青壯年對中國社會將產生何種影響，已經由 2017 年 3 月以後發生的郭氏推特文革表露無遺。這一點，我將在本書結語中加以分析。

在〈死掉的農村〉一文中，一位陝西作者引述其家鄉老村支書的話，

對現實作了總結：「如今是什麼社會？說穿了，還是人吃人的社會，而且比以往任何一個時期都要厲害。以前人吃過人後，還得吐出骨頭來；現在人吃人後，吐出的是『理論和思想』，是『經驗和知識』。搶劫和殺人，會被當著推動改革發展的成績和功勞，鮮血和屍骨會被視為文明進步的象徵和標誌。」鄉村社會痞子化與縣城政治黑社會化呈同構狀態，其結果是產生了大批混混，「天蒼蒼，野茫茫，大家一起做流氓。」[32] 這些人構成了一個隱性社會，而且參與了構建顯性社會的社會秩序，並起著相當重要的作用。早在十多年前中國的黑社會勢力猖獗之時，勢力大的黑社會組織往往被當地人稱為「第二政府」，幾乎每個黑社會組織後面都有警察及政府官員做「保護傘」，勢力大的黑社會往往插手當地公共事務，以「第二政府」自居，民間甚至流傳「找政府不如找黑社會管用」。[33]

4、農村人際關係惡化、文化低俗、精神沉淪

中國農村的上述問題，中國政府並非沒意識到。2005 年中共中央辦公廳、國務院頒發《關於推進社會主義新農村建設的若干意見》，要求全國因地制宜，從八方面推進「建設社會主義新農村」運動。此後，這一運動以各種形式展開，據官方宣布，其中的「萬村千鄉市場工程」至少使 1.4 億農民受益。用百度搜索，有關這個話題的文章竟然多達 299 萬條以上。但民間作者寫出的「每個人的家鄉都在淪陷」系列，卻展示了與官方宣傳截然相反的陰暗甚至絕望的畫面：經濟衰敗、嚴重汙染、民風頹壞、黑惡勢力橫行、偷盜成風成了中國現代鄉村的「主旋律」。特別是有幾篇只能在個人博客裡有限流傳的文章，幾乎讓所有「建設社會主義新農村」的官方宣傳黯然失色。這幾篇文章的題目分別是：〈不想不願不得不說的中國農村之現狀〉（安徽東北部某村）、〈死掉的農村〉（從文中內容判斷，記述的可能是陝西）、〈蘇北一行政村之

現狀〉。從這些文章的內容推測，作者是已在城市裡安身立命的農家子弟，出於對故鄉未來命運的深切憂慮，寫下這些注定只能發表在個人博客裡的文章，文章的寫作風格很不相同。有的從農村人生老病死、教育等各個與民生有關的環節入手記述；也有以白描方式展示，但有值得關注的共同點：這些文章幾乎都使用了「衰落」、「死亡」與「救亡」等詞彙，表達了作者內心的深深焦慮。在中國的輿論與輿論工具均受官方嚴密控制的嚴酷現實中，與那些堆積如山的「社會主義新農村」網上宣傳品相比，這百餘篇訴說「農村在淪陷」的文章，顯得有點孤零零。在這種嚴重不對稱且呈強烈對比狀態的信息中，本書作者憑自己多年積累的常識，知道這百餘篇文章描述的才是中國農村的真實情況。

這些文章揭示的問題很多，除前面分析過的村幹部嚴重腐敗等問題之外，還有事關中國農村未來命運的一些內容。特別值得注意的是，農村作為一個社區，其互助守望的功能已經喪失，相反卻變成人際關係惡化、村民彼此缺乏同情心。一位蘇北作者在懷念他小時候鄰里和睦相處、守望相助的往事時指出：「現在卻變化很大，就恨不得你家出什麼事，走路不小心踩了別家一棵莊稼，要罵上半天街。為了田裡你家多種一行玉米，他家少種半行玉米，能吵半天架，然後他家也種上一行，於是排水溝、田間小路就這樣沒有了。」色情玩笑在農村裡一如既往，新增加的內容是色情表演。賭博之風在農村蔓延，「外出打工的人掙了錢回去之後就聚在一起賭。賭得很厲害，有的人能把一年在外面掙的錢都輸掉。各種賭博的方式都有，甚至婦女老人都參加，從擲骰子，到麻將、牌九、鬥地主、炸金花。」當地派出所將抓賭當作創收門路。「打架、吵架、通姦這樣的事情是屢見不鮮，尤其是春節裡，因為賭錢、喝酒或一些小恩怨，先是吵，再是打，然後是鬧得頭破血流。」

安徽的鄉風同樣如此，一位安徽作者感嘆說：「都說儒家文化在影響著國人，但在農村，你很少能夠看到仁愛、看到友善。你所能夠看到的，只是自私與貪婪、愚昧與無知，看到的只是爭強好勝，看到的是勾

心鬥角。那些質樸純真善良的農民哪裡去了？是誰讓他們變成這樣？」

農村的人際關係惡化，其實提出了一個新問題。研究者一向認為，中產階級因為都是依靠個人奮鬥，獨自在職場打拼，因此普遍有孤單感與無助感；而社會底層為了減輕生活壓力，往往需要抱團，因此反而不像中產階級那樣孤獨與無助。但中國農村居民的原子化及叢林化的特點，卻否定了底層人民更團結這種預設，讓人看不到中國農村作為社區的凝聚力何在。

這些問題筆者非專業研究者，不需要考慮主流話語與課題要求，因此直白道來。一位陝西作者寫道：「國慶 60 週年（2009 年）的假日，我是在農村的家中度過。這裡沒有一絲節日中喜慶歡樂的氣氛，整個村子都瀰漫著一股壓抑的令人窒息的空氣。生活中太多的苦難與不公，讓許多人陷入了無助與絕望。一張張麻木機械的面孔上，已經隱隱地流露出死亡的陰森和恐怖。而在這背後，似乎正孕育著一種足以改變和毀滅一切的力量。」一位安徽作者認為，對農村問題，「與其談啟蒙，不如談救亡。破敗的農村，該是需要一種拯救了。」他對「三農研究」頗有微詞：「我所說的只是一些最基本的常識，但就是這樣的一份常識，在許多時候都被遮蔽了，或是被改頭換面，以另一種方式重新包裝起來，告訴給國人。」

從中國農村的現狀來看，其未來走向並不是朝向官方宣傳的「新農村」，迫切的問題其實是「救亡」。

三、失去未來的農村：教育的凋敝與青年的無出路

儘管中國已成為世界第二大經濟體，但中國農村教育卻嚴重凋弊。這一現象說明，中國農村人口不僅失去了現在，還失去了未來。從根本上來說，農村秩序的破壞與教育的廢弛有著直接關係。

1、農村教育陷入長期凋弊狀態

農村教育的廢弛，先由基礎教育開始，標誌性事件是對農村地區實施「撤點並校」，這是 1998 年中國合併鄉鎮的後續「改革」。2001 年中國國務院頒布《關於基礎教育改革與發展的決定》，提出要因地制宜調整農村義務教育學校布局。從此，中國農村進入「撤點併校」階段。據 21 世紀教育研究院的《農村教育布局調整十年評價報告》統計，2000—2010 年，在中國農村平均每天要消失 63 所小學、30 個教學點、3 所初中，幾乎每過一小時就要消失 4 所農村學校。十年間中國農村的中小學消失了一半。[34] 此後，撤點併校還在繼續，但隨著中國輿論環境的嚴苛控制，這些具體統計數據很難再見諸於媒體的公開報導當中。

「撤點併校」的後果之一是，農村青少年再也不能就近入學，低齡孩子每天在路上要花費幾個小時，安全成為問題，孩子輟學率升高。從農村的變化來看，「撤點併校」與村莊的「空心化」，幾乎是個同步過程，隨著學生與家長到城鎮陪讀，基礎教育資源進一步集中到城鎮，村莊的「教育」功能在消失。2015 年中國小學招生人數和在校生人數都在提高，全國小學招生 1729 萬人，比 2014 年增加 71 萬人，但中國的小學與初中卻減少至 24 萬所，比 2014 年減少 1.1 萬所，減少的學校主要集中在農村。[35]

在農村的義務教育逐漸被削弱的同時，城鄉之間高中教育資源分配嚴重不均衡。在農村，能夠進入高中的學生只占學齡人口不到 10%，而在城市學齡人口中該比例則高達 70%，其結果是：三分之一的城市青年能夠完成高等教育，而僅有 8% 的農村青年能夠實現這一點。[36]

對教育的輕視並非只發生在「我的家鄉在淪陷」那百餘位作者的家鄉，而是所有的農村地區。這個過程與兩個過程同步：教育產業化（即高校收費體制改革）、中國大學生就業難（農村學生特別難）。

2、教育產業化使農村家庭供養大學生極為困難

早在十年之前，農村青年讀完中學之後的輟學現象就很嚴重。據中國青少年基金會調查，60% 以上的農村學生在接受完義務教育之後，不能接受高中和大學教育，而回鄉務農或外出打工。由於農村出身的大學生在畢業後找不到工作，其家庭還常因高昂的學費負債，越來越多的農村家庭選擇讓孩子棄學。

所謂的「教育產業化」政策，確實是中國政府放棄政治責任，不顧中國國情而實施的一項不明智的政策。90 年代中後期，為了尋找「新的經濟增長點」，不少中國經濟學家論證「教育產業化」可以拉動經濟增長，亞洲開發銀行的經濟學家湯敏用數學模型設定了一個讓中國政府欣喜萬分的「經濟擴張模式」：普通高校規模增加二百萬人，這二百萬學生每人每年學費 10000 元，另外每人每年因教育而額外支出 2000 元（北大的抽樣數據是 2357 元），最終可以拉動社會總產出規模 1000 億元。

在發達國家，政府負責教育資源的主要投放，公立教育的目的之一就是通過教育平等，實踐社會公正，所以發展教育往往被納入國家的長期反貧困戰略。中國的國家資源由政府壟斷，教育本應由政府負責。在政府壟斷國家資源這一體制未改變之前，實行所謂「教育產業化」，即教育收費體制的改革，說明中國政府極其功利短視，並與國際社會反貧困戰略背道而馳，這是一項典型的「只要政府錢袋滿、不管民眾錢袋空」的短視政策。早在 1999 年「教育產業化」剛開始時，我就指出，由於中國產業結構與教育結構雙重缺陷的作用，中國必將出現知識型勞力過剩。

對於中國青年來說，「教育產業化」政策的唯一好處是使高校降低入學門檻，擴大招生規模。在「讀書改變全家命運」的感召下，中國廣

大農村家庭不惜透支家庭今後幾十年的收入，供子女上大學，大學學費成了他們人生中最大的、也是唯一的巨額投資。教育部曾公布調查數據：按照每名貧困大學生每年平均支出 7000 元計算（包括學費、生活費和住宿費），一個本科生四年最少花費 28000 元，相當於貧困縣一個農民 35 年的純收入。[37]

陝西有位出身草根的商人黨憲宗，因為看到太多農民家庭供養大學生的艱難掙扎，於 2003 年自費對合陽縣農村 110 戶農民家庭供養大學生的情況進行了調查，寫出了 40 戶家庭的獨立調查報告。得出的結論是：該村青年上大學，四年大學費用需要賣 96 萬個燒餅；110 戶農戶中 11 個人因高額學費而累死、自殺或病逝；家有 2 個或 3 個大學生的農家往往欠債 4—5 萬，有的甚至高達十多萬。當地的一位村支書算過一筆帳：一個大學生一年的學雜費用頂我 30 年給國家交的農業稅。由此凸顯的農村教育之痛讓「知識神話」褪色，並在某種意義上成為西部農村家庭重陷赤貧的夢魘。[38]

3、農村青年陷入無出路狀態

肇始於 2003 年的大學生「畢業即失業」現象，粉碎了農村青年的夢，也使大量農村家庭兩代人深陷債務泥潭。

《南方周末》記者曾在青海省做過調查，發現省屬高校的學生中，家庭年收入低於一千元的貧困生約占半數。這說明，同樣數額的大學學費，或許東部省份的農村家庭不難支付，而在西部省份卻相當於一個強勞力 35 年的收入（不考慮農民自身的吃飯、穿衣、看病、養老等支出）。[39] 大學畢業後，若畢業生家在東南沿海經濟發達地區，「就業難」至多意味著畢業後找不到滿意的工作；但在西部省份，導購員和餐飲業的砂鍋師、餃子師、點餐員、傳菜工、配菜工，就算是大學畢業生的好工作，如果連這類工作也找不到，便意味著長期待業，或者只能到建築

工地做體力活謀生。民盟青海省委調研課題組曾對青海省海東地區的平安、樂都等六個縣的農村大學生狀況做過調研，發現從 2000—2005 年的 5 年間，回到海東地區的農村大學畢業生共計 8863 人，截至 2005 年 6 月尚有 5900 人待業；其中，樂都縣、平安縣的失業率分別高達 82.8% 和 96.2%。傾力供養子女讀書的農村家庭，在子女無法就業的同時，還要應付大學學費帶來的債務。[40]

在甘肅會寧縣，教育曾是絕大多數農村家庭改變自身命運的唯一通道，也是這個國家級貧困縣的「立縣之本」。21 世紀前十年該縣發現，「教育立縣」已遭遇「教育破產」：大量農村大學生畢業即失業，長期舉債供養學生的農村家庭血本無歸。甘肅省農業部門的一項抽樣調查表明：該省重新返回貧困線以下的農民中，因教育支出返貧的占 50%。[41]

雲南省富寧縣教育局曾做過一項調查：2005—2008 年全縣共有大學畢業生 1443 人，未能就業人數 694 人，占畢業生總數 48.1%；通過各種途徑實現就業的畢業生有 749 人，其中考取事業單位或公務員人數 454 人，占畢業生總數 31.4%；外出打工人數 244 人，占畢業生總數 16.9%；自主創業人數 38 人，占畢業生總數 2.6%；企業聘用 59 人，占畢業生總數 4%。[42]

這類情況在中國各地都能發現。2000 年以後以大學擴招為主要標誌的「教育產業化」所催生的高學費和低就業，像兩隻無形的大手，夾擊著原已堅硬狹窄的農門。面對多年來大學生「畢業即失業」的情形日益嚴重，中國政府的對策是大學畢業生「就業率」造假。官方公布的歷年高校畢業人數，從 2001 年的 115 萬，上升到 2009 年的 611 萬，而就業率則從 2001 年的 70% 微降到 2009 年的 68%。[43] 實際上，官方公布的大學畢業生就業率遠遠高於大學生的實際就業率，這裡的秘訣在於，教育部匯總的各高校上報數字存在嚴重的造假問題；而高校之所以作假，主要是因為教育部公開通報各校的就業率，將就業率作為調整招生計劃、衡量辦學質量的重要指標，直接關係到高校的社會評價、生源質

量和收入來源。中國的高等院校為了達到「高就業率」，採取單位掛靠、假協議等形式，給畢業生發放一些根本不能到用人單位報到的就業報到證，製造假就業率，即所謂的「就業率注水」；[44] 有些高校乾脆將學生提交的就業證明與畢業證發放硬性掛鉤，逼迫學生回家找父母和親戚的單位開具假的就業接收證明，讓學生拿這種假就業證明換取畢業證。這種就業率造假從 2003 年開始，延續至今，早已成為中國社會公開的秘密。[45] 2010 年之後中國基本不再公布全國各高校畢業生就業率，而是改用其他指標，比如用就業滿意度、就業最高的專業與學校排名等代替。據《2017 年大學生就業藍皮書》披露，2012 年大學畢業生就業滿意率只有 55%，最近略有上升。[46] 但大學生就業難這一事實並未改變。媒體報導稱：「年年歲歲說就業，歲歲年年就業難。」繼 2014 年高校畢業生人數突破 727 萬之後，2015 年的畢業生人數達到 749 萬之多，就業難成了社會常態。連續幾年的「史上最難就業季」給人的感覺就是：對於就業，「沒有最難，只有更難！」[47] 無情的事實顯示，中國出現了許多發展中國家從未遇到過的問題：在文盲率、半文盲率偏高的情況下，過早出現了知識型勞力過剩的局面。

隋唐以來，科舉制取代魏晉南北朝盛行的門閥士族制度，成為中國歷代王朝選拔人才的主要途徑，直接催生了不論門第、以考試產生的「士大夫」階層，「朝為田舍郎，暮登天子堂」的故事雖然不多，但卻為平民向上流動提供了一條主要管道。進入 21 世紀，由於大學生就業難，終於使「讀書無用論」再度席捲中國農村。中國數千年歷史中，「讀書無用論」只在中共統治時期出現過兩輪。第一輪出現於毛澤東統治時期，是毛打擊知識分子的政策所造成；第二輪是 2009 年 84 萬應屆畢業高中生退出高考，導致中國 1977 年恢復高考以來考生總量首次下降，這場波及國內多數省市的「棄考風潮」被教育界稱為中國高考的「拐點」。[48]

在現代社會，大學教育一直被視為「培育中產階級的搖籃」，是切

斷底層社會「貧困代際傳遞」鏈條的最佳途徑。中國的大學教育對中國農村青年來說，意味著雙重不公平：「教育產業化」設置的高收費門檻剝奪了不少農村青年受教育的機會；畢業即失業意味著他們當中的大多數人無法進入社會上升通道，只能無望地掙扎在社會底層。隨著一屆又一屆農村青年從大學畢業，沉澱於底層的知識青年日益增多，在國內的微博與國外的推特這些相對自由的社交媒體上，人們越來越深切地感知到這個龐大群體胸中蘊藏的社會仇恨，部分人的社會仇恨已經轉變成對一切成功人士的嫉恨。

　　1978 年改革以來的中國有如一輛失去方向的現代化列車，中國農村則有如被政府拋在廢舊車軌上的一節破舊車廂，拋下的時間開始於上世紀 90 年代中後期，儘管這節車廂裡坐著占中國一半人口以上的農民。但被拋下的人不是物品，鄉村社會的墮落、農村人口的絕望與無出路，最後必會吞噬中國。

註 ————

1　王德邦，〈回家鄉的恐懼：中國部分縣城的現狀〉，2014 年 9 月 3 日，https://bohaishibei.com/post/6639/.

2　呂德文，〈中國小縣城裡的黑社會江湖〉，2015 年 5 月 22 日，新浪專欄・新史記，http://history.sina.com.cn/his/zl/2015-05-22/1703120424.shtml.

3　〈北大博士：一個縣城裡面的政治江湖〉，《南方周末》，2015 年 7 月 28 日，http://news.163.com/15/0731/14/AVS23I5F00014AED.html.

4　馮軍旗，〈中縣「政治家族」現象調查〉，《南方周末》，2011 年 9 月 1 日，http://www.infzm.com/content/62798.

5　蘇嶺，〈清遠鹽業的「領導幹部之家」〉，《南方周末》，2011 年 1 月 27 日，http://www.infzm.com/content/54994.

6　何清漣，〈當代中國「官」「黑」之間的政治保護關係〉，原載於《當代中國研究》，2007 年第 1 期（總第 96 期）。

7　〈黑龍江第一涉黑案調查：中國黑社會成員有多少〉，騰訊網，2004 年 9 月 2 日，http://news.qq.com/a/20040902/000339.htm.

8   〈遼寧盤錦 8・29 涉黑案庭審直擊〉，中國網，2004 年 2 月 10 日，http://www.china.com.cn/chinese/2004/Feb/493954.htm.

9   呂途，〈迷失的 3 億新工人：待不下的城市，回不去的農村〉，澎湃新聞，2015 年 7 月 31 日，http://www.thepaper.cn/newsDetail_forward_1358715.

10   〈我國 1/6 耕地重金屬汙染，欲修復恐花數萬億〉，新華網，2013 年 6 月 17 日，http://news.xinhuanet.com/politics/2013-06/17/c_116163904.htm.

11   〈2014 中國環境狀況公報〉，中國國家環境保護部網站，http://www.mep.gov.cn/hjzl/zghjzkgb/lnzghjzkgb/201605/P020160526564730573906.pdf.

12   〈錢克明稱，農業環境惡化，有機物農藥超標 20%〉，新浪財經，2014 年 5 月 25 日，http://finance.sina.com.cn/hy/20140525/095719217642.shtml.

13   苑蘇文，〈新鄉鎘麥調查〉，《財新周刊》，2017 年第 24 期，2017 年 6 月 19 日，http://weekly.caixin.com/2017-06-16/101102645.html.

14   邵海鵬，〈中農辦主任陳錫文：四大原因致國內糧食價格高於國外〉，一財網，2015 年 7 月 31 日，http://www.yicai.com/news/2015/07/4663061.html.

15   葛倩、程姝雯，〈今年農業 GDP 占比將降至 10% 拐點〉，《南方都市報》，2014 年 11 月 21 日，http://epaper.oeeee.com/epaper/A/html/2014-11/21/content_3348395.htm?div=1.

16   〈預測：2018 年中國農業占 GDP 比重將降至 7% 以下〉，中國經濟網，2009 年 2 月 3 日，http://www.ce.cn/cysc/agriculture/gdxw/200902/03/t20090203_18097883.shtml.

17   〈引導好農村特殊群體〉，《瞭望》新聞周刊，2009 年，第 30 期，http://lw.xinhuanet.com/htm/content_4931.htm.

18   吳寶駿，〈不想不願不得不說的中國農村之現狀〉，科學網，2009 年 10 月 25 日，http://wap.sciencenet.cn/blogview.aspx?id=265215.

19   〈村幹部腐敗為何批量「亮相」中紀委通報？〉，新華網，2015 年 11 月 15 日，http://news.xinhuanet.com/politics/2015-11/15/c_128426533.htm.

20   〈法律界定不清難辦案，檢察官揭秘村官犯罪根源〉，中國經濟網，2006 年 6 月 15 日，http://www.ce.cn/law/shouye/fzgc/200606/15/t20060615_7356905.shtml.

21   〈檢察機關去年立案偵查涉農職務犯罪 11712 人，村官超過四成〉，新華網，2009 年 5 月 21 日，http://news.sohu.com/20090521/n264085182.shtml.

22   見註 19。

23   馮傑，〈一名「村官」涉案上億元〉，新華網，2015 年 2 月 13 日，http://news.sohu.com/20150213/n408992174.shtml.

24   〈「芝麻村官」為何屢爆驚天大案〉，《南方日報》，2009 年 4 月 10 日，http://news.xinhuanet.com/legal/2009-04/10/content_11162567.htm.

25   見註 18。

26   〈騰訊：誰的故鄉在淪陷〉，2009 年 3 月，http://view.news.qq.com/zt/2009/guxiang/index.htm.

27   謝松波，〈大家談中國：農民工扎根家鄉的現實之困〉，BBC 中文網，2015 年 7 月 7 日，http://www.bbc.com/zhongwen/simp/comments_on_china/2015/07/150707_coc_new_

generation_migrant_workers.

28　譚小校，〈新寧豐田鄉麒麟村現象：一個村支書對現今農村現象的憂慮〉，華聲論壇·
　　邵陽社區，2016 年 10 月 9 日，http://bbs.voc.com.cn/topic-7480339-1-1.html.

29　黃海，〈中國農村後代之殤：從留守兒童到鄉村「混混」〉，《當代青年研究》，2015
　　年 10 月 29 日，http://culture.china.com/expo/thought/11170659/20151029/20645532_
　　all.html.

30　〈留守女童占被性侵人群 94%，婦聯建議出臺法規〉，大眾網，《齊魯晚報》，2013 年
　　9 月 15 日，http://news.sohu.com/20130915/n386610108.shtml.

31　〈新常態時期社會工作發展：需求、挑戰與應對〉，新華網，2016 年 3 月 29 日，http://
　　news.xinhuanet.com/gongyi/2016-03/29/c_128830876.htm.

32　〈死掉的農村〉，凱迪網絡，2009 年 10 月 15 日；現該網原文已刪除，原文可見賈
　　兵上海的博客「關於《死掉的農村》」，2010 年 7 月 13 日，http://blog.ifeng.com/
　　article/6333191.html.

33　何清漣，〈國家角色的嬗變：中國政府行為黑社會化趨勢研究〉，《當代中國研究》，
　　2006 年，第 3 期（總第 94 期）。

34　〈中國農村學校每天消失 63 所，十年減少一半〉，新華網，2012 年 11 月 18 日，
　　http://news.xinhuanet.com/politics/2012-11/18/c_113714365.htm.

35　熊丙奇，〈盲目撤點並校為何制止不了？〉，鳳凰網，2016 年 11 月 9 日，http://news.
　　ifeng.com/a/20161109/50229507_0.shtml.

36　"Education The Class Ceiling, China's Education System is Deeply Unfair," Economist,
　　Jun 2, 2016, http://www.economist.com/news/china/21699923-chinas-education-
　　system-deeply-unfair-class-ceiling.

37　趙大偉，〈為什麼上大學？〉，《南方都市報》，2013 年 3 月 15 日，http://epaper.
　　oeeee.com/epaper/C/html/2013-03/15/content_2225069.htm?div=-1.

38　〈一份農民家庭艱難供養大學生的調查報告〉，騰訊網，2007 年 10 月 30 日，http://
　　news.qq.com/a/20071030/002906.htm.

39　〈西部貧困大學生：4 年透支 35 年收入〉，南方網，2006 年 5 月 25 日，http://view.
　　news.qq.com/a/20060525/000058_2.htm.

40　沈穎，〈畢業仍陷學債泥潭，就業猶如鏡花水月〉，《南方周末》，2006 年 5 月 25 日，
　　http://www.nanfangdaily.com.cn/zm/20060525/xw/zy/.

41　葉偉民、何謙，〈從「讀書改變命運」到「求學負債累累」〉，《南方周末》，2010 年
　　1 月 27 日，http://www.infzm.com/content/4084.

42　李少文，〈農村大學生就業之路在何方：雲南省富寧縣農村大學生就業情況調查〉，
　　雲南省富寧縣教育局網站，2009 年 5 月 14 日，http://www.ynfn.gov.cn/News/
　　fnews/200905/News_13249.html.

43　〈歷年高校畢業生就業統計表〉，無憂教育網，http://www.edu399.com/jyzx/46619.
　　html.

44　張文靜、潘祺、沈汝發，〈就業率「注水」成公開「秘密」？高校就業評價方式待改
　　革〉，新華社《半月談》網，2016 年 8 月 30 日，http://www.banyuetan.org/chcontent/

jrt/2016825/207322.shtml.

45 〈高校製造假就業，代表提出大學生就業四大對策〉，新華網，2007年3月15日，http://news.xinhuanet.com/employment/2007-03/15/content_5849614.htm；張文靜、潘祺、沈汝發，〈就業率「注水」成公開「秘密」？高校就業評價方式待改革〉，新華社《半月談》網，2016年8月30日，http://www.banyuetan.org/chcontent/jrt/2016825/207322.shtml.

46 趙婀娜、侯文曉，〈2017 年大學生就業藍皮書發布，大學就業率穩定，滿意度持續上升〉，《人民日報》，2017 年 6 月 13 日，12 版，http://paper.people.com.cn/rmrb/html/2017-06/13/nw.D110000renmrb_20170613_8-12.htm.

47 〈2015 年中國大學生就業壓力調查報告（全文）〉，騰訊教育，2015 年 5 月 29 日，http://edu.qq.com/a/20150529/032180_all.htm.

48 見註 37。

第柒章

全球化逆轉
情勢下的中國

19世紀中葉以降，中國曾經非常不幸，以往的文明與自負成為現代化的包袱；進入到 20 世紀 90 年代以來，中國卻成為一個非常幸運的國家。1989 年代末到 1990 年代初期的東歐、蘇聯社會主義國家土崩瓦解之後，全球化浪潮興起，中國積十餘年「改革開放」之經驗，比其他前社會主義國家有著更充分的迎接全球化的準備；加上中國具有稅收優惠、土地價格與勞動力成本低廉等「比較成本優勢」，因而成為長達 20 多年的全球化浪潮中唯一的淨得利者。

一、中國是全球化的最大受益者

過去 20 多年，在西方世界，全球化所承載的一切，如普世價值、人權高於主權、縮小發達國家與發展中國家的差距，幾乎成了《聖經》般的存在。直到 2015 年歐洲大陸淹沒在難民潮裡，歐洲國家被迫面對不斷增加的恐怖襲擊，對全球化的懷疑聲音才開始冒頭。

1、全球化讓西方失去了什麼

2016 年 5 月紐約市立大學客座教授、前世界銀行高級經濟學家布

蘭科·米拉諾維奇（Branko Milanovic）在《哈佛經濟學評論》（Harvard Business Review）上撰文指出，20世紀80年代至今，是自工業革命以來個人收入重新洗牌的新時期，也是過去200年間全球不平等程度首次下降的時期。其中，贏家是亞洲發展中國家的中產和中產以上家庭，以及全球最富的1%人群；相對的「輸家」則是發達國家的中產及以下家庭。從1985—2000年，中國因其快速發展，幾乎是阻止全球不平等繼續擴大的唯一力量。2000年之後，印度同樣因為經濟的高速發展和在削減貧困方面的努力，降低了全球收入不平等的嚴重程度。其他亞洲國家，例如印度尼西亞、越南和泰國，也為縮小和發達國家的差距發揮了積極的作用。[1]美國媒體也報導了一份兩年前撰寫的研究報告，該報告由美國聯邦儲備系統（Federal Reserve System，簡稱Fed）的經濟學家賈斯汀·皮爾斯（Justin Pierce）和耶魯大學管理學院教授彼得·斯科特（Peter Schott）聯名發表，其重要結論之一是：美國自2000年給予中國永久性正常貿易關係（PNTR）地位以來，美國製造業中就業機會流失的一半可以歸咎於從中國進口商品的增加；在美國那些受此影響較大的地區（該研究以縣為單位），自殺及其相關原因造成的死亡案例明顯增多，失業率每增加一個百分點，將導致自殺率提高11%；相對來說，白人男性從事製造業的比例比其他群體更高，這個群體是受影響的「重災區」。[2]

2、中國是全球化中的唯一淨受益國

在全球化浪潮中，中國是純粹的受益者。其受益體現在四個方面：一是GDP總量劇增，中國的GDP從「改革開放元年」即1978年的2168億美元，增至2016年的逾11萬億美元，擴大了近49倍；[3]二是中國從資本淨輸入國變成了資本輸出大國。改革開放前中國只對兄弟國家提供外援，從無對外投資，2015年中國的對外直接投資首次超過一

萬億美元，成為世界第二大對外投資國；[4] 三是在中國造就出大量億萬富豪，其人數領先全球。改革開放前中國沒有富人，而到 2015 年中國的億萬富豪已多達 568 名，首超美國（535 名），成為世界之最，占全球億萬富豪（2188 人）的四分之一強。2015 年中國平均每五天誕生一位億萬富翁，高科技產業、消費品與零售業、房地產業都是產生中國富翁的「溫床」；[5] 四是養成了占總人口 20% 多的中產階級。據瑞信研究院（The Credit Suisse Research Institute）《2015 全球財富報告》，中國擁有全球最龐大的中產階級人口，達 1.09 億，比美國的 9200 萬中產階級還多。[6]

中國在全球化中的「淨收益」，確實驗證了米拉諾維奇的研究結論。但是，中國在全球化道路上的表現也令許多西方的政治學家失望，比如，中國政府對普世價值、以選舉權為核心的政治權利等，一直拒絕接受。從胡錦濤 2003 年接任中共總書記之後，中共中央不斷宣布「防止顏色革命」、「五不搞」、「七不講」，堅決抗拒西方價值觀的滲透與影響。這一點，中共與殖民化時代清朝廷拒斥西化一樣：那時是「中學為體、西學為用」，如今是「馬克思主義毛澤東思想為體、西方科技為用」。在中國政府看來，中國既得全球化經濟之利，又避免了西方價值觀之害，這是一本萬利、只賺不賠的生意。也因此，就算美國、歐盟等國右翼「民粹」主義（這是左派的汙名化，實際是保守自由主義）高漲，都反全球化，中國也決不會加入反全球化大軍。

儘管中國是全球化的唯一淨收益國，但由於權力市場化導致的「家國一體利益輸送機制」，這個國家一方面創造了令世界瞠目的新富豪，另一方面也創造了世界上數量最大的貧困階層。不少外國研究者為中國新生中產階層的龐大數量而驚訝，卻忽視了中國新生的中產階層在總人口中所占比重很低。這種情況，我稱之為「社會階層結構轉型失敗」，這一失敗決定了中國社會未來的政治走向。

二、中國社會階層結構轉型失敗

社會變遷理論指出，一個國家的轉型包括政治轉型、經濟轉型與社會轉型。社會轉型又分為兩個層面，一是階層結構轉型；二是價值觀轉型。中國的近鄰日本經歷過明治維新與二戰後民主化兩次轉型，才算完成了上述三個方面的轉型。

2009 年日本公共媒體放送協會（NHK）根據歷史人物拍攝的電視連續劇《阪上之雲》，通過秋山好古、秋山真之兩兄弟，正岡子規等明治維新時期代表人物的一生，展現了日本由一個小國成長為一個大國的過程。在國家蓬勃向上發展的過程中，秋山兄弟等幾位低級武士家庭出身的青少年通過求學、為國家服務，從社會底層成功地向上升，躋身於政治（軍人）精英與文化精英的行列，成為日本社會階層結構轉型過程中的受益者。

階層結構轉型是社會變遷當中最關鍵的部分。當一個社會的階層結構發生變化之後，消費結構將帶動生產結構的重大變化；如果沒有政治結構的阻礙，則文化形態、價值觀念等都將隨之發生深刻變化。當代中國社會變遷之所以不成功，就在於階層結構轉型失敗。

1、中國中產階級的數量到底有多少？

全球化讓發展中國家產生了富裕階層與中產階層，例如在中國，社會本應從以底層為主體，轉化為以中產為主體的橄欖型社會。中國作為在全球化進程中最大的純受益國，卻未能完成這種轉型，源於政治失敗。

1980 年代改革開放之初，鄧小平曾承諾全民奔小康。從那時直到 2010 年，中國政府為社會階層結構轉型設定的目標是：形成以中產為

主的橄欖型社會，為此資助了不少國家級研究課題。其中由中國社會科學院「當代中國社會結構變遷研究」課題組發布的結論最為權威：中國中產階層的規模約為總人口的 23% 左右，其規模以每年一個百分點的速度不斷擴大。[7] 英國《經濟學人》雜誌根據這一結論，並參考其他資料推算：中國的中產階級（家庭年收入在 1.15 萬和 4.3 萬美元之間）人數從 1990 年代的接近於零，增長到 2010 年的 2.25 億。[8]

但這一情況在 2011 年之後發生了很大變化，隨著外資不斷撤出中國，中產階級人數在迅速減少。從 2012 年年底開始，直到 2017 年初，美資雅芳（Avon）、摩托羅拉（Motorola）、國際商用機器公司（IBM）、匯豐人壽（HSBC Life International Ltd.）、惠普（Hewlett-Packard Company，HP）、西門子（Siemens）等行業巨頭都以成百上千的規模削減員工數量。[9] 惠普為節省成本裁掉了萬餘名員工；億貝（eBay）、美滿電子科技（Marvell）、松下（Panasonic）、日本大金（Daikin）、夏普（Sharp）、TDK 等大型外資公司均計劃推進製造基地回遷本土；國際包裝、造紙行業巨頭芬蘭斯道拉‧恩索集團（Stora Enso）旗下的企業蘇州紫興紙業倒閉；[10] 2017 年 1 月美國硬盤巨頭希捷（Seagate）突然宣布解散中國蘇州工廠；[11] 美資軟件公司甲骨文（Oracle）所屬的「中國北京研發」大範圍裁員。[12] 撤資的外企給中國留下了廢墟般的工廠與大量失業人員，失去的外企工作機會被稱為「敲碎的金飯碗」，而失去工作的人都是中國曾經的外企白領精英。

2015 年 9 月美國高盛公司（Goldman Sachs）曾發表一份報告，援引中國國家統計局、高盛全球投資研究部、美國勞工統計局、美國國防部等機構的調查數據指出：中國的消費市場以一小批中產階級為主導，僅有 2% 的就業人口收入達到繳納個人所得稅的水平，目前有大約 11% 的中國人口可以被定義為「中產階級」（約為 1.53 億人）；除他們之外，中國大多數人的收入只能滿足生活必需。報告指出，最頂端的「高端消費者」僅有 140 萬人，人均年收入為 50 萬美元，這些人構成了在巴黎、

紐約、東京、倫敦的商場裡「火拼」購物的中國人主體；處於「金字塔」最底端的是中國 3.87 億農村就業人口即農民，幾乎占了中國勞動人口的近一半，他們的人均年收入為 2000 美元；在「金字塔」中間的是「都市白領」和「都市藍領」，他們的總數接近農村就業人口，「都市白領」的人均年收入接近 12000 美元，「都市藍領」的收入為大約 5900 美元。報告進一步分析：從消費模式來看，「食」與「衣」占中國消費者個人消費支出的一半左右；中國主流消費群體的購買力不高，他們的日均消費額為 7 美元。與此相對照的是，美國人的日均消費額為 97 美元。中國消費者把近半的收入用於「衣」、「食」方面，而美國的這一比例僅為 15% 左右。中國 3.87 億農民的消費主要是衣食住行等基本消費。[13]

隨著外資撤離中國，破產企業增多，中國的中產階級在減少，窮人在增多。2016 年中國共有 7000 萬人年純收入比 2300 元的貧困標準還低。按照世界銀行 2015 年界定的日消費 1.9 美元的貧困線，該機構估計，中國的貧困人口人數在世界上仍排名第三。在中國，屬於社會下層的人口約占 80%（清華大學李強教授的最新調查數據是：中國下層占人口比例為 75.25%；再加上下層群體中與中產階層聯接的過渡群體占中國總人口比例的 4.4%[14]）。在產生數量龐大的貧困階層的同時，中國也成為世界上億萬富豪最多的國度。2015 年中國的億萬富豪多達 568 人，首超美國（535 人），成為世界之最，占全球億萬富豪 2188 人的四分之一強；[15]2016 年全球 68 個國家的 2257 名億萬富翁當中，中國的超級富豪是 609 人，美國超級富豪只有 552 人，中美之間的這一差距進一步拉大。[16]

貧富懸殊、中產階層過少、社會底層龐大，說明中國社會階層結構轉型失敗。政治高壓、貪腐與裙帶關係盛行、生態環境嚴重汙染，讓越來越多的中國人深感「生活在中國是一場冒險」，對中國的未來失去信心；富人與有條件的中產都想方設法移民，富商通過投資拿到精英類型的商業移民簽證，中產階層則通過技術移民、雇主擔保與親屬簽證涌往

國外。[17]

　　一個國家的興衰在於人才，中上層紛紛移民，對於中國來說是巨大的損失。

2、上升通道梗阻，改善社會階層結構的因素消失

　　伴隨著全球化形勢逆轉，中國已經錯過了改善社會結構的時間窗口。

　　如前所述，經濟學家米拉諾維奇是最早看出這一趨勢逆轉的專家。在指出全球化的發展帶動世界整體收入上升的同時，他還指出，由於發達國家收入不平等狀況的加劇，全球化也許會被認為是在製造一個更加不平等的世界。[18] 米拉諾維奇的研究已被美歐的現實所證實。美歐人民因為收入持續下降、生活質量變差而對本國精英不滿，因此 2016 年成了「黑天鵝」頻現之年：英國退歐與美國大選川普當選總統，幾乎成了全球化趨勢逆轉的兩大標誌性大事件。2017 年 1 月在瑞士達沃斯舉辦的世界經濟論壇上，彌漫著一種失敗情緒，《紐約時報》的漫畫師帕特里克‧恰帕特（Patrick Chappatte）將此次會議主題諷刺為「如何在一個反精英的世界中繁榮」。

　　在發達國家收入不平等擴大的同時，發展中國家的貧富差距也在擴大，收入不平等狀況更加嚴重，這種狀況在中國尤其明顯。更糟糕的是，由於中國經濟衰退，就業機會減少，職場之路變得越來越艱難，社會成員向上流動的管道已經嚴重梗阻；要想得到一份好點的工作，必須要「拼爹」，即依靠父母家族的人脈資源。這種情況下，中國的中產階層人數不僅不可能繼續擴大，反而會漸漸萎縮。

　　社會上升通道嚴重梗阻的後果是社會結構固化：一方面，精英選拔中，一旦「血統原則」起首要作用，「成就原則」便退居次要位置，社會精英的素質將會日益退化，遑論社會進步；另一方面，社會不公將會

加劇。這種「血統原則」造就的機會不均等，體現在社會成員的身分傳承上，這是最根本的社會不公，其後果較之財富分配不公更為惡劣與嚴重。在本書的第六章中，筆者已經分析過，被中國現代化列車拋棄的人群當中，有占中國一半人口以上的農民。被拋下的人不是物品，鄉村社會的墮落、農村人口的絕望與無出路，最後會像慢性毒藥一樣吞噬中國社會。

三、中國陷入的是何種「陷阱」

全球化鼎盛時期，中國成為全球化的最大淨得利者，如此難得的機遇，尚且未能成功地將中國轉變成一個中產階級為主的橄欖型社會，如今全球化形勢逆轉，中國倒 T 字型的社會結構將僵硬、固態化，這種社會結構注定了中國未來只會是拉美國家的同類，如果幸運，至多比非洲、中東地區略好。

1、中共政權與歐美政權的區別

認為中國獨裁政權應該瓦解，是期盼中國早日民主化人士的共同願望，也因此，「中國崩潰論」每隔一段時期就會出現。僅在近五年內，中共高層因權力繼承發生的內部鬥爭曝光以來，就有過多起這樣的論調。除了 2015 年沈大偉（David Shambaugh）說過的「崩潰論」（他後來修正為「衰敗論」）之外，《華盛頓郵報》社論版副主任編輯傑克遜·蒂爾（Jackson Diehl）發表過更悲觀的預言。他在美國《全球事務》2012 年 9 ／ 10 月刊發表的文章認為，中共與俄羅斯這兩個獨裁政權都面臨瓦解命運，但是 2012 年美國大選兩位總統候選人卻都沒有對此作好準備。[19]

從章家敦（Gordon G. Chang）、傑克遜·蒂爾直到沈大偉，這些

外部觀察者都是用民主國家的經驗來判定中國是否會發生危機，錯以為中國政治是責任政治。必須承認，中國現在面臨的諸種危機當中，只要其中的一部分發生在美國、日本、歐盟，這些國家的經濟危機早就轉化為政治危機，導致政府垮臺（內閣集體辭職或執政黨敗選），如同2012年以來歐債危機導致希臘、荷蘭、義大利等多個政府倒臺。[20]美國2016年大選，代表華府建制派政治精英、華爾街及媒體精英聯盟披征袍的希拉里・克林頓（Hillary Clinton），雖然得到精英與媒體一邊倒的支持，既有雄厚資金可支配，又占據了壓倒性的輿論優勢，並被外國盟友一致看好，最後還是敗北。原因就在於，同為民主黨的奧巴馬總統甚少關心國內社會狀況，拒絕傾聽本國民眾的呼聲，罔顧本國中產階級收入下降、中產階級人數不斷減少、貧困人口增加的困境；與此同時，他卻通過不斷打造新的利益群體來爭取政治支持，如大赦非法移民、大規模接納中東與非洲的穆斯林難民，並給予這些移民比本國窮人高40%—80%的福利，營造性別話題、不斷造出男女之外的各種性別群體（民主黨大本營紐約市竟然規定出32種之多的新性別），並且在所有公立學校推行荒唐之極的男女同廁的總統法令。[21]奧巴馬的整整八年任期，一方面大量裁軍、節省費用，另一方面卻舉借將近十萬億美元國債，不是救濟移民，就是拿去滿世界揮灑。[22]美國人民對此嚴重不滿，終於用選票拋棄了要繼承奧巴馬政治遺產、主張要向中產階級增稅、開放邊境歡迎各國移民的希拉里・克林頓。

現代政治是代理人委託政治，民眾只能在大選年行使權利，這數年一次的大選賦予民眾另選政府的機會。而中國不同，中共建政是武裝奪取政權，現在也是憑槍桿子說話，民眾幾乎被剝奪了一切權利。西方各國的人權早就進入了第四代，即保障同性戀、變性人、依本人心理狀態自由選擇性別者及其婚姻權利的時代，而中國人還沒能享有第一代人權，即公民的基本政治權利（選舉權、言論自由、出版自由、集會自由）。中共特色的政治是非民選的無責任政治，政府與黨的首腦從來不

需要為自己的政策失誤承擔責任，五年一次的政府換屆也無須經過全民大選。外部觀察者們分析中國時往往會忽視這一點。儘管中國的經濟已經病入膏肓，實體經濟一片蕭條，失業人口不斷增長，政府債臺高築，金融系統危機重重，外匯儲備下降到臨界線，但只要政府能繼續保持財政汲取能力，保證資源汲取管道暢通，能夠繼續供養政府及暴力機器（警察及軍隊），中共就不會主動下臺。中國政府超強的資源汲取能力與鐵腕統治，幾乎成了中國現在唯一的穩定因素。

2、艱難維持的「潰而不崩」狀態

世界人口增長最快的三大地區，即亞洲（中印兩國是世界第一、二人口大國）、非洲與中東地區的穆斯林國家，從本世紀初開始就因青年失業率過高而引起聯合國擔憂，因此聯合國鼓勵這些地區的人口在世界範圍內遷徙。然而，自 2015 年開始，由敘利亞難民潮引發的中東、非洲人口向歐洲高福利國家的大遷徙，讓歐洲陷入了動盪不安，西方國家開始意識到，自身根本沒有能力接收中東與非洲想要移民西方的近六億貧困人口。[23] 自 2015 年開始，曾是拉美左派政治圈內翹楚的委內瑞拉陷入動盪與饑餓，更是說明，單一資源的國家無法支撐人口增長而帶來的就業與福利要求。全球化引起了西方各國的反思，就是以這次人口大遷徙為觸發點。2017 年 1 月 26 日英國首相特里莎·梅（Theresa May）還非常勇敢地在美國費城演講中提到，由於英美對世界主權國家的政治干預失敗，「英美干預主權國家並試圖按照自己的形象改造世界的日子已經過去了。」[24] 這話其實是正式宣告：英美將終止向外推廣民主化的政治努力；這一重要姿態本應引起世界關注，卻被大多數英美媒體與中國政府完全忽視了，而世界各國與眾多 NGO 更在意川普政府宣布減少對外援助。

在中東、非洲、拉美與一些亞洲國家紛紛進入動盪時期之際，相比

之下，中國社會矛盾尖銳的狀態並不那麼引人注目。中國當局通過高壓維穩所營造的表面平靜，反而被西方世界看作穩定的象徵。其實，中國的青年失業率與總體失業率都非常高，底層社會的嚴重不滿、反對者的被迫消聲，以及統治集團內部因權力分配而引起的矛盾交織在一起，早就使中共政權有如坐在火山口上。「維穩」成了第一要務，「維穩」經費在有的年度甚至超過軍費，所謂「革命」早就成了中國政治話語的一個主題。

從本書作者之一何清漣動筆撰寫《中國的陷阱》至今，時光流逝已二十餘年。這段時期內中國發生了什麼變化？有人曾開玩笑地對作者說過：你所預言的一切，在中國都成了現實，只是比你書中分析的要嚴重得多；不少書中的例證只要將時間改換一下，腐敗的數額從千萬元擴大為億元或者數億元，農村的惡勢力更惡更黑一些，完全符合現狀。中國確實掉在你說的「陷阱」裡爬不出來了。當然，也有讀書不求甚解之輩，常常會氣勢洶洶在網上質問：她不是早預言中國要崩潰，中國現在崩潰了沒有？

筆者所有的研究，從來沒預測過中國（包括中共政權）何時會崩潰。我預測的只是中國將長期（20—30年）陷入「潰而不崩」的狀態。我想告訴讀者的是：人類社會形態不只有「繁榮」與「崩潰」兩種形態，大多數時候，人類社會處在繁榮與崩潰之間的狀態；區別在於，是接近繁榮，還是更接近崩潰，如是後者，則當下潛伏著什麼樣的危機。預言中國崩潰的人士多半陷入了認識論的誤區，以為中國的現狀，不是繁榮，就是崩潰；與之相似的一種極端的認識則以為，凡指出中國弊端的人，就是預言中國崩潰。作者的《中國的陷阱》，其實不是預言中國（政權）何時崩潰，而是指出：中國那不觸動政治體制的經濟改革，最後必將使中國陷入權貴資本主義陷阱，根本不可能將中國引領上一條健康平穩發展的道路，最後會使中國陷入一種「潰而不崩」的社會狀態。所謂「潰」即「潰敗」，指中國社會將在政治、生態、社會道德系統方面陷

入全面潰敗的狀態;「不崩」則指這個掌握了政治、經濟與組織資源的政權將不會在 10—20 年內崩潰。中共政權的崩潰,只可能在一種危機共振的狀態下出現,即同時發生內部超大規模的社會反抗、高層統治集團發生嚴重的矛盾、財政危機出現,同時還面臨外部壓力。接下來,作者將分析這些狀況近期內是否可能在中國同時出現。

四、中國近期是否會出現危機共振?

需要討論的是:中國的經濟危機是否會導致政治危機並出現危機共振?筆者的判斷是,在最近若干年內(至少十年內)不會發生導致共產黨垮臺的危機共振。這一判斷基於以下事實:中國歷代王朝衰亡,往往是幾大危機疊加所導致:統治集團的內部危機、經濟危機(最後集中表現為財政危機)、社會底層的大規模反抗、外敵入侵。如果這幾大危機先後出現並同時共存,這個王朝必亡無疑。以下逐項分析中國現存的危機因素。

1、統治集團高層已經形成一元化領導格局

2012 年習近平接班前後,中共統治集團內部確實發生過政治局委員、重慶市委書記、太子黨重要成員薄熙來試圖進入政治局常委的權力挑戰,支持薄的人有前政治局常委、中央政法委書記周永康與部分軍中紅二代。習近平通過反腐,有效地收拾了所有政敵並重整權力結構,將胡錦濤時期「九龍治水」的寡頭獨裁變成黨政軍權集於其一身的個人專斷。

從集權與穩固權力這個角度看,習近平做得相當穩妥與成功。他用步步為營、各個擊破的方式,在五年時間內,先後將其政敵薄熙來、周永康、兩位軍委副主席上將郭伯雄及徐才厚(受審期間病死)、前中央

辦公廳主任令計劃等都送進監獄。根據中紀委的數據，從 2013—2016 年 6 月底，中國受到黨紀、政紀處分的官員人數達 91.3 萬人。受到司法懲處的 112 名省部級以上黨政官員中，包括本屆中央委員會成員十名、13 名中央候補委員。[25] 從 2015 年開始的軍隊改革，幾乎摧毀了江澤民、胡錦濤時期形成的軍隊權力格局。目前所有的跡象表明，在下一個五年任期內，幾乎不可能出現對習近平權力形成挑戰的高層成員。可以預測，如果沒發生人力不可控制之事，習近平並未打算遵循江澤民交班給胡錦濤這一黨內規則，而是準備繼續擔任中國最高領導人。

中共已經從輿論方面為習近平連任做準備。2016 年 6 月《人民日報》發表署名鄭秉文的文章，其中提到，只要政治上不出現民主化這種顛覆性錯誤、經濟上不出現毀滅性打擊、制度上不出現斷層式波動三種情況，就能達到「中國即將進入高收入社會的美好前景」。[26] 所謂不犯「顛覆性錯誤」，原話出自習近平之口。2013 年 10 月習以中國國家主席身分參加亞太經合組織工商領導人峰會時說過這話。《人民日報》評論員文章隨後專門就此做過解釋，即無論是以「顏色革命」標榜的第三波民主化道路，還是以「阿拉伯之春」形式出現的民主化道路，中國決不步其後塵。「制度上不出現斷層式波動」這句話所指的「制度」，不是指「社會主義制度」，而是指中共最高領導人掌權的方式，以及保證其有效行使權力的各種制度。習近平執政以來，在權力結構與權力行使方式上早就改寫了政治規矩，由江澤民時期的集體領導變成了個人專斷。鄭秉文強調，「不出現制度斷層式波動」，意指不要再改變習近平重新釐定的政治規矩，以免發生十八大權力交接前後因「制度斷層」而引起軍界、政界人事大變動，導致恐慌情緒蔓延、人心不穩。要想不出現「制度斷層」，只能有一個選擇，就是 No.1 不換人。這一想法在 2016 年 10 月中共十八屆六中全會上得到確認，並通過會議公報宣告：「全黨同志緊密團結在以習近平為核心的黨中央周圍。」

目前離習近平任職兩屆還有 5 年整，如果他想改變自江澤民以後定

下的總書記只做兩屆十年的規矩，時間上很從容。只是如何改，是增加總書記的任期，從兩屆延長為三屆、四屆，還是乾脆無限制，或是變總書記制為黨主席制，這些都是技術細節問題，遇到的黨內抵抗絕對沒有外界估計的那麼強烈。事實上，中共利益集團不希望共產黨倒臺的願望，顯然遠遠強於轉向民主化的意願，那些沒有足夠財力移民海外的中下級官吏與中產階層，甚至希望習近平能夠撐住這潰敗江山，以免發生滅頂之災。

2、經濟危機（核心是財政危機）是否可能出現？

對於習近平來說，他最擔心的其實不是所謂統治集團內部的反對潛流，也不是「政治上出現顛覆性錯誤」，而是經濟上出現「毀滅性打擊」，無論是習近平還是李克強，對這一點幾乎都沒有把握。儘管中共已經勉強接受「中國經濟進入L型」這一說法，但卻很難忍受經濟蕭條。如今中國經濟各領域都缺少利好消息，企業大量破產、工人失業增加、外商投資減少，最後的防線已經只剩下金融系統這道防波堤。金融系統是一國經濟的神經中樞和血液循環系統，無論如何不能失守，這就是從2016 年 8 月開始中國政府將精力集中於「貨幣維穩」，即人民幣貶值不能過快，而「貨幣維穩」的關鍵戰場則是外匯儲備保衛戰，即要守住三萬億美元這一所謂「心理關口」。

所有這些危機初兆，離政府的財政危機還有一段距離。中國政府與其他政府最大的不同在於，這個專制政權調集資源的能力遠比民主政府強。只要執政者意識到危機在何處，防範意識和防範能力遠遠超出民主政府，尤其是那些軟弱無力的民主政府。2016 年在中國 GDP 增速下降幅度不大的情況下，全國稅收高達 11.59 萬億元人民幣，比上年增長4.8%。[27]今後相當長的一段時間內，經濟不景氣很可能會持續下去，工商稅收難以大幅度增加，中央政府已經為地方政府未雨綢繆，基本上完

成了開徵房產稅的準備工作；而房產稅一旦開徵，地方財政便可從依賴經濟增長變為依靠對有產者徵財產稅來維持，中國城鄉住戶的自有住房擁有率高達 87%，[28] 這個新稅源的基底十分寬廣。

房（地）產稅這一稅種，世界大多數國家都徵收，而中國卻遲遲未能開徵。其主要原因是，城市精英，即商人、黨政機關幹部、中層以上白領，基本上都擁有兩套以上住房，其中少數人甚至擁有十餘套，幾乎所有的城市精英對徵收房產稅都抱抵制態度。本書第四章介紹過，中國城市的平均房價大約相當於人均年收入的 25 倍。從購房角度去看，這個比例表明，供房不易。而從房產主的角度去看，就又是一副景象了。房產稅以房價計稅，高房價意味著房主的稅負很重；收入相對於房價偏低，則意味著，房主用不高的收入，既要供房、又要納房產稅、還要養家，對於大多數房主來說，實在是不堪承受之重。2016 年北京市居民人均可支配收入為 52530，[29] 如果在自住房產之外還擁有一套一百平米的住宅，時價按每平米五萬人民幣估計，房產計稅價值是五百萬人民幣，哪怕房產稅率只有 0.5%，每年也需繳納 25000 元人民幣，相當於年人均可支配收入的五成；這樣，許多房產主要想維持大城市高昂的生活費用，實際上只能挖銀行存款來繳納房產稅，其荷包將年復一年地快速縮水。

顯然，如此對有錢人和中產階層竭澤而漁的稅收政策，不到計窮無策之時，中國政府其實也不想大範圍地激發民怨，這就是中國的房產稅遲遲不開徵的原因。然而，2017 年 2 月國務院《關於創新政府配置資源方式的指導意見》出臺實施，其中明確提到「支持各地區在房地產稅、養老和醫療保障等方面探索創新」，意即各地在財政困難情況下，允許地方政府開徵房產稅。[30] 表面上看，這是中央政府將徵稅權和社會福利開支管理權下放，其實質含義則是，中央政府在下放收稅權的同時，也將財政困難的壓力下放給地方政府，讓地方政府去面對地方財政壓力和開徵房產稅引發不滿這個兩難課題。2017 年 7 月 27 日，陝西省因財政

入不敷出，率先在全省範圍內開徵房產稅。[31]其他省份在開徵房產稅上，只是時間遲早問題。

以上分析說明，對政府來說，經濟不景氣，企業稅收難以增加，但用房產稅還可以補救，因此，財政雖有困難，卻未必走投無路，財政危機還不至於立刻爆發。只要中國政府在財政上可以支撐住國家的暴力機器，中共政權就不至於崩潰。

危機來臨之時，必是中共財政崩盤之日。

3、國內反對力量弱小且分散

中國政府是個高度組織化且武裝到牙齒的獨裁政權，其鎮壓力量遠遠超過中國歷史上任何王朝，面對這個世界上第三軍事強國，民眾連購買刀具都要受限制，這種情況決定了官府的鎮壓力量與民間的反抗力量彼此之懸殊前所未有。本書第五章已經概述了各種社會反抗的起因及其組織方式。事實上，當中共在 2015 年「709 抓捕行動」中將維權人士一網打盡之後，國內已經沒有任何哪怕是鬆散型組織的反對力量了。除了軍事政變，幾乎不可能結束中共統治。

國內政治反對者多年來引為奧援的所謂「海外民運圈」，其實只是對近 30 年來因各種原因流亡海外的中國異議人士的泛指，這個虛化的「圈」並非一支有組織的力量。由於中國政府長期在異議圈「摻沙子」（即派遣「第五縱隊」），再加上民運人士本身的缺陷，海內外各個圈子的異議人士互相排斥鬥爭的興致，遠遠高於他們反對中共政權的熱情，幾乎沒有集結的可能。觀諸歷史，任何國家（包括中國歷代王朝）就算出現政治危機，也必須具有組織能力與感召力的反對力量乘時而起、加以利用，才會導致原有政權垮臺。中國現階段顯然缺乏一支這樣的有組織力量。

反抗力量這種一盤散沙的狀態，既是政治反對者們的悲哀，更是中

國的悲哀。當中共政權基於自身的奪權經驗而努力消滅社會的反對力量，並破壞民間的自組織能力之時，也就消滅了這個社會的重生機能。

由此來看，今後 10—15 年之內中國不會出現導致中共政權垮臺的危機共振；但也不要指望中共政府像一個正常政府那樣治理中國，並將這個危機四伏的社會導入正途。中共政權除了高壓維穩與開動宣傳機器堵塞言路，其他的正常管治能力已經喪失。這種潰而不崩之局延續得越長，中華民族喪失的社會重建資源將越多。

五、中國面臨的外部壓力有多大？

中國歷史上，西周、唐、宋、明等幾個王朝都是在衰落之際遇到異族入侵而滅亡的，中共本身也是在蘇聯全力扶持下戰勝國民黨而奪取政權的。因為汲取了這些歷史經驗，尤其是自身奪取政權的經驗，中共政府一直都將外部力量對中國施加的影響稱之為「和平演變」，自 2005年起改稱「顏色革命」，加以嚴厲防範。

所謂的「和平演變」是否存在？從事實觀之，「和平演變」的舉措當然有，但從其實際效果來看，中共實屬體制性過度防範。從 2015 年開始，西方知識界已經有人意識到，西方文明已經進入由盛而衰的轉折關頭。2017 年 7 月，英國《金融時報》副主編馬丁・沃爾夫（Martin Wolf）撰文指出，從各國 GDP 總量、儲蓄、人口變遷、技術發展、生產率、全球化（機會停滯）和收入停滯引起的民粹主義抬頭等七方面，都揭示出發達國家在全球經濟中的權重下降。[32]

進入衰落期的西方文明，日漸失去了對外干預的能力與願望。

1、美國對華「顏色革命」的八字方針

中國所處的國際環境，重中之重其實是中美關係。從 1972 年尼克

森對華訪問的「破冰之旅」直到 1979 年中美建交，前國務卿基辛格（Henry Alfred Kissinger）是關鍵人物，他的外交理念幾乎成為美國外交界處理美中關係的經典教科書。經過幾十年磨礪，這一理念被濃縮為務實的「接觸、合作、影響、改變」八字方針，收縮性極大。比爾·克林頓總統當政以來，將這一原則定為兩條主線：經濟往來為主，人權為輔。此後，這一原則從未改變，只是克林頓時期重在「接觸、合作」，試圖「影響」，將「改變」作為努力方向；喬治·W·布什（布希）任總統時，需要與中國在反恐方面合作，因此重在「合作」並假裝「影響」。例如，正式開啟了克林頓時期確定的美國對華法律援助項目（於 2004 年興起的中國維權律師群體就是這一項目的果實）；巴拉克·奧巴馬總統第一任期內是謀求合作，第二任期內因中國黑客、斯諾登事件、南海問題等與中國摩擦不斷，但仍然未曾偏離這一主軸，只是基本放棄了「改變」。直到今天，在美國的外交戰略思維中，俄羅斯是敵，中國仍是夥伴關係；只是隨著雙方關係的變化，在「夥伴」前冠上的修飾語有所不同，關係好的時候名之為「戰略性夥伴」，差的時候則叫「重要的貿易夥伴」，有時則寬泛地定義為「合作夥伴」。

而中國當局只想要「接觸、合作」，不希望受到「影響」，同時堅決拒絕「改變」。以 2005 年中國宣布「和平崛起」為界，在中國未曾崛起之前，江澤民定下了「與國際接軌」的方針，所謂「影響」只能暗地拒絕；胡錦濤任總書記之後，於 2005 年明確制訂反對「顏色革命」的方略，美國對華政策中的「影響、改變」，自然就被看作是以美國為首的外部勢力要對中國實施「顏色革命」；到習近平接任前後，中國事實上已經放棄在政治上與國際接軌的方略，國際社會對此也已默認。

2、非政府組織（NGO）：影響、改變中國的主力軍

在中國政府眼中，美國試圖「影響、改變」，即在中國推行「顏色

革命」的實施工具，主要是派往中國的各種 NGO。

美國在克林頓時期，與江澤民治下的中國，出現過一段短暫的「蜜月」。自克林頓時期開始，美國確定人權外交方略，「合作、影響」主要是通過 NGO 進行，以美國為主的各種各樣的 NGO 先後進入中國。

在中國躍升為第二大經濟體（2010 年）之前，世界不少發達國家，包括聯合國，都向中國提供過許多援助，國際 NGO 隨著這些資金大量湧入中國。比較活躍的有美國福特基金會（FF）、香港樂施會（Oxfam Hong Kong）、國際計劃（Plan International）、國際行動援助（Action Aid）、世界宣明會（World Vision）、英國救助兒童會（Save the Children）、無國界衛生組織（Health Unlimited）、世界自然基金會（WWF）等，它們在中國的援助和活動領域主要集中在環境保護、反貧困、性別平等、基礎教育等方面。

聯合國報告顯示，過去 20 多年中，以日、歐為首的西方發達國家以及世界銀行等國際組織向中國提供了總計 1161 億美元的經濟援助，包括低息、無息貸款和無償贈與，其中無息和低息貸款占總援助額的絕大多數，資金主要投向教育、交通、供水、環境、衛生保健設施和能源與採礦以及農村等領域，為中國經濟的快速發展作出了重大貢獻。與此相對應的則是，各國的 NGO 紛紛在中國設立辦公室，與國內的官方和民間機構合作，活躍在各個領域。由於相關統計不健全，中國到底有多少國際 NGO，一直是個謎。清華大學 NGO 研究所的報告曾估計總數在一萬家左右，其中最多的是美國 NGO，約占總數的 40%。[33]

2010 年中國的 GDP 總量超過日本，成為世界第二大經濟體，許多西方國家政府紛紛意識到，本國經濟在規模上遠不如受援的中國那麼龐大，還得指望中國擔任「拯救世界經濟的諾亞方舟」，於是對中國重新定位，對華援助慢慢減少或終止。此情此境之下，中國政府認為，沒必要再繼續容忍那些外國資助的草根 NGO，加上國內政治經濟形勢日益惡化，終於開始對在華的境外 NGO 下手。2014 年 4 月 15 日習近平主

持召開中央國家安全委員會第一次會議，發表為國家安全重新定位的講話之後，國安委部署摸底調查在華境外 NGO，制訂新的《境外非政府組織境內活動管理法》，軟硬兼施，最終讓七千多個由外國資助的 NGO 在中國無法生存。[34]

由於美國希望通過大量 NGO 進入中國，開展「接觸、合作」，從而達到「影響、改變」之目的，因此它選擇的中方合作機構主要是官方控制的各種機構。香港中文大學社會學系助理教授安子傑（Anthony J. Spires）的研究報告揭示了這一事實。安子傑根據美國基金會中心資料庫（www.foundationcenter.org）的統計歸類分析，得出如下結論：2002—2009 年間美國各基金會對華援助約有 4.3 億美元（不含港澳臺），其中捐助給學術機構（中國的學術機構基本上均為官辦）、政府部門、官方 NGO 的資金分別占 44.01%、25.38%、16.62%，這三部分援助占到了總額的 86.1%，而國內的草根 NGO 所獲捐助只占 5.61%（即資助維權律師與倡導公民權利的小型民間組織）。[35] 估計歐盟及西方其他國家對草根組織的援助比例與之相似，國內草根 NGO 所得比例不會比美國的援助高多少。

3、美英兩國放棄對外推廣民主化

這種通過境外 NGO 實施的援助，數額巨大，廣泛涉及人權、環保、健康衛生、扶貧等各種項目，其績效卻是本良心帳，並沒有任何客觀的業績評估；由於受到「政治正確」的約束，也幾乎無人敢就此提出質疑。美國的保守派智庫傳統基金會（Heritage Foundation）的詹姆斯・羅伯茨（James Roberts）對以往這類項目的看法是：「美國、經合組織國家等西方國家提供的援助，太多的援助最後只是幫助腐敗政府繼續掌權。」奧巴馬政府時期，美國對外援助當中有不少這類項目。2017 年美國有了一位不太在意「政治正確」的川普總統之後，這種狀況才被打破。鑑

於奧巴馬總統留下 20 萬億美元巨額債務，川普的新政府將削減開支，國務院的預算據說將縮減三分之一，所有援外項目都受到新總統和國務卿的仔細審查，很可能優先考慮把援助提供給那些努力加強法治與知識產權保護以及打擊腐敗的國家。[36] 中國正好屬於「知識產權侵權嚴重、法治不倡、高度腐敗」的專制國家，對中國的各種援助極可能被停止。中國當局對此的反應是發表了一篇〈川普終止美國顏色革命〉，火爆網絡。

　　西方左派（主張社會民主主義者）大力反對川普當選美國總統及英國退歐，主要是認定，這二者都違背他們弘揚的普世價值理念，但左派陣營卻用集體行動滑稽地證明，他們自己放棄普世價值的舉動其實比川普更徹底。由於美國川普政府希望退出全球化的領軍地位，中國被西方政界與媒體精英共同「推舉」為全球化新旗手。這類文章很多。《紐約時報》乾脆登載了一篇〈川普時代將為中國帶來機遇〉，這篇文章的主旨是：1. 中國當世界領導者是時代的選擇；2. 中國已經具備承擔世界領導者的能力。結論是：中國領導人已經開始填補川普上臺後形成的國際領導真空，中國還準備在環保政策方面發揮領導作用。[37]

　　上述事實說明：美歐在全盛時期，對中國的最強干預無非就是美國的「接觸、合作、影響、改變」；如今全球化形勢逆轉，西方國家不僅不再「影響、改變」，就連奉中國為「全球化新旗手」的心都有了。儘管西方的左翼文化精英曾經為中國政府送上各種「帽子」，比如，「自由民主之敵」、「互聯網之敵」、「新聞自由之敵」，如今這些精英的舉動卻彰顯出「沒有永恆的敵人，只有永恆的利益」這一國際關係金句的實用主義立場。回顧以往，展望未來，可以說，中國政府對「顏色革命」的防範打擊，無非是「體制性過度防範」；而指望西方國家尤其是美國對中國進行軍事干預，以「解放中國人民」，當然也只是一廂情願的幻想。

4、西方主流文明進入自我反叛期

　　值得關注的還有兩大現象，這兩大現象牽涉到西方政治學界一對著名師生撰寫的兩本觀點與結論均相反的名著：塞繆爾・P・亨廷頓（Samuel P. Huntington）的《文明的衝突》與弗朗西斯・福山（Francis Fukuyama）的《歷史的終結》。

　　兩大現象之一是，共產主義幽靈又在歐美等民主國家遊蕩。2016年出現英國脫歐、美國川普當選這兩大「黑天鵝」事件之後，歐洲急劇左轉，崇拜共產主義的各種言論登堂入室。2017年6月，在英國，首相梅所在的保守黨在議會選舉中失利，主張福利主義的左派政黨工黨捲土重來；在法國，歡迎移民與難民並許諾增進福利的資深毛粉埃馬紐埃爾・馬克龍（Emmanuel Macron）在大選中獲勝。[38] 所有這些事件證明，福山在《歷史的終結》一書的預言破產了。20世紀90年代初福山認為，蘇聯的崩潰代表著共產主義的失敗、資本主義的勝利；以民主選舉和自由市場為基礎的現代西方文明，是人類文明的最高發展階段，地球上的所有地區都必然會進入這個階段；人類歷史會停止進化而永遠停留在這個階段，這就是所謂「歷史的終結」。

　　另一大現象是，全球文化衝突隨著穆斯林人口大規模遷移更形尖銳。福山在哈佛大學的導師亨廷頓堪稱大師級學者，在《文明的衝突》這本名著中，亨廷頓認為，真正左右世界格局的不是表面上氣勢如虹的西方文明，而是各個地區所固有的歷史文化傳統。亨廷頓把人類文明分成三大系：歐美基督教文明、中東伊斯蘭文明、東亞儒家文明；他認為，這三種文明之間存在著矛盾和衝突，全球的未來取決於這三大文明之間的衝突，以及人們如何應對文明的衝突；此類衝突的根源在於，被西方文明擴展所遮蔽的多元文明重新興起，西方的過度擴張帶來了非西方文明的覺醒。

《文明的衝突》一書極富洞見，卻因書中的觀點而備受爭議，並被西方政界有意忽視。但不幸的是，他的預言已經成為歐洲的現實，ISIS的興起與歐洲各國頻發的恐怖襲擊，正在見證西方文明與伊斯蘭文明的衝突。亨廷頓沒有預料到的有兩點：一是面對伊斯蘭主義與中國為代表的東方（亨廷頓稱之為儒家文明），西方文明會主動撤退，採取守勢；二是在西方本土，西方文明進入自我反叛期，曾經被西方主流文明戰勝的共產主義思想這一幽靈開始在歐洲等地遊蕩。

　　自從難民潮（其實是移民潮）衝擊歐洲以來，波蘭、捷克、斯洛伐克、匈牙利中歐四國（維謝格拉德集團）就紛紛表態，拒收難民，對設在布魯塞爾的歐盟總部採取「寧願被罰款、也決不接收難民」的不合作政策。這種不合作態度一直備受歐盟與德、法兩國的指責，歐盟的主流國家認為，這四國的原社會主義國家背景導致其缺乏人道關懷。

　　極為弔詭的是，歐洲精英們一面譴責四國的社會主義歷史，一面卻將歐洲的未來寄託在社會主義的更高境界——共產主義理想之上。2017 年法國的馬克龍當選總統，作者對此並不感到意外。法國經濟學家托馬斯·皮克迪（Thomas Piketty）幾年前出了一本馬克思《資本論》的效顰之作《21 世紀資本論》（Capital in the Twenty-First Century）。為了贏得大選，馬克龍在競選中提出的政策有統合左右之美，本身卻充滿了矛盾而不自知：他既傾向於市場化，又強調增加社會保障；既要逐步削減財政支出以平衡財政赤字，又希望公共投資計劃和減稅等政策降低居高不下的失業率。福利和效率是永恆的博弈，在法國這個偏愛享樂主義、能將社會福利折騰出四百多種的國度，效率永遠是失敗退讓的一方。馬克龍當總統之後，其理想主義的號召可能比其經濟政策的實踐更受歡迎。

　　在誕生了自由資本主義與亞當·斯密（Adam Smith）的英國，也出了一位公開表示認同馬克思的實行財富重新分配觀點的央行行長馬克·卡尼（Mark Carney）。馬克思認為，改變資本主義社會周期性衰退的

方法就是革命，通過暴力革命進行財富再分配。卡尼則宣稱，他部分同意馬克思的觀點。[39] 馬克·卡尼敢於公開認同馬克思主義理論，是因為他並非孤立之人，英國有支持他的強大社會基礎。2017 年 6 月英國議會選舉中，工黨的勝利就是憑借一系列福利主義的承諾。在工黨以「為多數人而非少數人」（For the Many, Not the Few）為主旨的大選宣言中，一些重要的政策主張和承諾包括：上調公司稅至 26%、引入金融交易稅、強化國民保健制度（NHS）、增加假期，以及一系列有利於工人的福利、工資政策。這些政策主張還包括，對郵政、鐵路重新國有化、為學生提供免費午餐、為國民提供免費育兒服務等等。[40] 這份宣言堪稱工黨自 1983 年以來最左傾的政治宣言，卻幫助工黨贏得了更多選民的支持。

美國的第一左派大報《紐約時報》受到歐洲左翼政治「新曙光」的鼓勵，發表了《雅各賓雜誌》（Jacobin Magazine）的編輯、「美國民主社會主義者（Democratic Socialists of America）」組織副主席巴斯卡·桑卡拉（Bhaskar Sunkara）的文章：〈再給社會主義一次機會〉，他提出，「我們或許可以不再把列寧和布爾什維克們當成瘋狂的惡魔，而是選擇把他們當成用意良好的人，試圖在危機中打造出一個更好的世界，但我們必須弄清如何避免他們的失敗。」[41] 在冷戰爆發前夕和冷戰期間，西方政治學者普遍反對不惜犧牲無數生命，將人類社會當作試驗品的共產主義實踐；而柏林牆倒塌後不到 30 年，桑卡拉的這種想法居然在《紐約時報》這樣的領軍媒體上公然宣示，顯然是個值得關注的信號。

很明顯，這種局面有利於緩解中國政府在國際社會面臨的意識形態壓力。如本書前言分析的那樣，通過近 40 年的「改革開放」，中國發展出了「共產黨資本主義」這一獨特模式。在全球化形勢逆轉之時，這一模式奇特地與西方發生了雙重契合：經濟上，共產黨資本主義與西方的資本主義制度通過各種投資貿易關係，形成了「你中有我、我

中有你」的利益關係;政治上,中共政權又與世界各國左派產生了奇異的媾合。拉美不少國家本就是左的集合體,與奉行馬克思主義的中共天然一家親;歐美左派當中,許多人本來是 1968 年巴黎紅五月的傳人,許多人對毛澤東的崇拜至今猶存,對毛澤東思想更是高度認同;即使在共產主義思潮遠不如歐洲強烈的美國,其中國研究圈中的不少人在上世紀 60 年代因崇拜毛澤東而學習中文,最後走上了中國研究這條職業道路。

在美國對華外交中,「美中關係全國委員會(National Committee on United States-China Relations)」是一支舉足輕重的力量,其會員數量龐大,有不少重量級人物就是「毛粉」,比如基辛格等人。平時外界可能感受不到其力量所在,但關鍵時刻一露崢嶸,能扭轉美中關係的方向。

該委員會最近一次嶄露崢嶸,就是在 2016 年川普當選美國總統之後、未正式入主白宮之前。因川普與臺灣總統蔡英文的一通電話,讓美國的「一中政策」遇到了疑似挑戰。「美中關係全國委員會」為此在紐約補辦了成立 50 週年的慶典活動;說是「補辦」,是因為該委員會成立於 1966 年 6 月,週年紀念活動本應在 6 月舉辦,遲至 12 月 15 日補辦慶生活動,其意在展示政治力量。中國的各種媒體大書特書這次活動,繪聲繪色地描繪了會場景象:「美中關係全國委員會」會長史蒂芬‧歐倫斯(Stephen Orlins)在會議開始致辭時,用中文字正腔圓地念了一段毛澤東語錄,「我們的同志在困難的時候要看到成績,要看到光明,要提高我們的勇氣。」嘉賓們的掌聲顯示了他們都理解了會長的潛臺詞;中國的媒體還突出報導了基辛格的下述觀點:如果中美兩國不能合作,緊張會加劇,世界將分裂為擁中和擁美兩派,並早晚會失控,「我們現在正處於歷史的重大關頭」[42]。

在西方文明再度進入自我反叛期之後,中國的共產黨資本主義反而獲得了生存機會,這事聽起來荒誕,但卻是不得不承認的現實。

六、中國最重大的問題是什麼？

無論是對於中國人來說，還是對於中國的鄰國來說，中國今後最重要的問題，不是中共政權什麼時候崩潰，而是一旦中共政權退出歷史舞臺之後，中國是否具備相應的社會重建能力，這不僅關係到中國的未來，還關係到中國周邊國家的穩定。

對中國來說，有些問題可能通過民主化得到解決，比如政治權利問題；但有些問題在民主化之後還會繼續嚴重困擾中國，如同中東、北非四國（突尼斯、埃及、利比亞、敘利亞）的失業問題，曾經是四國革命的導火索。與這些國家相比，中國還多出一些自身的問題，比如生態環境被嚴重破壞、資源高度對外依賴、人口十倍於那四國人口的總和。

中國在短短 20 餘年全球化進程中經歷了兩度「角色變換」，第一度角色變換是指中國從一個落後的農業國兼人口大國，成為一個為世界提供廉價工業品的「世界工廠」，時間大約為 1990—2010 年左右；第二度角色變換發生於第一度角色變換的中期，自 2005 年之後房地產業與「鐵公雞（鐵路、公路、基建）」成為中國經濟發展的「龍頭」，中國也逐漸變成世界上最大的資源與農產品買家。澳大利亞與拉美、非洲等地的資源型國家，近 20 餘年一直依靠中國的龐大需求發展本國經濟並促進就業。從 2010 年開始，中國的「世界工廠」地位急劇衰落，經濟增速逐漸放緩，這些向中國出口原油、鐵礦石及各種礦產的資源型國家，如今正面臨經濟發展衰退、就業萎縮的困境。指出這點，不是想說明，資源型國家對中國的依賴有多強，而是想說明，中國資源的對外依存度有多高。

僅舉三項最基礎的資源需求，就可以知道中國經濟有多脆弱：

2013 年 10 月中國取代美國，成為全球最大的石油淨進口國，石油進口量超過了美國的每日 624 萬桶。2015 年《國內外油氣行業發展報

告》顯示，2014年中國石油淨進口約為3.08億噸，石油對外依存度達到59.5%；2017年1月中石油經濟技術研究院發布《國內外油氣行業發展報告》，報告顯示，2016年中國原油產量跌破2億噸，原油對外依存度超過65%。[43]

中國的糧食自給率在2014年就下降至87%，全部農產品的自給率差不多是70%左右，30%左右需要通過國際市場來調節。[44]全球的豬肉有一半進了中國民眾的肚子；大豆是中國植物油的主要來源，中國對大豆的消耗量占全世界消耗總量的22%，目前中國的大豆進口主要來自美國、巴西、阿根廷三個國家；中國從澳洲、美國和加拿大進口的小麥占進口總量的90%。[45]

中國內地人口13.83億（不包括香港、澳門）。捲入「阿拉伯之春」的四國人口（2013年）合計1.22億（埃及8200萬，突尼斯1089萬，利比亞620萬，敘利亞2285萬），不到中國人口的十分之一。這四國在2011年「阿拉伯之春」以後產生了ISIS，敘利亞至今仍處於戰火之中，其餘三國亦未恢復到革命之前的水平，高失業依舊，大量無業可就的青壯年人口成了社會不安定因素，被敘利亞等伊斯蘭國家的難民潮淹沒的歐洲大陸已經喪失了安全。美國國內政治急轉彎的原因之一就是——一半以上的美國人不滿奧巴馬的移民政策，而希拉里·克林頓卻承諾還要全面放開美國邊境，她失去進入白宮的機會，與此有一定關係。

有「阿拉伯之春」的教訓在前，幾乎沒有人希望中國這個人口第一大國再發生什麼導致社會嚴重失序的革命。這就是為什麼奧巴馬在任內雖然支持「阿拉伯之春」，離任前卻在對華政策上認定，「一個衰落的中國比崛起的中國更可怕」。這是基於「阿拉伯之春」變成漫長的「阿拉伯之冬」、最後禍延全球尤其是歐洲的沉痛教訓。

按照亨廷頓在《第三波——20世紀後期民主化浪潮》一書中的觀點，世界上大致歷經了三波民主化浪潮：第一次民主化長波，1828—1926年（起源於美國革命和法國革命）；第二次民主化短波，1943—

1962 年（始於第二次世界大戰）；第三波民主化，1974—1990 年代中期（始於 1974 年葡萄牙的「康乃馨」革命，終於前蘇聯各加盟共和國的各種顏色革命）。2011 年中東、北非四國的「阿拉伯之春」曾被西方媒體稱為「第四波民主化」，其結果卻令世人大失所望。如今，美英都準備放棄在全球推廣民主化的使命，全球化大潮已經到了回水灣；歐盟雖然還在頑強地堅持歐洲一體化的理想，但各國因「難民」的大量進入而重設邊界，隨著必將到來的歐盟各國債務危機，還有隨時可能發生的歐洲本土伊斯蘭極端主義發動的恐怖襲擊，自顧不暇，其前景清晰可見，只是多掙扎幾年，還是少掙扎幾年的問題了。

在前後四波民主化浪潮中，中國曾經趕上了第一波，於 1911 年建立了中華民國——亞洲的第一個共和國；第二波民主化浪潮後中共建立了極權體制；第三波民主化當中，導致社會主義陣營垮臺的第一塊多米諾骨牌，是 1989 年中國的「六四民主運動」；第四波，中國是旁觀者。所有這四波浪潮均有西方國家的力量在推動。如今，美歐面對西方文化自身的反叛，有點自顧不暇，暫時放棄對外推廣民主化的努力，中共政權面臨的外部壓力暫時減輕了。

百餘年來，中國曾經成功地避免過所謂「四波民主化」的衝擊，所有矛盾都在內部耗散。但在全球化的背景下，敘利亞等中東國家的矛盾向外部耗散，深刻影響了西方國家的生存。基於這一事實經驗，對中國問題的思考應該有個新視角，那就是，在中國維持這種「潰而不崩」的狀態中，為未來的社會重建多留點「資本」。在作者看來，中國最欠缺的「資本」，是具有權利意識與自由意志的國民群體。

註

1 Branko Milanovic, "Why the Global 1% and the Asian Middle Class Have Gained the Most from Globalization," May 13, 2016. Harvard Business Review, https://hbr.org/2016/05/why-the-global-1-and-the-asian-middle-class-have-gained-the-most-from-globalization.

2 Adam Creighton, "How China Trade Could Help Explain Rising Mortality Among White Middle-Aged Men Counties with Workers Vulnerable to Chinese Competition Saw an Increase in Suicide and Drug-Related Deaths, A New Study Shows," Wall Street Journal, Nov. 23, 2016, https://blogs.wsj.com/economics/2016/11/23/how-china-trade-could-help-explain-rising-mortality-among-white-middle-aged-men/.

3 《中國歷年 GDP 數據,中國各年度 GDP 總值及人均 GDP（1978—2016 年）》,排行榜 123 網,2017 年 1 月 7 日,https://www.phb123.com/city/GDP/10218.html.

4 〈我國對外投資流量躍居全球第二〉,中國商務部網站,2016 年 9 月 23 日,http://www.mofcom.gov.cn/article/i/dxfw/nbgz/201609/20160901399593.shtml.

5 〈報告:中國每五天出一個億萬富翁〉,《華爾街見聞》,2016 年 10 月 14 日,http://wap.wallstreetcn.com/node/267434.

6 〈全球中產階級財富總額前十排名 中國第三〉,環球網,2016 年 5 月 17 日,http://cnews.chinadaily.com.cn/2016-05/17/content_25324857.htm.

7 〈社科院稱,中產階層規模占總人口 23% 遭質疑〉,新浪網,2010 年 2 月 12 日,http://news.sina.com.cn/c/2010-02-12/073219680984.shtml.

8 "China's Middle Class: 225m Reasons for China's Leaders to Worry," Economist, July 9th, 2016, http://www.economist.com/news/leaders/21701760-communist-party-tied-its-fortunes-mass-affluence-may-now-threaten-its-survival-225m.

9 藍之馨,〈新白領失業潮:結構失衡引發就業難〉,第一財經日報,2013 年 7 月 12 日,http://www.yicai.com/news/2852958.html.

10 〈企業接連倒閉、搬離國外,失業潮真的來了嗎〉,搜狐網,2016 年 12 月 23 日,http://weibo.com/ttarticle/p/show?id=2309614055944408487896.

11 〈外資撤離潮再次敲響警鐘〉,慧眼財經,2017 年 1 月 16 日,http://weibo.com/ttarticle/p/show?id=2309614064811473370489.

12 楊麗,〈甲骨文 2017 將迎來大規模裁員,究竟意欲何為?〉,T 客匯,2017 年 1 月 16 日,http://www.tikehui.com/archives/31187.

13 Goldman Sachs,〈中國的新消費階層崛起〉,2015 年 9 月,http://www.goldmansachs.com/worldwide/china/our-thinking/chinese-consumer/index.html.

14 李強,〈中產過渡層與中產邊緣層〉,《江蘇社會科學》,2017 年 2 月,http://www.js-skl.org.cn/uploads/Files/2017-03/21/1-1490063494-128.pdf.

15 〈胡潤:中國億萬富豪高達 568 名,首超美國成世界之最〉,新浪網,2016 年 2 月 25 日,http://finance.sina.com.cn/money/forex/hbfx/2016-02-25/doc-ifxpvutf3355438.shtml.

16 〈2017 胡潤億萬富豪榜:北京 94 個億萬富豪,世界第一〉,新浪財經,2017 年 3 月 9 日,

http://finance.sina.com.cn/china/gncj/2017-03-09/doc-ifychhus0110775.shtml.

17 〈中國中產移民潮：不為政治自由而為生活質量〉，鳳凰網，2014 年 4 月 30 日，http://edu.ifeng.com/yimin/detail_2014_04/30/36105532_0.shtml.

18 Luke Kawa, "Get Ready to See This Globalization 'Elephant Chart' Over and Over Again: The Non-Winners in Globalization are the Western World's Middle Classes," Bloomberg, June 27, 2016, https://www.bloomberg.com/news/articles/2016-06-27/get-ready-to-see-this-globalization-elephant-chart-over-and-over-again.

19 Jackson Diehl, "The Coming Collapse: Authoritarians in China and Russia Face an Endgame", World Affairs, Sept. /Oct. 2012, http://www.worldaffairsjournal.org/article/coming-collapse-authoritarians-china-and-russia-face-endgame.

20 〈歐債危機導致多個政府倒臺〉，德國之聲，2012 年 4 月 25 日，http://dw.com/p/14kcL.

21 何清漣，〈川普現象揭示美國政治「三脱離」〉，Voice of America，2016 年 5 月 5 日，http://www.voachinese.com/content/heqinglian-blog-trump-us-20160506/3319021.html；何清漣，〈奧巴馬留下了哪些「政治遺產」〉，《看》雜誌，第 173 期，2016 年 11 月 5 日，http://www.watchinese.com/gb/article/2016/22532?page=show.

22 〈奧巴馬揮手再見，丟給川普一顆近 20 萬億美元的「炸彈」！〉，《華爾街見聞》，2017 年 1 月 11 日，http://wallstreetcn.com/node/284419.

23 貢納爾・海因索恩（Von Gunnar Heinsohn），〈2017 年世界狀況：人口統計學和能力〉（Weltlage 2017: Demografie und Kompetenz），《圖片報》（Tichys Einblick），https://www.tichyseinblick.de/meinungen/weltlage-2017-demografie-und-kompetenz/.

24 〈英美峰會：梅與川普稱，百分之百支持北約〉，BBC，2017 年 1 月 27 日，http://www.bbc.com/zhongwen/simp/world-38776481.

25 〈盤點十八大以來中共高層換血：下馬的和上位的都是誰？〉，端傳媒，2016 年 10 月 24 日，https://theinitium.com/article/20161024-mainland-plenary-6/.

26 鄭秉文，〈從國際經驗看如何長期保持增長動力〉，《人民日報》，2016 年 6 月 12 日，http://opinion.people.com.cn/n1/2016/0612/c1003-28425659.html

27 〈2016 年中國稅收收入增長 4.8%〉，國家稅務總局網站，2017 年 1 月 13 日，http://www.chinatax.gov.cn/n810341/n810780/c2444220/content.html.

28 〈數據顯示：中國城鎮家庭住房擁有率高達 87.0%〉，新浪網，2014 年 6 月 17 日，http://finance.sina.com.cn/china/20140617/153419438560.shtml.

29 北京市統計局，〈2016 年全年北京居民人均可支配收入情況〉，2017 年 2 月 10 日，http://www.bjstats.gov.cn/tjsj/kshcp/201702/t20170210_368396.html.

30 〈房地產稅快來了！2017 年房價終於要跌了？〉，騰訊網，2017 年 2 月 12 日，http://house.qq.com/a/20170212/006266.htm.

31 〈陝西省房產稅實施細則發布，五類房產免徵房產稅〉，中國新聞網，2017 年 7 月 27 日，http://www.chinanews.com/cj/2017/07-27/8289520.shtml.

32 Martin Wolf，〈描述發達世界失去優勢的 7 張圖表〉，英國《金融時報》，2017 年 7 月 28 日，http://www.ftchinese.com/story/001073585?full=y.

33 〈有近萬境外 NGO 在華奔波，常因敏感惹爭議〉，中國日報網，2014 年 8 月 21 日，http://www.chinadaily.com.cn/interface/toutiao/1120783/cd_18460299.html.

34 〈中國立法授權公安部門管理境外 NGO〉，《紐約時報》，2016 年 4 月 29 日，http://cn.nytimes.com/china/20160429/c29china/.

35 〈美國基金會對華援助究竟花落誰家？〉，政見網，2012 年 5 月 9 日，http://cnpolitics.org/2012/04/international-grantmaking-us-based-foundations-and-their-grantees-in-china/.

36 〈川普政府將審查美國援外項目〉，VOA，2017 年 1 月 17 日，http://www.voachinese.com/a/trump-foreign-aid-20170117/3680124.html.

37 閻學通，〈特朗普時代將為中國帶來機遇〉，《紐約時報》，2017 年 1 月 26 日，https://cn.nytimes.com/opinion/20170126/china-can-thrive-in-the-trump-era/.

38 林放之，〈放眼世界，法國總統馬克龍與新毛澤東主義〉，2017 年 5 月 13 日，HKG 報網，https://hkgpao.com/articles/124736.

39 〈英國央行行長：我認同馬克思部分觀點，但本質要實現財富重新分配〉，觀察者網，2016 年 12 月 8 日，http://www.guancha.cn/europe/2016_12_08_383451.shtml.

40 "For the Many, Not the Few," http://www.labour.org.uk/page/-/Images/manifesto-2017/Labour%20Manifesto%202017.pdf.

41 Bhaskar Sunkara，〈再給社會主義一次機會〉，《紐約時報》，2017 年 6 月 28 日，https://cn.nytimes.com/opinion/20170628/finland-station-communism-socialism/.

42 初曉慧，〈基辛格：世界處在重大歷史關頭，中美不合作，世界將失控〉，中國網，2016 年 12 月 16 日，http://world.huanqiu.com/exclusive/2016-12/9823098.html.

43 〈中石油報告顯示，我國原油對外依存度超 65%〉，新華網，2017 年 1 月 16 日，http://news.xinhuanet.com/2017-01/16/c_1120316961.htm.

44 李豔潔，〈農業部專家：我國糧食自給率已跌到了 87%〉，新浪財經，2014 年 6 月 7 日，http://finance.sina.com.cn/china/20140607/025619341510.shtml.

45 〈除了石油，中國大米進口量也是世界第一〉，騰訊財經，第 97 期，2016 年 1 月 20 日，http://finance.qq.com/original/MissMoney/mm0097.html.

結語

中國未來
可能發生何種革命

在前現代的等級社會，通常情況下，雖然底層成員數量龐大，卻並不會影響社會安定，因為等級制觀念給每個等級安排了相應的權利與義務。

進入近現代以來，平權觀念深入人心，一個底層社會成員過多、缺乏社會上升管道的社會，注定成為政治高風險社會。這種「政治高風險」既來自於社會底層渴求變化的翻身願望，也來自於統治集團害怕被顛覆的恐懼，隨著二者的對立衝突日甚，中間勢力被兩頭擠壓，主張非暴力抗爭以求變革的話語空間漸趨逼窄，暴力革命的呼聲日見高漲。推根溯源，今天主張暴力革命推翻共產黨的革命黨，完全是中共積數十年意識形態教育而結出的「碩果」。

一、為何說「郭氏推特革命」是未來中國革命的預演？

2017 年 4—7 月先後發生的兩件大事：「郭氏推特革命」、2010 年諾貝爾和平獎得主劉曉波被囚禁至死，正好成為觀測中國未來可能發生何種革命的窗口。

1、劉曉波與「非暴力抗爭」的中國困境

　　2017 年 7 月 13 日，61 歲的劉曉波先生去世。對中國來說，不僅是一位諾貝爾和平獎得主的生命終結，還意味著非暴力抗爭這一政治理念在中國將進入塵封狀態。

　　劉曉波的異議生涯始於 1989 年「六四」運動，他生命中最重要的一件事，就是作為 2008 年《零八憲章》的起草者之一及主要發起者，在推動《憲章》聯署時發揮了重要作用。《零八憲章》繼承了捷克斯洛伐克《七七憲章》的精神，提倡在中共暴政壓迫之下通過非暴力抗爭促進中國和平轉型，與諾貝爾和平獎評選委員會的遴選標準契合，因此，劉曉波作為《零八憲章》的代表人物，獲得 2010 年度諾貝爾和平獎。挪威諾貝爾委員會在授獎辭中闡明授獎原因：「委員會的意圖是通過頒獎來凸顯人權、民主與和平之間的關係，……早在那時（1989 年）非暴力就成為他民主理念中的一個核心因素。」[1]2017 年 7 月劉曉波在被囚禁中病逝，該委員會再次強調：「通過向劉曉波授予諾貝爾和平獎，挪威諾貝爾委員會希望強調，發展民主與創造和確保和平之間存在著根本聯繫。此外，委員會發現，劉曉波通過非暴力的方式抵抗中國共產黨政權的壓迫行為，為增進不同民族間的友愛作出了貢獻。」[2]

　　非暴力抗爭的理念在中國人中引發的爭論，幾乎從 20 世紀 90 年代就開始了。劉曉波個人的命運與中國社會狀態相映照，卻顯得非常奇詭：作為主張非暴力抗爭的代表人物，他在 1989 年之後曾幾次入獄，這一經歷將他從激進的文學青年熬煉成主張非暴力抗爭的溫和反對者，這一角色得到諾貝爾和平獎的加持；與此同時，他代表的非暴力抗爭主張，卻在政府的政治暴力與網絡革命黨日趨嚴重的暴力傾向這雙重煎熬下，進入奄奄一息之境。劉曉波及其愛妻劉霞的悲劇人生，更成了主張暴力革命者用來反證非暴力抗爭路線失敗的例證。

但是，正如《零八憲章》的共同發起人之一、學者徐友漁 2017 年 7 月 15 日在紐約各界舉辦的劉曉波追思會上所言：《零八憲章》倡導通過非暴力抗爭，促進中國走上憲政民主之路的思想，並非劉曉波個人獨創，而是一代中國知識分子對現實做了深刻反思後形成的共識。1989 年流亡海外的作家蘇曉康在〈劉曉波把激進煎熬成溫和〉一文中，細述了劉曉波獲獎之後，他本人及《零八憲章》代表的非暴力抗爭路線遭遇的尷尬：海內外有不小的反對聲音，「以劉曉波的巨大爭議性，對他沒有疑義反而不正常了」，質疑聲中，當然「包含了劉曉波獲獎對中國現實政治能有多少觸動的疑問」。非暴力抗爭路線在當下中國的處境，意味著劉曉波戴上這頂桂冠的同時，就背負了道義的十字架。也正因如此，劉曉波在知悉自己獲獎後稱，這個獎是頒給「六四」亡靈的。蘇曉康對此做了總結：「在一定意義上，2010 年的諾貝爾和平獎，早在 1989 年春北京的沸騰廣場、血沃長街就應驗了。天安門學子滿腔報國之心，被機槍坦克輾碎之際，啟動了共產主義陣營大坍塌的骨牌效應，八九一代卻抱憾飲恨至今，終於劉曉波代表著他們的理想和叛逆，登上諾貝爾的殿堂；再深一層說，推選劉曉波的也不是現世的人們，而是倒在長安街上的亡靈們，他們要讓這位前『黑馬』代表他們，來告訴這個世界，殺人不是政治，只是獸行；反殺回去，又在重複獸行。中國要爭取講道理的那一天。」[3]

只有經歷過「六四」的人，才能理解「中國要爭取講道理的那一天」這句話蘊含的沉重。1989 年之後流亡海外的前輩學人李澤厚與劉再復深刻反思後曾出版一本對話集《告別革命》，對海內外中國知識分子影響甚巨。在主張非暴力抗爭的知識分子當中，以胡平的看法最為系統。胡平長期從事民主運動理論研究，他認為：暴力反抗暴政有其正當性，但面對高度現代化熱兵器的專制政權，斬木不能為兵，一般民眾不具有暴力反抗的工具；我們沒有槍，如果不甘屈服，唯有從事非暴力抗爭。1989 年的民主運動就是一場偉大的非暴力抗爭，但「六四」屠殺

使很多民眾失去了非暴力抗爭的信心。胡平進而闡述：「有人以為，一旦民眾認識到非暴力鬥爭此路不通，他們就會轉而投入暴力抗爭，這個推斷不符合實際；若人們失去了對非暴力鬥爭的信念，從而放棄非暴力抗爭，實際上就是放棄了現實可行的鬥爭手段，到頭來也就是放棄了抗爭本身。又由於他們不參加實際的非暴力抗爭，因此使得實際發生的非暴力抗爭總是形不成聲勢和規模，形不成足夠的力量，既不足以對一黨專制構成有力的挑戰，同時又比較容易被當局所壓制。這反過來又使得民眾進一步失去對非暴力抗爭的信心，由此陷入惡性循環。要打破這種惡性循環，首先就要讓人們重新恢復對非暴力抗爭的信心。捨此之外，別無捷徑。」[4]胡平的看法既包含了不能選擇以暴易暴這個終極目標，還包含現實的策略考慮。

在中國這塊土地上，古往今來數千年，不斷出現張角、黃巢、朱元璋、張獻忠、洪秀全、義和團這種暴力革命，就連中共政權也篤信「槍桿子裡面出政權」，並將這一理論發展成今天的「維穩論」。由於政府通過它高度操控的教育系統，長期對國人實行意識形態洗腦，統治者與反對者共享一套以「剝奪剝奪者」為核心理念的馬克思主義、毛澤東思想，以及鄧小平的「摸論」（摸著石頭過河）、「貓論」（不管白貓黑貓，捉住老鼠就是好貓）為代表的機會主義價值觀，因此，在神州大地，暴力革命從來就不缺信奉者。

在這樣一個崇拜權力與暴力的國度，究竟會發生何種類型的革命？這是筆者多年來都在觀察、思考的問題。在劉曉波去世之前，推特（Twitter）中文圈提供了一個難得的觀察窗口。

2、「郭氏推特革命」是一次未來中國革命的演練

自 2017 年 3 月開始，以美國為基地的 Twitter 中文圈發生了一場極為奇特的「郭氏推特革命」 ——其實參與者的行為更像毛澤東文革中

的「造反派」與「紅衛兵」，但文革並沒有明確的財產訴求，而此次郭氏推特革命，卻是文革與土改（打土豪分田地）二者的混合，因此稱之為「郭氏推特革命」更合適——從參加者對發動者郭文貴的有意誤解，以及各種不斷被加進來的訴求，極其生動地展示了未來中國的革命形態，我在〈「郭氏推特革命」對中國革命的隱喻〉已經說過，這是中國未來底層革命的預演。[5]

事情的簡單經過如下：在中共圍繞十八大高層接班問題的權力鬥爭中，薄熙來、周永康等為首的中共派系失敗，2015 年 1 月中國國安部常務副部長馬建入獄，他「選中的商人」（即為國安部效力）郭文貴因受牽連而逃亡海外。馬建被調查一案與《財新》那篇揭底報導〈權力獵手郭文貴〉，成了郭海外爆料的導火線。2017 年伊始，郭相繼接受明鏡網和美國之音的採訪，並從 4 月開始在視頻網站 YouTube 開始他的直播，其推特帳號的粉絲按每天 10000 的速度暴漲，很快就突破了 30 萬（據推友揭露，其中有不少是購買來的殭屍粉）。他的爆料內容多涉及中國在任官員，主要目標是現任中共中央政治局常委、中紀委書記王岐山貪腐、「盜國」及其親屬與企業家的內幕交易。郭提供了王岐山夫人姚明珊及其親屬的美國身分及十餘套住房信息，並表示，這些信息均可通過美國相關公開信息網站查證。上述信息經過美國中文網媒阿波羅網調查，發現所有房產資料顯示的登記人，均與王岐山夫人姚明珊家族沒有關係。[6] 到 8 月中旬，推號為「福瑞德牧 @furuidemu101」，真名為耿紹寬的人站出來，用親身經歷披露他幫助郭文貴造假的全過程，[7] 以及王岐山的房產如何編制，[8] 王岐山與其「私生子」賈軍及劉呈傑的關係如何炮製，[9] 等等。在此之前，也有類似的真相披露。但特別弔詭的現象是：真相影響不了鐵桿郭粉，在真相浮出水面的過程中，少數郭粉醒悟後成了郭黑，更多的表示沉默，但還有不少郭粉仍然堅持相信，即使不相信，也要堅持肯定郭炮製的謊言對中共起到沉重的打擊作用。正如我在推特上所言：於郭粉而言，對郭的態度，無關事實，成為一種「信

仰」。

其中最有意思的是國內異議人士及海外民運人士對郭文貴的堅定支持，國內除了沈良慶、章立凡，海外除了李偉東、何清漣等堅決反對，以及胡平等少數幾人不表示支持之外，絕大多數民運大佬，例如楊建利等人無視郭文貴聲稱自己的爆料是「以黑反腐」，「為上百萬貪官報仇」，堅持認為郭文貴的爆料活動是打垮中共、促使中國走向民主憲政的良機，紛紛公開表態支持。德高望重的趙紫陽前秘書鮑彤先生還稱郭文貴為「老師」，為郭背書。[10] 支持者們對郭文貴的信仰是如此堅定，以至於完全忽視郭文貴在其視頻中對他們毫不留情的多次譏諷。例如，郭文貴在6月7日的視頻中說：「我現在看到網外這派，那幫的，那教的，一說，一張嘴，改變全中國，一張嘴，改變全人類，一張嘴就是把這個共產黨推翻。你能做啥啊？連飯都吃不上，是不是。你飯都吃不著，有些人，天天，幾十年如一日，在咱們這個紐約東邊一個中國區混著。你那不害人嘛，你讓那些孩子們跟著你所謂搞革命，你那不害人呢嘛。」一位叫做李方的人實在看不下去了，寫了一篇〈民運人，圍獵郭文貴該歇歇了〉，希望眾多民運人士放棄對郭文貴不切實際的幻想。[11] 但表態支持的民運人士前仆後繼，散居美國、歐洲、加拿大、澳大利亞的民運人士悉數加入郭的支持者行列。有些支持者確實是出於錢的因素，但我認為，更多的支持者是因為郭的爆料讓他們充滿了權力幻覺。

從社會心理學的角度來看，郭氏爆料事件發酵過程的研究價值，幾乎與清中期乾隆時期（1768年）江南地區的「叫魂事件」相侔。通過這一事件可以發現，中國「那些促發群體性瘋狂的三種結構性要素：似是而非的觀念信仰，恐懼與暴戾的社會心態，以及超越法治的非常政治機制。這些要素一直潛伏在歷史的暗流之中，至今仍然驅之不散。一旦它們在特定的時機中匯合起來，大規模的歇斯底里還會以各種不同的形態重新上演。」[12]

郭文貴作為個例，有許多獨特因素，比如出身底層、善於攀附、毫

無底線的追求金錢與權勢、倚仗中國權力中最黑的國安勢力橫行商界並經常以錄音、錄相資料敲詐他人，等等。從研究者的角度看，前幾大要素許多中國人都有，但只要與國安勢力結緣這點不可複製，就不具有社會學意義上的研究價值。從整個過程看，郭氏推特革命有如一臺巨大的攪拌機，將中國這口泥塘中積淤多年的爛泥全部攪到水面，讓人從中看到了與中國未來革命相關的種種因素，因而極具研究價值。

這場「郭氏推特革命」的參與者具有明顯的特徵：

（1）不同目標的群體暫時合流

在反對習近平、王岐山聯盟這一點上，官員、反專制的知識分子與社會底層這三種利益與目標完全不同的群體暫時合流：官員因 2013 年以來習、王聯盟的強力反腐，落入郭文貴說的「家破人亡」之境（其實判死刑者極少），迫切希望王岐山被整肅，從而斬斷習的得力臂膀；部分反專制的知識分子期待郭的爆料會引發中共內部權力鬥爭，動搖中共的統治。更為戲劇性的是，江澤民、曾慶紅等「老領導」竟然成了「郭氏推特革命」不少支持者希望所寄，他們冀盼「老領導」幕後發力，郭文貴前臺領導他們公開活動，讓十九大成為習近平的噩夢。一些民運人士盼望在中共倒臺之後自己取而代之；國內的底層失業青年則希望藉郭之力「翻身」。這些人在郭的爆料中看到了「希望」。

一位借國安勢力發家、在反腐中逃往他國、本身也劣跡斑斑的商人，竟然成為幾大利益訴求完全不同甚至衝突的群體共奉的「領袖」，這一詭異現象表明：由於習近平對江澤民時期開始形成的利益格局改變過於峻急，用政治高壓手段對付所有「不穩定因素」，包括對言論空間的嚴重打壓，所有階層都對習近平的「苛政」（包括反腐敗）嚴重不滿。在極端壓抑之下，任何一點空間，都可能成為各種反對者的集結之地。

（2）選擇性解讀爆料

「郭氏推特革命」的支持者求變心切，不少參與者各懷目的，甚至不計較郭文貴的動機其實與他們的動機完全不合。郭文貴多次聲明，他爆料的初始動機是「保錢、保命、報仇」，這一點被支持者刻意忽略；郭講話中經常會出現讚美中共及現任領導人的說法，比如「中共養活了 14 億人」、「習近平是千年一遇的明君」等等，「郭七條」也明確了反貪官不反皇帝、不反體制，所有這些，都被支持者有意當成「策略」曲解；代表中共失勢一方的郭文貴及其「老領導」，包括放縱子弟掠奪公共財產的江澤民、曾慶紅，一概被看作是「正義的力量」，反貪甚力的王岐山則被子虛烏有的「爆料」抹黑成「盜國賊」；自 2017 年 6 月 1 日以後，這種態度更明顯。6 月 4 日那天郭文貴（推特號 @KwokMiles）的推文是：「過去的 3 週，讓我覺得最興奮最幸福的就是讓我認識了中國政府新的年輕領導。他們有國際化的思維，他們也有著非常冷靜的政治智慧。而且他們的思考問題的角度不僅僅是抓抓抓，而是嘗試溝通和把問題變成更加的積極有希望。這也是郭七條的未來和文貴內心所要追求的。中國政府官員中有一股年輕的巨大的正能量！」——這種現象被網友諷刺為：「中國的革命群眾一直在尋找革命領袖，現在郭文貴出現了，大有成為革命領袖的架勢；而郭文貴卻反覆說，希望習近平做這次革命的領袖。」郭文貴爆料目標的高度波動性，更是被選擇性地解讀，比如他 7 月 29 日發出推文，號召「全民直播支持郭文貴，人民必勝正義必勝，打倒共產黨」，引來一些民運人士歡呼支持，結果兩天之後，他又發推聲稱：「我還沒有說過打倒共產黨，目前這一條還不在郭七條範圍之內！我不希望誤導尊敬的推友們！」即使是這種明顯的出爾反爾，也會得到癡迷的「郭粉」一致點讚叫好。

（3）三大群體各懷心機、分合無常

上述三大群體在這次「推特革命」過程中形成的合流，注定是暫時的，不僅僅因為郭本人的真實目標、所爆之料難以證實[13]以及策略失當——郭及其支持者四處樹敵，凡反對郭的人都被他們說成是特務，曾經的支持者一言不合也是特務，還因為這三類支持者求亂的程度以及對亂後秩序恢復的目標完全不同，甚至彼此對立。

中共官員當然希望王岐山失勢，讓習陷入反腐無力的狀態，從而得以恢復江澤民、胡錦濤時期那種「貓鼠一家親」的「美好時光」；知識階層希望輿論環境寬鬆一點，由於對習近平近五年來的嚴厲言論管制嚴重不滿，便開始懷念胡耀邦、趙紫陽時代的相對「自由」和江澤民、胡錦濤時期的「寬鬆」，但他們未必真希望「腐敗再度橫行」，也不見得期盼新「造反派」坐進龍庭；社會底層人士對中共政權、官僚階層、富人充滿了仇恨，少數人甚至將仇恨對象擴展至所有體制內人士，指向低階公務員、教師及研究人員、醫護人員等一切相對成功的人士，這類「郭氏推特革命」的支持者們與海外民運人士的目標接近，即希望中共垮臺，由他們取而代之，但這樣的目標與官員群體反習近平、王岐山的目標顯然是完全背道而馳的。

「郭氏推特革命」的這三大支持者群體本沒有真正的共同利益訴求，更沒有群體之間的互動協商，只是通過各自的情緒宣洩，在互聯網虛擬空間裡合流成為一股「網上革命熱潮」；又由於大家都穿著「馬甲」，並非以真面目示人，也不在意彼此在現實中是否能夠合流，於是各自目標和利益的對立也就模糊化了。但一言不合，以社會底層為代表的郭粉就以辱罵對之，分分合合成為常事。

（4）財富分配的訴求動機

這次「推特革命」的另一個特徵是平權訴求為表，財產訴求為裡。

不少「郭粉」的主訴求是沒收貪官財產。比如，郭文貴指控的貪官傅正華的財產已經被幾位「推油」預先分配了一番。這一點與世界第三波民主化的主流訴求不同。第三波民主化的主訴求是政治權利，而「郭氏推特革命」的許多支持者的訴求則包含底層知識青年所要求的「經濟權利」，但他們所要求的並非中東、北非四國失業青年提出的就業權利，而是共產革命的財產訴求，即「剝奪剝奪者」。在通過共產革命建立政權的中國，長期的洗腦教育把覬覦他人財富這種底層社會的傳統文化蓋上了「打土豪、分田地」的紅色革命圖章。

　　但必須指出，並非所有的「郭粉」都認為應該以分配財富為革命主訴求。小悲@Zodiac4698 就明確表示：「共產主義運動通過第一次財富分配實現謊言，激發人性邪惡面；然後再通過二次財富分配，實現公有制，完成極權，即對多數人的奴役。『財富分配』是幌子是招牌，奪取權力才是目的；而民主革命的誠實就在於，它一開始爭的就是民權。」「如果有人告訴你，我們革命的目的是重新分配財富，就是把別人的錢搶過來，再把這人殺死，這就叫『革命』，那你千萬別信！那一定是跟民主無關的革命，民主革命最大的歷史經驗就是，把權力分配作為革命的目標，是民權的革命！激發的是私產者的公理心！」但在「郭粉」群中，小悲這樣相對清醒的人為數不多。有網友認為，在中國不超過一萬人。鑑於「推特革命黨」的主流傾向是「重新分配社會財富」，因此，分析這些以底層知識青年為主的「網絡革命黨」的思想和行為，對了解中國未來的變動內容及方向很有必要。

（5）推特革命與文革相仿的暴力

　　這次「推特革命」的暴力化傾向相當嚴重，與文革的語言暴力幾乎相等。這種暴力化傾向從兩方面體現：

　　第一、相當多的支持者抱持簡單化的敵我觀念，即毛澤東所說的，「凡是敵人反對的，我們就要擁護」，「順我者昌，逆我者亡」的態度

是主導。「郭粉」當中一些推號表現出十足的痞子化傾向，對於一切自己不喜歡的觀點缺乏寬容，與毛澤東極權體制不容忍異見一樣，動輒圍攻，痞話髒話鋪天蓋地，而且毫無是非感，表現出為達目的不擇手段的強烈傾向。他們對知識分子群體的仇恨、蔑視更是溢於言表，其推文與當年的「文革」大字報相近。除了各種將郭吹捧成空前絕後的帶領中國走向民主化的領袖，比如「中國民主第一人」、「耶穌再世」等諛詞頌語之外，甚至有人提出，「凡不支持郭文貴的，必須予以打擊；凡反對郭文貴的，必是中共特務五毛。」

瘋狂是種巨大的破壞性力量。法國學者勒龐在其名著《烏合之眾》中，對這種現象曾做過深刻評析：「群眾從未渴求過真理，他們對不合口味的證據視而不見。假如謬誤對他們有誘惑力，他們更願意崇拜謬誤。誰向他們提供幻覺，誰就可以輕易地成為他們的主人；誰摧毀他們的幻覺，誰就會成為他們的犧牲品。」瘋狂的粉絲把一個劣跡斑斑、依靠國安系統敲詐、勒索發家的失意奸商郭文貴，捧成為中國網絡革命黨的主人，這種簡化的敵我觀念也是一種暴力。

第二、公開鼓吹血淋淋的暴力。一位自我介紹畢業於中國政法大學研究生院的國際法碩士、在北京從事律師職業近 20 年，現居加拿大的 L 於 8 月 9 日發的一條推文，更是將這種暴力推到了極致：「我有權各（個）別地或與他人聯合起來集體地反抗專制官員，我擁有的反抗手段及其正當性並不因為這種聯合而失去或減損，當很多人一起行動時，就叫民主革命。革命過程中同樣可以咒罵、欺騙、造謠、傷害、殺死他們。我有權以這些手段對付任何一個或多個或全體壓迫者，怎麼有效、怎麼管用就怎麼來，就這麼簡單。」[14] 意思是說，他認為自己的目標是正確的，為達目標不擇手段，可以視他人生命為草芥隨意剝奪。另一位現居加拿大的維權律師 G 在 8 月 21 日發表的推文中說：「如何制約流氓暴君下屠殺令撲滅憲政民主大革命？凡是今後下令開槍及下令執行暴力鎮壓令的任何人，一律連同他們的家屬子女（未成年兒童可除外）處死刑，

且得由任何人隨時就地正法，凡是執行其死刑者皆予重獎。」[15]

這兩位前中國律師的言論充滿了血腥，毫無文明底線，與中共革命初期言論及恐怖組織 ISIS 沒有任何區別。

針對「郭粉」們的思維和言說特點，蕭山 @mozhess 做了很到位的總結：「逢共必反，為反對而反對，其邏輯必然是，土共反對殺人放火，我們就應該支持殺人放火；土共要清理垃圾人，我們就要支持垃圾人；土共反腐敗，我們就要支持腐敗；土共救災，我們就要破壞它救災。此邏輯導致一個荒謬：若一個強盜把你搶了，土共去抓他，而你應該要反對土共抓他，支持他逃跑。」這種推特話語很快便顯示出這場政治「波普」的荒謬：中國公眾說起官員腐敗、官商勾結來，往往恨得咬牙切齒，這也是部分反對者主張要推翻中共政權的主要理由之一；但在這次「推特革命」中，幾百萬被反腐所打擊的貪官就成了一部分政治反對者眼中的「受害者」。

「郭氏推特革命」的上述特點充分說明，這場「革命」與建立民主憲政制度沒有什麼關係；相反，它的身上帶著毛式共產革命的深深胎記。儘管「郭氏推特革命」並非一次真正意義上的社會運動，只是三大群體對現行體制和社會現狀的一次不滿情緒的集體宣洩，但中共當局卻能從中體驗到古羅馬歷史學家塔西佗曾描述過的一種困境，即「塔西佗困境」（Tacitus Trap，又稱「塔西佗陷阱」）：當政府失去公信力的時候，好的政策與壞的政策都會同樣得罪人民；不論說真話還是說假話，做好事還是做壞事，都會被認為是說假話、做壞事。從胡錦濤時代後期開始，中國政府就逐漸失去了公信力，這次「推特革命」集中展現了中國社會各階層對當局的真實態度。習近平、王岐山反腐無疑是中共改革開放以來力度最大、打擊面最廣、懲辦官員級別最高的一輪政治行動，但如此強硬的反腐行動，不但無法挽回中共政府的公信力，反而導致官員、知識分子、社會底層成員這三個群體共恨王岐山的局面。在「塔西佗陷阱」中，王岐山成了當局的代罪者。

在中共的政治高壓下，反抗當局的「革命」多半只能存在於海外的網絡虛擬空間裡。但「郭氏推特革命」對未來中國確實具有隱喻意義：一旦政治高壓瓦解，這類「革命」就將成為現實，其主導力量必定是底層社會成員，並且極可能會重複中國歷史上歷次農民革命或中共紅色革命的模式。

「郭氏推特革命」於 2017 年出現，是中國社會矛盾長期鬱結激化的必然結果。郭文貴「爆料」只是提供了一個契機。對中國社會來說，這場荒誕的網絡革命是場及時的警示。郭文貴本人在 8 月 26 日公開發布《全面徹底解決盤古及郭文貴事件申請報告》，以極謙卑的姿態向中國國家主席習近平提出：只要能夠讓他保命保財，「一定以身相報，以國家利益為重，維護習主席的核心理念，為習主席奉獻自己的一切！」「站在國家利益習主席國際大策略的基礎上給文貴一個明確的目標任務。戴錯立功，用結果表達擁習愛國。」[16] 比較有趣的是，這封求饒的降書，硬被郭的鐵桿追隨者說成是「戰書」。這一奇詭無比的現象表明，郭文貴本人無論是什麼態度與結局都不重要，重要的是這些網絡革命黨的存在與毫不掩飾的暴力傾向，他們需要一位革命領袖，郭文貴的出現被他們看作最好的「革命時機」。了解他們緣何形成，在中國未來的局勢變化中將起何種作用，對判斷中國未來革命的範式很有幫助。

二、底層青年為何成為「網絡革命黨」主體

「郭氏推特革命」的主體，其實就是近十年來出沒在中國境內外社交媒體上的「網絡革命黨」，如水無定形。其中大多數成員都以「馬甲」（分身 ID）出現。最初形成於《零八憲章》簽署時期，歷經艾未未「行為藝術維權」，在 2011 年「中國茉莉花革命」後備受打擊，陷入凋零狀態。

這裡得說明一下，「中國茉莉花革命」並不是實際發生的革命，而

是網絡上的一場虛擬革命，因中國當局防衛過度而產生。「中國茉莉花革命」發端的 2011 年，正是中共歷經鄧小平、江澤民、胡錦濤三代領導人營造的千古未逢之「盛世」（《人民日報》與新華社都如此概括），GDP 總量已達世界第二。這年春天由突尼斯發端的「茉莉花革命」將中東、北非的好幾位獨裁者的王座掀翻，苦於專制獨裁已久的中國人難免人心思動。從海外的推特中文圈裡，一位叫做「秘密樹洞」的推友於 2 月 17 日發出一條關於茉莉花革命的消息，最終被北京當局發展成了從東到西、從南到北在 30 多個大城市裡清剿「茉莉花集會」的準軍事行動，政治局高層緊張不安、各地政府剿之唯恐不力，擔心一朵「茉莉花」現身，就導致烏紗墜地。政府傳達指令時，因傳達層級不同而口徑大小不一，導致小道消息滿天飛，全國各地不少城市紛紛抓人，凡被官府列入「安保」對象的人無一漏網，知識界談茉莉花色變，傳唱不知多少年的江南小調「好一朵茉莉花」竟成了敏感詞——千古未有之盛世，竟然被一朵網上開放的「茉莉花」折騰得流言四起，民不安生。這次事件的發生，反映了中國當局已失去了政治安全感。

　　2010 年以來，隨著每年一半以上的應屆大學生畢業即失業，網絡革命黨的人數越來越龐大。既然大都是失業、半失業青年（于建嶸稱之為「底層知識青年」），他們的政治訴求重心當然包含著「經濟權利」；但並非突尼斯、埃及龐大失業青年群體那樣的就業要求，而是沒收貪官財產、重新分配社會財富。讓他們產生強烈社會仇恨的溫床，當然是中國現階段嚴重的社會不公。2015 年 6 月，筆者曾在〈革命的一只鞋已經落地〉[17] 一文裡指出，這些網絡革命黨從未消失，正處在尋找領袖的階段。

　　中國底層知識青年在「郭氏推特革命」中的表現，本書作者一點都不意外，因為過去數年中，作者曾經在多篇文章中分析過，這一切緣於中國現階段嚴重的社會不公，以及對未來喪失希望。

1、第一重社會不公：源自教育資源不均的機會不平等

中國現階段嚴重的社會不公，不僅體現在資源的占有、財富的分配方面，還體現在機會極不平等。對於出身於農村的中國青年來說，首先面臨的就是教育的不平等，即城鄉之間教育資源的不平等，如在農村地區實行了十多年的「撤點併校」，導致農村孩子上學極為困難，農村青年上大學的人、尤其是能夠上重點大學的人明顯少於城市。

據廈門大學高等教育研究所郭書君在〈我國農村高等教育發展狀況的實證分析〉一文中指出：1999—2003 年農村適齡人口高等教育入學率從 1.4% 增長到 2.7%，城市適齡人口高等教育入學率從 7.7% 增長到 26.5%。雖然都在增長，但城鄉比值由 1999 年的 5.5 倍上升到 2003 年的 9.8 倍，差距逐步拉大。南開大學自 2001 年以來的統計數據顯示，2006 年農村新生的比例為 30%，2007 年這一數據為 25%，2008 年為 24%，下降趨勢明顯。清華大學、北京師範大學、華北電力大學、北京理工大學等近幾年的統計則顯示，農村新生比例最高時也不超過三分之一。[18]

這種不平等源於相關制度設計的不公平。中國各大中城市約有 700 所左右的重點中學，相比於普通高中，這些學校擁有更多的教育資源，比如較多的教育投資，因而能擁有更好的教師、更加豪華的教育設施。這些學校宣稱其目標是培養最聰明優秀的學生，但一些學生借助家長的權勢與金錢力量，利用高中可以推薦優秀生而免考直接進入名校。中國的精英大學常常與中學名校達成協議，大量錄取它們的優秀畢業生。2010 年，具備這一協議資格的近 90 所大學機構通過這一途徑錄取的學生占招生名額的 30% 以上；上海復旦大學這一比例則近 60%。不能否認，這些學校錄取的不少學生確實優秀，但其中不乏有學生家長通過賄賂學校的方式，從而使孩子獲得錄取資格。[19]2015 年中國人民大學原招

生就業處處長蔡榮生承認，在 2005—2013 年間，自己通過兜售大學錄取名額，共受賄 2330 萬元人民幣（按匯價折合，約為 327 萬美元）。[20]

　　與其他國家在自由競爭之下自然形成的名校不同，中國的重點學校基本是在計劃經濟時代裡，為了國家發展經濟或者特定階層的利益，通過行政權力人為地集中教育資源而形成的「貴族學校」。這種優勢一直延續到現在，被輿論譏諷為「用全體人民的錢辦少數人的學校」。[21]這種教育資源向少數人傾斜的制度設計，注定了農村青年（包括城市普通平民子弟）輸在人生起跑線上。2015 年中國政府減少了重點高中以優秀生名義推薦直接上大學的比例，規定通過非高考途徑獲得大學錄取資格的比例不得高於 5%，其餘的學生只能依高考成績錄取。但在中國社會階層固化、財富占有格局早成定局的狀態下，這種矯正無異於杯水車薪。

2、第二重社會不公：社會上升通道嚴重梗阻

　　自上世紀末開始，中國經濟進入了一種奇特的狀態，即 GDP 增速每年保持 9% 甚至兩位數的增長，但是，從 2000—2009 年每萬元固定資產投資對應的就業人數從 0.88 人下降到 0.16 人，[22]十年內下降了82%，其主要原因是國家的投資轉向無法長期拉動就業的土木工程項目。在大學生畢業即失業的困窘中，大學畢業生求職的競爭變成了家世與背景的競爭，而不是能力的競爭。底層出身、尤其是來自農村的大學生往往陷入一職難求的困境。

　　早在 2005 年，北京大學教師文東茅就寫過一篇調查報告，名為〈家庭背景對我國高等教育機會及畢業生就業的影響〉。該文以在全國範圍招生的高校畢業生為調查對象，以父親的職業地位和受教育程度作為衡量家庭背景的指標，其中專列一節分析「家庭背景對畢業生就業的影響」，指出父親的職業狀況決定子女的就業機會，其他如薪酬水平、提拔速度等也都與父母社會地位直接相關。該調查表明，僅就薪資而言，

父親的社會階層越高，畢業生的平均起薪也越高，父親為農民者比父親為行政管理人員、經理人員的畢業生平均月收入分別少四百元和三百元。[23] 這一調查揭示了中國階層正在趨於固化這一殘酷現實。

幾年之後，清華大學中國經濟社會數據中心的李宏彬等人做了一項同樣的調查，接受調查的學生來自 19 所高校的 6059 名應屆畢業生（重點高校十所，非重點高校九所）。調查採用問卷方式，內容涵蓋了學生的個人基本信息、家庭背景，以及高考成績、大學生活、畢業去向等。在接受調查的這 6000 多名畢業生中，有 14% 符合「父母中至少一人為政府官員（包括黨政機關、事業單位和國有企業）」這一劃分標準，即所謂的「官二代」。研究成果表明，父母的政治資本對高校畢業生第一份工作的工資存在顯著的積極影響，「官二代」大學畢業生的起薪高於「非官二代」。此外，從高考成績這一智力衡量指標來看，「官二代」與非「官二代」並沒有顯著差別，因此「官二代」的工資溢價不是其自身能力或智力因素的結果；「官二代」大學畢業生的起薪比「非官二代」高出 13%（約 280 元／月），這個工資溢價相當於兩年教育投資的回報。[24]

這種「資源的世代轉移」現象，由於制度不公而加深，在 21 世紀以來短短十餘年間就造成中國社會上升管道嚴重梗阻、階層固化的現象。

3、第三重社會不公：社會懲罰機制的等級化

社會不公早就在司法過程中體現出來了，「我爸是李剛」這句話成了「官二代」耍特權的網絡流行語。典出 2010 年河北保定一位市公安分局副局長的兒子在交通肇事之後，情急之下冒出的一句話，意在要求警察看在他父親的面子上，不予懲罰。這位「衙內」說這句話並非無因，他從自身經歷中得出的經驗是：一般情況下，特權階層的子女在違法犯

罪之後可以從輕處罰，甚至逃避法律制裁。

特別讓中國人不平的是，這種身分區別還反映在反腐敗方面。自從習近平執政以來，反腐敗力度超過以往歷屆總書記，王岐山也是歷屆中紀委書記當中最得力之人，反腐成果超過中共前 60 年總和：省部級幹部以上逾 120 人，軍隊中少將以上軍銜者近 60 人被拿下。但奇怪的是，中國人雖然痛恨腐敗，但對這張搶眼的反腐成績單卻鮮有叫好聲，原因是，這輪反腐的兩條規則讓人覺得不公平：一是反腐敗為權力鬥爭服務，有選擇性地反腐敗，即以腐敗為理由清除政治對手；二是反腐不觸及紅色家族，不少紅二代與政治局常委家屬積累了巨額財富，但這場反腐對他們基本不觸動，落馬高官基本上是平民子弟。不少貪官的故事披露後，前半截都是「苦孩子」奮鬥向上的勵志故事。

2015 年 6 月 24 日中國社會科學院的研究機構發布《中國新媒體發展報告 No.6（2015）》（簡稱《新媒體藍皮書》），與 2013 年度《新媒體藍皮書》的結論一致，即「三低人群」依然是微博用戶主力軍。所謂「三低人群」即低學歷、低年齡、低收入人群。從年齡來看，青少年（10—29 歲、30—39 歲）占比高達 78.69%，其中 20—29 歲微博用戶最多，為 8869.7 萬人；從學歷來看，高中及以下學歷微博用戶占七成；從收入來看，微博用戶平均收入水平依然較低，月收入五千元以上的微博用戶僅占 9.93%，而無收入群體達到 8898.7 萬人，構成了網絡革命黨的主體。

人們對這種服務於權力鬥爭的反腐敗的不滿，終於在 2017 年的電視劇《人民的名義》放映之時，以荒誕形式爆發：社會同情度最高的劇中人物竟然是反角祁同偉。這位祁同偉是劇中漢東省公安廳廳長，為往上爬不擇手段：出身底層的祁同偉娶了一位比自己大十歲的省政法委書記的千金為妻；岳父死後為尋找新的靠山，為省委書記的父親送葬時不顧體面、聲淚俱下地哭墳；官商勾結牟利；利用職權為親屬撈人賺錢開綠燈、為保安全不惜雇傭殺手殺人⋯⋯，各種惡行昭彰，但因為祁

同偉的標籤是「家裡窮得吃不飽飯」的「苦孩子」，屬於中國那 80%
的下層（清華大學李強教授的最新調查數據：中國下層占人口比例為
75.25%；再加上下層群體中與中產聯接的過渡群體占中國總人口比例的
4.4%[25]），便得到了大批網民的同情，從世紀之交開始，出身下層與準
下層家庭的中國青年要晉身中產階級，已經很困難，遑論向上爬升。祁
同偉那要「勝天半子」、不擇手段向上攀爬的精神，以及自殺時那句詛
咒命運的「去你媽的老天爺」，就是引發中國中低階層共鳴的主要原因。
大多數中國人清晰地看到這一點：「中國80%的人都是早年的祁同偉」。

　　一個上升管道嚴重梗阻的社會不僅讓人絕望，還會孕育強烈的社會
仇恨與社會對立。這種社會對立源於社會結構性緊張，簡稱為社會緊
張。該詞源於緊張理論（Strain Theory），又稱文化失範理論（Anomie
Theory），由美國社會學家、犯罪學家羅伯特‧金‧莫頓（Robert K.
Merton）於 1938 年提出，與差別接觸理論（中文又稱異質接觸理論，
Differential Association Theory）、社會控制理論（Social Control Theory）
並列為 20 世紀美國犯罪學三大理論。這一理論的大意是指，一個人的
成功可以用金錢數量和擁有的物質財富來衡量，當絕大多數社會成員以
此為目標激勵自己時，這種觀念就成為一種強有力的價值觀。但由於社
會條件和經濟現實，並非每個人、每個群體都可以擁有獲得成功所需要
的手段。特別是下層社會的成員，由於缺乏在社會中獲得經濟報償的能
力和機會，因而會把自己的努力方向轉為犯罪活動，即把犯罪活動作為
獲得經濟報償的一種手段，因此就會產生失範和犯罪。簡言之，莫頓認
為，美國價值觀的主題就是強調金錢成功，但是這種主題卻使在社會結
構當中處於不同位置的個人產生了緊張。

　　以上這些，就是中國「網絡革命黨」產生的社會背景。推本溯源，
這些革命黨的產生，是中共通過持之以恆的意識形態教育與宣傳，為自
身培養了掘墓人。

三、中共的意識形態教育為自己培養了掘墓人

從胡錦濤、溫家寶執政的第二個任期（2008 年）開始，中國政治出現一個很值得研究的現象，即精英政治與底層政治的裂溝正在加劇擴大。習近平執政以後，其主要精力被迫放在整頓吏治與應付十八大權力之爭的後遺症之上，對中產的民主憲政政治訴求採取嚴厲打壓，動輒以「尋釁滋事」罪名抓捕。但地方政府因反腐壓力當頭，以不出事為最高目標，對農村地區的壓制反而有所鬆動，因此，底層政治中的民粹主義便興旺起來。陝西靖邊地區出現的所謂「打土豪、分田地」就是在這種情況下出現的。

1、當代版的「打土豪、分田地」

陝西靖邊的故事雖然沒有在中國引起大的轟動，但卻很能說明中國底層政治的發展趨勢。2014 年 6 月 1 日，陝西靖邊縣 84 戶 400 多名農民私自成立「分地工作隊」，測量並分配了與其他村組存在土地權屬爭議的 70 畝土地，參與的村民將此次行動稱之為「打土豪、分田地」。村民要分地的理由有兩點，一是這塊於 1979 年承包出去的地歸屬權有爭議，目前歸屬西峁組，但實際應該由東邦組、前溝組等四個小組共有；二是包括這 70 畝地在內的 1314 畝林地由西峁組村民王治忠承包，王治忠家有權有勢，因此大家要「打土豪」。

記者調查到的事實脈絡是：自 20 世紀 50 年代開始。該地土地歸屬經過兩分兩合，早在 1963 年即劃歸西峁；王治忠之父王建國於 1979 年通過口頭協議從西溝村組承包了 1000 畝荒地；1984 年王建國、郝耀軍等 7 個人分別與西峁組簽訂了《承包治理小流域合同》，承包了這塊荒地，經過投入大量資金和人力，這塊地如今已經成為林地。2008 年以前，當地村民對此並

無異議；直到 2008 年靖邊縣工業園區向楊虎臺村徵地，過去不值錢的荒地可獲大筆補償款，村民們才開始爭奪這些荒地的所有權，以期分到土地補償款。[26]

王治忠父親承包該塊土地時，只是個普通農民，他家變成「有權有勢」的「土豪」，應該是承包土地後的事情。當地政府將此案判定為土地糾紛，是基於契約關係構成的事實。這類事情其實在中國農村地區非常普遍：荒地承包出去之時並不值錢，承包者經過多年的資金與人力投入，經營見效，進入收穫期，於是當地村民便開始要求變更承包合同，重新分配。正因為這類糾紛太多，中國政府於 2009 年出臺《農村土地承包經營糾紛調解仲裁法》，希望為這類糾紛提供法律依據。

土地糾紛如此紛繁，其根源都在於中國農村土地集體所有制造成的所有權虛置狀態。對政府而言，所有權虛置狀態為政府侵奪農民土地留下了制度通道，讓政府擁有農村土地事實上的支配權；對農民而言，「集體所有」這一名義也同樣為他們覬覦他人財產、藐視契約權利留下了方便的入口。解決因徵地而引起的官民衝突以及農村頻發的土地糾紛，一勞永逸的方法其實就是土地私有化。第六章提到的所謂「農村社區重建」等事項，只有在土地私有化問題解決之後，才會有制度依託。

2、中共培養出大批「窮馬克思主義者」

中國政府近年推出的「新城鎮化」政策，是只顧土地財政需要的短視之舉。在就業本已非常艱困的條件下，農民失去土地，就會成為實質上的流民。流民社會是毛澤東「打土豪、分田地」的社會基礎，但不是憲政法治國家的社會基礎。現在的流民與毛領導中國共產革命時期的流民不一樣，毛革命時期的流民主要是文盲；但現在的流民、失業者至少受過中小學教育，基本接受過中共的意識形態教育，對於「剝奪剝奪者」那套理論非常熟悉。上述陝西靖邊縣 84 戶 400 多名農民私自成立的「分

地工作隊」，幾乎就是土改時期的翻版。

中共當權者對馬克思主義、毛澤東思想的尊奉，至今仍然是官方意識形態主流。以「剝奪剝奪者」的方式消滅有產者，實現社會公平，是馬克思全部政治理念的核心；但馬克思的暴力革命與專政理論必然通向三個壟斷，即壟斷權力、壟斷資源、壟斷真理，其結果必然養成新特權階級。這一結果，蘇聯共產黨無法避免，所有其他的共產黨國家也無法避免。中共曾借經濟改革暫時擺脫了危機，但權貴官僚集團利用權力搶錢，又造成了新的危機。目前中國社會最深層的矛盾，其實是富「馬克思主義者」（統治集團）與窮馬克思主義者（社會底層）之間的矛盾。[27] 富「馬克思主義者」對共產黨意識形態的堅持，只是為了維持政治合法性，因為捨此無以抵禦西方的自由民主價值觀，因此他們並不在乎自己的真實行為與馬克思的政治經濟學理論及毛澤東思想等官方意識形態實際上背道而馳。

20 世紀上半葉，中共革命為了動員文盲居多的「泥腿子」，把馬克思的共產主義理論本土化，變成琅琅上口、易記易誦的口號。其中「打土豪、分田地」這句口號一目了然，通俗易懂，最容易深入人心，因此成為動員社會底層參加革命時的第一口號。中共奪取政權之後，其意識形態仍然沿襲當年革命黨時期的特點，繼續灌輸這類思想。如果說，當年中共的土地革命與土地改革，需要對群眾充分動員與教育，才能讓他們認識到剝削有罪，「剝奪剝奪者」是神聖的革命，那麼，今天中國的底層社會根本不需要再重新灌輸這類理念。紅色中國的底層民眾，自小通過學校教育、電影電視文學作品等無處不在的浸染，早已將「底層神聖」、「打土豪分田地」、「剝奪剝奪者有理」等馬克思、毛澤東的革命口號內化為社會價值觀的一部分；加上中國的市場經濟具有「權貴資本主義」特色，他們理所當然地認為，自己的貧窮就是他人的富裕所造成，尤其是貪官汙吏們的剝奪所造成，既然你們當官的能用權力搶錢，我們窮人就要用暴力將錢搶回來。

習近平接任總書記以來，在公開講話中不斷強調馬克思主義、毛澤東思想的指導作用。與此同時，不少社會底層成員也熱愛馬克思與毛澤東。數年前，原「中央文革小組」成員、曾任毛澤東秘書的戚本禹在上海書城買書，遇到一位湖南青年在找《共產黨宣言》。這位青年對戚解釋自己為什麼要尋找這本書：「我是湖南來的，念過初中，在上海給搞建築的私人老板打工，快十年了。其實，將近 100 年前，毛澤東第一次去北京尋找革命道路，不也是被城裡人當作『鄉下人』嗎？我今天也是在尋找革命道路。現在所有底層人都認為，這個社會不行了。我們一個建築公司六百多個農民工一年的工資不吃不喝全部加起來，還不到老板一個人賺的利潤的三分之一，富人越富，窮人越窮，而且兩邊看不到頭，富人富得沒有了盡頭，窮人窮得沒有了盼頭，窮人永無出頭之日。這個社會必須要修理了，修理不了，就要推倒重來，就要革命。我聽老家的老支書講，要革命，就一定要讀《共產黨宣言》⋯⋯」[28]

在中共的意識形態教育洗腦體制下，中國青年所具有的政治常識，主要來自中學與大學的政治教科書，而這些教科書所介紹的全是馬克思主義、毛澤東思想的觀點，再加上鄧小平理論及現任領導人講話。因此，窮馬克思主義者這種中共掘墓人，其實是中共自己長期培養出來的。中共執政集團在執政大半個世紀之後，仍然不脫「革命黨」本色，不僅堅決拒絕還權於民，而且強調自己「槍桿子裡面出政權」的合法性，不斷強化它那套奪取政權與鞏固政權時的革命話語體系，並通過教育系統與宣傳系統全面灌輸以「剝奪剝奪者」為核心的暴力革命理念，一代又一代的掘墓人就是這樣造就出來的。中國現階段已經形成一條巨大的政治裂溝：裂溝的一邊站立著「富馬克思主義者」（執政集團），另一邊站立著窮馬克思主義者（流民、社會邊緣人），兩者利益上嚴重對立，價值觀方面卻共享相同的紅色意識形態。執政集團堅持的是自身「槍桿子裡面出政權」的政治合法性，要維護既得利益；而底層社會所追求的則是奪取前者的權力和財產，要「將自己失去的奪回來」。前者堅稱，自

己是全體人民包括社會底層在內的當然代表，在為人民「看守民財」；後者則認為，我們民眾的資產早被你們奪去了，我們如今要革命，要分你們的資產，就像當年毛澤東領導的紅色革命一樣，重新再來一次「打土豪、分田地」。

四、「托克維爾熱」折射的中國政治困境

世界上，除了中共實行的共產黨資本主義制度之外，可供選擇的制度路徑很多。就算是鄧小平這種共產革命的重要參與者和領導者，也在70多歲之時開始了共產國家全無先例的經濟改革，開啟了中國經濟發展之路。為何今天的中共面對困局，反而在政治上越來越保守，甚至故步自封？

這種態度既源於中國現有的利益格局，更源於中共對形勢的認識。利益格局，我已經在前幾章中分析過，此處只分析中共對形勢的認識。

1、「阿拉伯之春」對中共的警示

世界歷史上，革命分為兩大類：權力更替的革命，以及訴諸權利的革命。

中國歷史上的革命，如歷朝歷代的農民起義，包括中共領導的共產革命，都是自下而上的「革命」。古代及近代史上通過農民起義而成功建立政權的有朱明王朝，以及清朝道咸同年間曾建都天京（今南京）、盤據江南數省長達十餘年的太平天國（1851—1864年）。現代史上，毛澤東領導的農民革命所建立的政權至今仍然存在，而且早已走到它當初革命初起之時革命目標的反面。這類革命的共同特點是，它們的成功只不過是用新的皇權或專制代替舊的政權，即一輪新的權力（Power）更替，這樣的革命並沒有賦予民眾政治權利。讓民眾享有政治權利

（Rights，如選舉權及言論、出版、集會、結社自由等權利），是近代以來資產階級革命的主訴求。

國際社會對革命的定義比中國要寬泛一些，其路徑分為自上而下、自下而上兩種。自上而下的革命包括主動變革、內部軍事政變等，土耳其 1920 年代的「凱末爾革命」與卡扎菲（格達費）1960 年代領導的「綠色革命」都屬於這一類。這種革命的結果如何，與領導人個人素質及其建立的政權性質有關。「凱末爾革命」是場世俗主義改革，目標是將新生的土耳其共和國改造成一個世俗民族國家，改革帶來了政治、法律、文化、社會和經濟政策變化。凱末爾對土耳其貢獻巨大，他故去之後土耳其仍然奉行「凱末爾主義」。卡扎菲曾是利比亞「綠色革命」的精神領袖，他發動軍事政變、奪取政權之後，曾統治利比亞長達 42 年。這位獨裁者統治期間，利比亞一度成為阿拉伯世界最富裕的國家之一，而且該國的女性境遇與社會主義政策在整個阿拉伯世界中俱為上佳。到卡扎菲統治後十餘年，他的獨裁及家族統治引發極深民怨，最後政權易主，家毀人亡。自下而上的革命很多，第三波民主化的東歐、中歐國家的民主化革命的參與者主要是知識分子與市民階層，只有波蘭以團結工會為主體，而工人的受教育程度也比較高。曾被短暫稱為「第四波民主化」的「阿拉伯之春」（2011 年），革命初起之時也是自下而上，主體是失業青年。埃及在 2013 年「二次革命」之後，離權力最近的軍方與民意合謀，重新奪回政權，但民眾仍然兩手空空，境況比革命前更差。

從對社會損害程度來說，當然是自上而下的革命（包括改革）帶來的社會震盪較小。但是，由於第三波民主化進程中，1990 年代初蘇聯及東、中歐原社會主義國家轉型展現出和平理性的特點，被人譽為「天鵝絨革命」，世界因此產生幻想，認為從此革命不需要大規模流血。這一幻想直到 2011 年的「阿拉伯之春」發生後才破滅。

自下而上的革命不僅社會震盪大，而且重建相當困難。比如，中國近代史上的太平天國革命，死亡人數高達 7500 萬（另一說是超過

一億），江南等膏腴之地戰後幾乎赤地千里。至於中共的革命，死人數量極多，至今尚無完整可信的統計，僅從國共三年內戰時期長春等地全成餓殍之城，可見戰爭之慘烈。2011年「阿拉伯之春」發生於中東、北非四國，狀態最好的是突尼斯，其次是埃及，但兩國的經濟社會狀態至今仍未回復到革命之前；利比亞動盪不安，其狀態令國民沮喪甚至絕望；而敘利亞則在革命過程中產生了為禍世界的 ISIS。《紐約時報》的記者與專欄作家中，不少人曾是「Facebook 革命」、「Twitter 革命」的熱情鼓吹者，對從「阿拉伯之春」到「占領華爾街」，再到伊斯坦布爾（伊斯坦堡）、基輔和香港的廣場上發生的政治運動中社交媒體的推動作用，都大加讚賞。當「阿拉伯之春」變成漫長的「阿拉伯之冬」後，其中一些專欄作者發現：一旦硝煙散盡，這些革命大多未能建立起任何可持續的政治新秩序。Google 的埃及雇員瓦埃勒·古尼姆（Wael Ghonim）曾用匿名 Facebook 頁面，幫助發動了 2011 年初埃及解放廣場（Tahrir Square）革命，推翻了胡斯尼·穆巴拉克（Hosni Mubarak），但他最後發現，社交媒體破壞舊有秩序非常容易，但要用它來建立新的秩序，卻非常困難，因此他對社交媒體的作用產生了深深的懷疑。[29]

也因此，中國的上中層對自下而上的革命均很排斥，「不能變成敘利亞第二」，既是官方的想法，也是大中型城市大多數中產階層的共同想法。

2、中國政治高層對「托克維爾困境」的恐懼

從中國現階段的情況來看，自上而下的革命幾乎不可能發生。因為當政者早就意識到自身陷入了「托克維爾困境」，認為在此時進行改革，相當危險。

阿利西斯·托克維爾（Alexis Charles Henri Clérel Viscount de Tocqueville）的《舊制度與大革命》於1856年出版，其時距1789年法國

大革命爆發只有67年。托克維爾1805年出生於一個法國貴族家庭，在其55年的人生歷程中共經歷了五個朝代：法蘭西第一帝國、波旁復辟王朝、七月王朝、法蘭西第二共和國、法蘭西第二帝國。這段時期正好是法國歷史上最為動盪的年代，托克維爾曾熱衷於參加各種政治活動並在政府中任職，直到1851年路易·波拿巴（Louis Napoléon Bonaparte）建立法蘭西第二帝國之後，托克維爾開始對政治日益失望，並逐漸認識到，自己「擅長思想勝於行動」，開始安心寫作。在他的幾本著作當中，《論美國的民主》遠比《舊制度與大革命》聞名。

如果不是中國政治上層與中產階層近幾年普遍陷於對「暴力革命」的恐懼當中，《舊制度與大革命》這本書可能還不會為人關注。這本書在十八大之前由時任國務院副總理、且喜好讀書的王岐山向其友朋及下屬推薦，其中深意引發不少猜測。

托克維爾在這本書中探討法國大革命的成因及後果時指出，原有的封建制度由於腐敗和不得人心而崩潰，但社會動盪卻並未帶來革命黨預期的結果，無論是統治者還是民眾，最後都被相互間的怒火所吞噬。在該書中托克維爾最早提出了一個觀點：在經濟發展和民主推進的過程中，經濟發展越是快速的社會，出現的社會矛盾反而越多——這個觀點後來被稱為「托克維爾命題」。通過比較研究，托克維爾獨具慧眼地發現了一個弔詭現象：「有件事看起來使人驚訝：大革命的特殊目的是要到處消滅中世紀殘餘的制度，但是革命並不是在那些中世紀制度保留得最多、人民受其苛政折磨最深的地方爆發；恰恰相反，革命是在那些人民對此感受最輕的地方爆發的。」有人讀過《舊制度與大革命》後精當地總結出「托克維爾定律」：一個壞的政權最危險的時刻並非其最邪惡時，而在其開始改革之際。

數年前王岐山力薦此書，有雙重用意。對知識界那些要求民主化的人士，其意在提醒：歷史進程未必如他們所願，中共垮臺之後未必會帶來民主與秩序，更可能出現的局面就像當年法國大革命一樣，陷入民粹

主義的泥潭，清算富人、踐踏精英，將成為常態，大家千呼萬喚才出來的民主化，有可能只是斷頭臺政治重演；對統治集團則是警告：托克維爾定律告訴我們，別以為改革那麼好玩，「一個壞的政權最危險的時刻並非其最邪惡時，而在其開始改革之際」，所謂「改革」就是找死。至於那些什麼特赦貪官、贖買民主的說法，是哄三歲小孩的玩意，咱們決不上當。

王岐山是不是危言聳聽，拿法國大革命在嚇唬人呢？那倒也不是。中國的現狀與法國大革命前夕確有相似性。先說經濟狀況。法國大革命前夕人口持續增長，財富快速增加，國家呈現出一派繁榮景象，令人驚訝的是，法國那時就有「地產熱」。有一位法國評論家寫過這麼一段話：「土地總是以超出其價值的價格出售，原因在於，所有人都熱衷於成為地產主。在法國，下層百姓的所有積蓄，不論是放貸給別人，還是投入公積金，都是為了購置土地」——讀者如果對比中國經濟，就知道何其相似。

當時的法蘭西存在很多社會問題，但不影響國家的繁榮富裕。托克維爾認為，有兩種極簡單、極強大的動力推動著社會繁榮：一個是依舊強大有力但卻不再實行專制、卻到處維持秩序的政府；一個是許多人都隨心所欲地發財致富。與此同時，人們的精神卻更不穩定，更惶惑不安；公眾不滿在加劇，對一切舊規章的仇恨在增長。國王表面上仍然以主子的身分講話，但實際上卻接受公眾輿論的啟發帶動，不斷地向輿論諮詢——這種現象，現階段中國都存在，互聯網給中國民間議論提供了非常方便的工具。與法國不同的是：中國政府花費巨大的人力物力管制互聯網，試圖駕馭輿論這匹越來越不聽使喚的「烈馬」。

托克維爾發現，在缺乏自由政治制度的國度裡，普通人身受舊制度種種弊端之苦，但看不到醫治具體社會病的藥方，因此很容易形成非此即彼的思維：「要麼全盤忍受，要麼全盤摧毀國家政體。」形成這一特點的原因是，啟蒙思想滲透著「抽象的文學政治」。法國缺乏政治自由，

研究治國之道的作家與統治國家的人形成兩個明確分割的群體：作家們沒有參加社會實踐，卻擅長高談闊論，熱衷普遍性的理論，對於文人來說可能是美德，但對於政治人物來說則很危險——這種狀況與中國也很類似。知識分子論政，無論是右還是左，談到未來的政治藍圖，都很少想到「路徑依賴」，即一國的政治文化傳統會制約未來的選擇。中國當下的民眾更是不同於18世紀後期的法國民眾，經過中共幾十年「革命」教育的薰陶，中國底層熟知「剝削有罪、造反有理」，將結果平等當作人的天然權利。

王岐山推薦此書，可謂用心良苦。但有件事情，以他的地位卻不便說，那就是，中國現階段其實已經沒有改革資源，甚至無法找到制度出口。他本人在2017年的「郭氏推特革命」中的遭遇，就很能說明問題：習近平當政五年來最大的成就是反腐，能夠取得如此大的反腐成果，則是依靠王岐山；但是，反腐，在一些反專制的知識分子和底層民眾眼裡，儼然就是他迫害官員的「罪行」。

鄧小平當初的經濟改革主要是放權讓利與民，在保持政府對國有資源掌控的前提下，在維持公有制、國有經濟的主體地位的同時，放開部分領域，允許私人經商、外資進入中國，最後形成了公有、私企與外資三足鼎立的局面。中國的經濟改革走到了今天，除了礦產、森林、大型國企、農村的土地所有權之外，當局基本上再沒有什麼可以讓渡給老百姓的了。看起來最值錢的農村土地所有權雖然在政府手裡，但使用權歸農民，除了少數貧困地區與中西部省份，在京滬廣深等地，轉讓所謂使用權時的補償，大致已接近擁有完整所有權的土地價格了。政府對土地所有權的占有，只不過是在買地與賣地之間占據著有利地位，從中賺取巨額土地差價。[30] 而森林、礦產、山脈、河流、湖泊等，都是無法分配給個人的公共資源。

每一次改革，實際上都是利益的重新分配，社會按照新的利益格局重組。早在1994年，本書作者之一曾發表文章，指出了鄧小平時代中

國的經濟改革使貧富差距有擴大的危險；[31]直到 2015 年 1 月《人民日報》連續發文分析中國的貧富差距，當局終於承認，「貧富差距已具有一定的穩定性，並形成了階層和代際轉移，一些貧者正從暫時貧困走向長期貧困和跨代貧窮」，必須想辦法改變這種狀態，否則很危險，[32]但這一承認遲到太久，中國解決階層固化的時機已錯過，不傷筋動骨，已經無法調整既存的利益格局。當局既不可能將自己視為命脈的國有資源與國有企業資產拿出來分配給公眾，更不可能動員紅二代們將自己利用特權牟利積攢的巨額財富捐獻出來還給人民。「網絡革命黨」也很現實，知道只有貪官財產是可分配的財富，他們知道只有毛式革命才能重新洗牌，於是他們為自己的財產訴求、翻身要求包裝上民主外衣。

　　一個窮人太多的社會不可能獲得長治久安，中國的境況更是危險。數年以前，美國政府因財政預算案未獲國會批准而陷入停擺狀態時，中國人大驚：美國政府停擺，美國社會竟然還能維持安定，這在中國是不可想像的。更有人指出：中國各大中小城市只要讓警察放假 24 小時，可能就會大亂。

　　劉曉波去世後，悼念者在激憤悲痛之時，用劉曉波說過的一句話來告慰英靈：「一個殉難者的出現，就會徹底改變一個民族的靈魂。」筆者不善於幻想，只能據實道來：劉曉波的辭世，甚至更多的民主烈士出現，未必能改變中華民族的靈魂。作為諾貝爾和平獎得主，他將在世界人權史上占有一席歷史地位。但是，他在中國的歷史地位，卻會因將來中國轉型道路的不同而獲得不同的評價：如果中國能夠實現和平轉型，劉曉波將與「六四」亡靈一道，成為一座歷史豐碑；如果中國只能通過暴力革命去實現政權更替，劉曉波就可能成為政治教科書上的一個經典案例，稱他證明了和平轉型的道路在中國行不通；如果中共政權在潰而不崩的狀態下繼續生存很長一段時間，他代表的和平轉型訴求，則會時時出現在中國人的政治話語中，成為非暴力抗爭者的旗幟以及主張暴力革命者批評的目標。其實，劉曉波辭世不久，批判他及其非暴力抗爭路

線的聲音，並不比悼念的聲音分貝低，曹長青便是批判「非暴力抗爭」最激烈的人物，在〈別再胡扯「暴力、非暴力」的假議題〉一文中，他重申了以前的觀點，再次批評劉曉波與胡平。[33]

五、地方自治：無出路狀態下的唯一出路

世界各國都有窮人，數量多寡不一而已。不同的政治制度用不同的方式安撫窮人。西方社會如歐洲大多數國家，在二戰以後採用高福利制度給本國公民提供了「從搖籃到墳墓」的福利，讓富人與中、高收入階層用高稅收（即永久性的分期支付）方式，為窮人提供了基本生活保障，以換取窮人的不革命。中國自改革開放以來，在創造世界上最多億萬富翁的同時（2015 年中國的億萬富豪高達 568 名，首超美國成為世界之最，占全球億萬富豪 2188 名的四分之一強），[34] 也創造了世界上數量最為龐大的窮人（11 億多）；而政府制訂的稅收政策極不合理，富翁們可以用各種方法逃稅，政府則在社會福利制度方面作為有限，導致因長期的貧富對立而產生了強烈的社會仇恨。

1、中國已陷制度性無出路狀態

如果說，內地的社會緊張以貧富矛盾為主，那麼，新疆、西藏兩大少數民族聚居區的社會對立，既包含了難以化解的民族矛盾，也包含著不可調和的宗教矛盾。中國政府早就只能用加大財政轉移支付與加強地區軍警力量這種雙管齊下的手段，去維持這兩大地區的「穩定」局面。自 2008 年至今，中央的轉移支付（即中央財政撥款）在西藏財政支出中的比重始終高達 95% 左右；青海則在 70%—80% 之間，新疆較富裕，中央財政轉移支付比例亦高達 60% 左右。[35]

可以說，中國政府早就陷入一種制度性無出路的困境：經濟發展已

經進入瓶頸，作為實體經濟支柱的製造業現在是三分天下——成功轉型、無法挽救、努力求存的各占三分之一；[36]官員太多太貪心，政府既缺少鞭策激勵機制，又無法約束其腐敗行為，導致中共政府成為耗費最巨、最無治理能力、也最不負責任的政府；維穩支出一年比一年膨脹，尤其是在西藏、新疆兩地，這簡直成了財政無底洞；窮人太多，根本無法建立普惠性的福利制度。在制度性無出路困境這一點上，「中國人民的好朋友」委內瑞拉的教訓是最好的例證。委內瑞拉以建立在原油基礎上的單一經濟結構，強行實施過普惠性的福利制度，一度成為拉美一眾左派當道的國家之福利樣板；但從2014年開始，該國因國際石油價格的下跌而陷入危機，國家動盪不安，斷水、斷電、通訊中斷成為常態，犯罪高發，人民則由「過去出國買、買、買」到「如今吃飯難、難、難」。

如果繼續維持目前的中央集權格局，中央政府不得不用權力強行汲取富裕地區的財富，再通過中央財政轉移支付的方式，去補貼貧窮地區，以此縮小地區差距。這種方式當然會拖累經濟發達地區，因此也難以為繼。現在，連從未想過要獨立的香港，自2014年的「占中運動」之後也出現了「港獨」思潮。面對來自四面八方的挑戰，中共政府似乎只剩下一招：壓制、再壓制、最後還是壓制。但是，高壓強制只是延緩危機的到來，並不能消除危機產生的淵藪。中國的中產與上層不希望中國步中東、北非四國的「阿拉伯之春」後塵，不少底層社會成員也希望平安生活，「網絡革命黨」只占總人口的少數，國際社會當然也不希望中國陷入「革命」的動亂。如果要避免動亂，中共執政集團就必須審時度勢，為國家、為人民，當然最後也是為執政黨自身，尋找出路。

人類現代史上，解決社會危機的方法只有三大類：第一類是馬克思主義，即用暴力革命推翻重來，毛澤東領導的中共革命便是徹底顛倒社會秩序與傳統觀念的範例；第二類是帝國主義，在資本主義經濟危機時

期，採用對外擴張的戰爭，試圖改變局面；第三類是凱恩斯主義出現後的國家干預下的資本主義危機解決方式。在這三種社會危機解決方式當中，第一種方式為中共的正統意識形態所鼓勵，而當局現在的一切「維穩」努力卻試圖千方百計地防止任何針對它的革命；第二種方式，中國政府沒有足夠的能力去實施；近年來，中國政府的種種經濟「維穩」政策，算是第三種方式的實驗，但最後還是無法解決問題。

　　無論是從官方意識形態不懈薰陶的效果來看，還是從民間價值觀念的角度去觀察，中國社會都與第一種方式最為貼近，也近乎天然地最可能選擇第一種。

　　說起來，這也是中國的社會狀態所決定的，中國近 20 年來權貴資本掠奪公共財產與民財，幾乎到了肆無忌憚的程度，所造成的貧富差距極為懸殊，整個社會的財富集中於少數社會上層。北京大學《中國民生發展報告 2014》中的數據表明：2012 年中國家庭淨財產的基尼係數達 0.73，頂端 1% 的家庭占有全國三分之一以上的財產，底端 25% 的家庭擁有的財產總量僅在 1% 左右。[37] 馬克思主義理論對這種現象的解釋很簡單，一切危機的根源都是絕大多數人民群眾受到剝削，所以收入太低；少數人依賴剝削與特權掠奪，從而占有了大部分社會財富。窮人太多，就必然導致消費不足，市場疲軟，因而經濟必然陷入困境而崩潰。既然馬克思主義者認為，這種周期性危機或長期蕭條是極小部分人壓榨絕大部分人的必然結果，那麼，解決的方法便是消滅統治階級、推倒社會秩序，讓底層以消滅上中層的方式翻身。

　　從現階段社會形勢來看，中國不缺「革命群眾」，據說「網絡革命黨」就高達二千多萬（以失業大學生為主體）；他們用以動員社會的革命理論也很現成，因為中共的意識形態教育早就讓「剝奪剝奪者」的觀念深入人心了；現在只缺革命組織與革命領袖。中共當局深知自己的弱點何在，故一直以自己的發家史為鑑，對革命領袖的萌芽防範甚嚴，對組織性力量則幾乎是病態式敏感。習近平執政以來，凡涉及外國資金支

持的非政府組織（NGO）一律被關閉，言論和互聯網管控日益嚴厲，但卻無法消弭民怨，只能極力維持目前這種「潰而不崩」之局。這種維持不僅是經濟消耗戰，以有限的經濟資源為邊界，而且，它還以消耗社會重建資本為代價，維持時日越長，將來社會重建越難。

中國現在的問題，已經不是需不需要革命，而是最後將發生一場什麼樣的革命。「郭氏推特革命」的幾大特點表明，以中共革命為藍本，將成為中國未來革命的一個隱喻。在危機日漸逼近之時，中國還有沒有出路？有，那就是地方自治。

2、中國實行地方自治的必要性

2015 年美國哈佛大學的詹妮弗・潘（Jennifer Pan）和麻省理工學院的徐軼青作了一項中文在線調查，主題是中國各地民眾的政治傾向，方法是讓回答問卷者選擇同意或反對某些說法，比如「人權高於主權」、「現代中國社會需要儒家思想」，以及「如果是出於自願，我會認可我的孩子和同性結成伴侶關係」。大多數回答問卷者是生活在繁華沿海地區（如北京、上海及廣東）的年輕男性大學生。據詹妮弗・潘介紹，超過 17.1 萬人回答了問卷。研究者發現，在意識形態觀念上，有一個似乎很明確的分野：「紅色」的保守省份大都在貧窮的農村內地，而富裕的、城市化的「藍色」省份則在沿海地區。中國的保守主義者支持建設一個強大的國家，同時希望政府在管理經濟上起到強有力的作用；而中國的自由主義者渴望更多的公民自由，信奉自由市場資本主義，並想擁有更多的性自由。調查發現，按照這一結果，上海是中國最持自由主義觀念的地區，其次是富裕的沿海省份廣東和浙江；相對貧窮的內陸省份往往是最保守的。[38]

《紐約時報》記者傅才德撰文介紹了這篇調查之後，中共黨報《人民日報》旗下的《環球時報》發表了一篇英文社論表示：「報告所用的

粗糙數據完全沒有達到哈佛或麻省理工的學術標準。我們不得不懷疑其發表是為某種政治目的專門『訂製』的。」《環球時報》的批評是錯誤的。這個調查報告樣本數量（17萬人）足夠大，但缺陷是，網上的在線民意調查無法實行隨機抽樣，因此受調查者的分布地區不均勻。不過，該調查的結論與中國人的現實感受相當接近：湖南、山東、河南、山西等省份確實是毛左集中之地，這些省份居民的價值觀念確實與幾大現代化都市及相對開放的沿海地區居民的價值觀差距很大。

因地制宜施政，是中國自古以來的政治智慧，直到民國時期，廣大鄉村地區基本是鄉紳自治。美國地大物博，50個州，州情不同，各州自治，支撐美國自治的是社區自治及學區自治（有的地方按學區選舉學區委員會，作為監管本地區公立中、小學校系統的基層機構）。中共執政集團應該考慮以地方自治為切入口，實行政治改革，讓每個地區的人民選擇自己的政治制度與經濟組織形式。在毛澤東時代，中共實行計劃經濟，講究「全國一盤棋」，發達地區與貧困地區一刀切，沒有自行選擇的可能性。經過將近40年改革，中國有了民營經濟，各地更是形成了一些地方商業精英，他們有一定的領導能力與組織能力，這是地方自治的重要基礎。

3、地方自治是解決中國問題的一條出路

早在2004年，中國政治學者吳國光先生就提出了「縣政中國」的設想。在〈縣政中國：從分權到民主化的改革〉一文中，吳國光構想了未來中國「廢省」以形成全國和縣兩級民主政治的構想，以及在制度化分權基礎上運作的政治框架。他構想的路徑是：中國的民主制實踐可以先選擇在縣級實行，確立縣長作為本縣最高行政官員的職權，任何黨派（首先是中共）對縣政的干涉，只能通過選舉和其他民主程序（比如通過在縣議會內的黨派運作）進行；相應地開放媒體、開放黨禁、實行司

法獨立。經過一段試驗階段後,可以放開地域限制,在全國實行。最後,通過民主化奠定堅實合法性的「縣政」,將具備足夠的自主性,從而會削弱、挑戰甚至擺脫目前省、地級政權的領導,即通過「縣政民主」實現「虛省實縣」,最終達成中央與縣兩級政府架構的全國政權體系。[39]

吳國光的文章並非只是技術性的建議,他充分考慮了中國朝野及各方的接受程度與實現的可能性:中國歷史上有地方自治傳統,有利於國民接受;縣級民主可避免全局性震盪,可將對中國動盪乃至分裂的擔憂降至最低。在政治過渡期間,中國共產黨可以主導這一變革過程;在完成過渡期的政治任務之後,中國共產黨可以與其他政黨一樣,平等參選。

地方自治的經驗,不少國家與地區已積累多年。僅與中國同屬東亞文化圈中就有臺灣與印尼經驗可以借鑑。從中國現狀出發,筆者認為,各地經濟發展水平不一、民智開化程度不同,實行縣級自治後,各地可以因地制宜,根據當地資源、技術水平與人力資本素質,改革教育系統,走出一條自立之路。

發達的沿海地區可以選擇資本主義制度;窮困地區的人民希望回歸毛澤東時代,也可以按照毛時代的方式來進行社會重組,此路不通之後,可以重新嘗試走另一條路,但其他地區則可免去這一劫難。這種開放多元的地方自治實施之後,既可減少民族矛盾與宗教矛盾,還可以讓貧困地區自立,不再長期依靠中央財政轉移支付。對所有的國民來說,則是一個通過賦權而培養責任與權利意識的過程。只有國民成為有權利意識、自我負責、有主體意識的個人,中國的未來才有希望,才不會再出現毛澤東盛讚的「紅旗捲起農奴戟,黑手高懸霸主鞭」那種讓中國人付出慘重代價,卻只改變了少數「革命元勳」和草根參與者命運的暴力革命。

中國近年不少研究鄉村社會的學者,因中國鄉村社會淪落,都開始懷念清末及民國時期的地方鄉紳自治。這不是簡單的懷舊,而是對中國

社會的前景深感擔憂的一種下意識尋找出路的思考。我認為，鑑於美國社會的自治經驗，這是一條可以備選的制度出路。2017 年 7 月開始在中國上演的電視劇《白鹿原》展示了白鹿原從清末到民國時期的歷史。從辛亥革命前後開始，白鹿原經歷了改朝換代的連結兵禍、災荒、第一次國共合作分裂後由中共農民協會主持的土地革命、國民黨捲土重來的土地還給舊主人，……直到中共建政之前，白鹿原之所以沒成為一盤散沙，就因為還是一個以親緣、地緣為紐帶的鄉村自治體。中國今後要走的地方自治道路，當然不可能是簡單地恢復中國舊時的鄉紳自治，因為那種基礎條件被中共在幾十年前便摧毀了，而是在現代意義上的還權於民、因地制宜的創新。如果說，中國與美國文化不同源，那麼，臺灣經驗可為借鑑，臺灣就是民主政治下的地方自治。中國要想避免翻烙餅式的革命，即毛澤東說的「一些階級勝利了，一些階級消滅了」這種「幾千年文明史」的循環，就得為自身找制度性出路。

　　正如筆者在本書前面各章中所分析的那樣，由於中國已經陷入一種制度的結構性鎖定，中國很可能在今後 10 － 20 年內繼續維持「潰而不崩」的局面。在現階段，和平轉型的道路已被當局關閉，而自下而上的暴力革命亦無現實可能；不管人們多痛恨這種局面，國人將不得不在這種狀態中繼續煎熬。筆者以為，中國政府與其讓人民被憤怒、絕望煎熬成一群網絡暴民，不如從基礎做起，在力所能及的範圍內，盡量普及、涵育公民的權利意識，為未來的社會轉型做好思想準備。

註

1 〈諾貝爾和平獎頒獎詞〉，德國之聲，2010 年 10 月 12 日，http://p.dw.com/p/QVRZ.

2 〈諾貝爾委員會就劉曉波病逝發聲明，指中國政府負有重要責任〉，美國之音，2017年 7月14日，https://www.voachinese.com/a/news-nobel-committee-issued-the-following-statement-on-liu-xiaobo-20170713/3942974.html.

3 蘇曉康，〈劉曉波把激進煎熬成溫和〉，2017 年 10 月 6 日，開放網，http://www.open.com.hk/old_version/1011p39.html.

4 從 1990 年起，胡平先後發表了〈重建非暴力抗爭的信心〉（1990）、〈堅定非暴力抗爭信念——紀念「六四」14 周年〉（2003）、〈民主與革命〉（2008）、〈重建非暴力信念，讓更多的人加入異議活動〉（2010）、〈我的非暴力抗爭觀〉（2010）、〈非暴力抗爭不適用於極權專制國家嗎〉（2010）和〈非暴力抗爭面面觀〉（2014）等文，從多角度闡釋非暴力抗爭在中國的必要性。參見《胡平文集》，北京之春網站，http://beijingspring.com/bj2/2003/huping/hp.htm.

5 何清漣，〈「郭氏推特革命」對中國革命的隱喻〉，美國之音，https://www.voachinese.com/a/heqinglian-tiananmen-guo-wengui-twitter-20170603/3886063.html.

6 〈阿波羅網獨家調查郭文貴指控王岐山妻美國房產〉，阿波羅新聞網，2017 年 7 月 13 日，http://www.aboluowang.com/2017/0713/960995.html.

7 視頻《郭文貴爆料幕後大揭秘》，https://www.youtube.com/watch?v=jBH4pnwhvQE&feature=youtu.be.

8 視頻《郭文貴爆料幕後揭秘之美國房產》，https://twitter.com/furuidemu101/status/900037263106621440.

9 郭文貴爆料幕後揭秘之貫軍—劉呈傑關係圖視頻，https://twitter.com/furuidemu101/status/900025184240812032.

10 明鏡特約記者 謝鋭銘，〈鮑彤：郭文貴是我的老師〉，明鏡網，2017 年 6 月 1 日，http://news.mingjingnews.com/2017/06/blog-post_44.html.

11 李方，〈民運人，圍獵郭文貴該歇歇了〉，博訊，2017 年 6 月 9 日，http://www.boxun.com/news/gb/pubvp/2017/06/201706090151.shtml#.WZ24Dj6GNaQ.

12 劉擎，〈叫魂，群體性瘋狂如何可能〉，《紐約時報》中文網，2012 年 9 月 19 日，https://cn.nytimes.com/culture/20120919/cc19liuqing/.

13 傅才德、艾莎，〈郭文貴，逼迫中國作出讓步的流亡者〉，2017 年 5 月 31 日，https://cn.nytimes.com/china/20170531/china-guo-wengui/.

14 賴建平 @ljpJames，https://twitter.com/ljpJames/status/895166811171418112.

15 Thomas G.Guo（郭國汀）@thomasgguo，https://twitter.com/thomasgguo/status/899755983802556416.

16 郭文貴，〈全面徹底解決盤古及郭文貴事件申請報告〉，2017 年 8 月 31 日，見明鏡臨時採訪郭文貴，http://stupideo.info/video/Mo3-1YvQBt4.htm；報告朗誦版，https://www.youtube.com/watch?v=OUPBbm_KGcg.

17 何清漣，〈「革命」的一隻鞋已經落地〉，美國之音，2015年6月28日、6

月29日，https://www.voachinese.com/a/heqinglian-blog-china-revolution-part1-20150627/2840311.html，https://www.voachinese.com/a/heqinglian-china-revolution-part2-20150628/2841107.html.

18 〈農村大學生為何大多沉澱在高等教育「中下層」〉，中國網，2009 年 3 月 27 日，http://www.chinanews.com/edu/xyztc/news/2009/03-27/1620419.shtml.

19 "Education：The Class Ceiling, Chinas Education System is Deeply Unfair," Economist, Jun 2nd 2016, http://www.economist.com/news/china/21699923-chinas-education-system-deeply-unfair-class-ceiling.

20 〈中國人民大學蔡榮生認罪，「幫助」44 名學生，受賄 2330 餘萬〉，鳳凰網，2015 年 12 月 4 日，http://news.ifeng.com/a/20151204/46520753_0.shtml.

21 〈重點學校：用全體人民的錢，辦少數人教育〉，騰訊網，2011 年 9 月 28 日，http://www.chinareform.net/index.php?m=content&c=index&a=show&catid=44&id=7895.

22 人力資源社會保障部課題組，《經濟發展與就業增長的關係研究》，中國勞動保障新聞網，2011 年 11 月 8 日，http://www.labourlaw.org.cn/detail_show_c_ldfyj_195.aspx.

23 文東茅，〈家庭背景對我國高等教育機會及畢業生就業的影響〉，《北京大學教育評論》，2005 年第 3 期，http://www.usc.cuhk.edu.hk/wk_wzdetails.asp?id=5100.

24 李宏彬、孟嶺生、施新政、吳斌珍，〈父母的政治資本如何影響大學生在勞動力市場中的表現？——基於中國高校應屆畢業生就業調查的經驗研究〉，《經濟學（季刊）》，2012 年，第 3 期，http://www.zhongdaonet.com/NewsInfo.aspx?id=6357.

25 李強，〈中產過渡層與中產邊緣層〉，《江蘇社會科學》，2017 年 2 月，http://www.js-skl.org.cn/uploads/Files/2017-03/21/1-1490063494-128.pdf.

26 〈陝北 400 餘農民私分爭議土地，村委會意見難執行〉，搜狐網，2014 年 6 月 22 日，http://news.sohu.com/20140623/n401187455.shtml.

27 Xiaonong Cheng, "Capitalism Making and Its Political Consequences in Transition--An Analysis of Political Economy of China's Communist Capitalism," in Guoguang Wu and Helen Lansdowne, eds. *New Perspectives on China's Transition from Communism*, London & New York, Routledge, Nov. 2015, p.30.

28 楊魯軍，〈共產主義的幽靈在滬上遊蕩〉，中華網，2015 年 3 月 10 日，http://m.china.com/neirong.jsp?threadid=277687262&forumid=12171906.

29 托馬斯‧弗里德曼，〈社交媒體是破壞者還是創造者？〉，《紐約時報》，2016 年 2 月 16 日，http://cn.nytimes.com/opinion/20160216/c16friedman/.

30 〈中國房地產背後的利益鏈〉，凱迪社區‧貓眼看人，2015 年 11 月 24 日，http://club.kdnet.net/dispbbs.asp?id=11304843&boardid=1.

31 何清漣，〈中國社會的貧富差距〉，北京，《東方》雜誌，1994 年。

32 馮華，〈貧富差距到底有多大？〉，人民網，2015 年 1 月 23 日，http://society.people.com.cn/n/2015/0123/c1008-26434808.html.

33 曹長青，〈別再胡扯「暴力、非暴力」的假議題了〉，長青論壇，http://cq99.us/collected-works-by-caochangqing/2017/07/4610/zh-hans/.

34 〈胡潤：中國億萬富豪高達 568 名，首超美國成世界之最〉，新浪網，2016 年 2 月 25 日，

http://finance.sina.com.cn/money/forex/hbfx/2016-02-25/doc-ifxpvutf3355438.shtml.

35 李微敖、陳李娜，〈公共安全，新疆要花多少錢〉，《南方周末》，2014 年 8 月 29 日，http://www.infzm.com/content/103612.

36 〈安邦調研：中國製造業三分天下，你在哪個行列？〉，新浪財經，2017年1月24日，http://cj.sina.com.cn/article/detail/2268916473/153546?wm=book_wap_0005&cid=76478.

37 北京大學中國社會科學調查中心，《北京大學：〈中國民生發展報告 2014〉主要內容》，2014 年 7 月 28 日，http://www.ciidbnu.org/news/201407/20140728230014706.html.

38 傅才德（Michael Forsythe），〈藍色沿海與紅色內地：調查揭示中國政治分野〉（Survey Offers Rare Window Into Chinese Political Culture），2015 年 4 月 16 日，https://cn.nytimes.com/china/20150416/c16survey/en-us/.

39 吳國光，〈縣政中國：從分權到民主化的改革〉，《當代中國研究》，美國，2004年第1期。

後記

　　自《中國的陷阱》一書出版，迄今已逾 20 年，我也從不惑之年步入耳順之年，鬢邊白髮已生幾許。人老之將至倒不值得感歎，令人糾結的是中國那日益嚴酷的政治環境。當年那本《中國的陷阱》在中國旅遊了一年半，經過了 13 家出版社，最終還能由中國今日出版社於 1998 年 1 月出版，如今，作為《中國的陷阱》一書姊妹篇的《中國：潰而不崩》，已經毫無可能在中國大陸出版。這不僅說明中國的言論環境日益苛酷，更能證明，中國近期之內與民主政治無緣，這是清醒者都能看見的現實。

　　即使如此，我還是希望中國能夠找到一條出路。這本書凝聚了我多年的思想，有許多觀點與思考，就是在與我的夫君程曉農那無以數計的閒談中形成並得到磨礪的。這本書是我們二人 16 年朝夕相伴、艱難與共的思想結晶。這種閒談，幾乎就是我們日常生活的一部分，幾乎無時不在。有時，我們在夕陽中漫步，微風輕拂，樹林低語，時聞草木芬芳，即使在這種時候，我們也是想到什麼就談什麼，包括非常令人不愉快的中國問題。當散步者迎面而來，陽光燦爛地笑著向我們「Hello」之時，我才猛然醒覺這是在散步，頓時有點茫然：在遙遠的美國，享受著美國的自由民主，置身於這麼美好的大自然中，我們為什麼還要執念如此，不知疲倦地討論地球另一邊的中國？

沒有別的解釋，只因我們都出生在那塊土地上，並在那裡生活了幾十年。不管我們今天生活在哪裡，那塊土地上發生的一切，都與我們息息相關，我們無法不與那塊土地上的人共一國風雨。

　　也因為同是中國人，我這本書的三篇序言中的兩篇，來自多年的老朋友徐友漁與吳國光。他們與我一樣，都瞭解那塊土地，他們二位那富有穿透力的序言為拙作增色不少，我從中體會到的不僅僅是他們的友情，更多的是他們那深切地憂國憂民之心。國立臺灣大學經濟學教授張清溪教授也欣然為拙作命筆，要言不煩，對拙著的「共產黨資本主義」的內涵做了非常精當的闡釋。張教授是臺灣本土人，他非常瞭解大陸與臺灣之間那種命運共同體般的關係，深知大陸民主化與否，實乃臺灣安危之所繫。我這三位朋友都對我的「潰而不崩」結論比較失望，在序言裡表達了這點，但因三位都是學者，既出於對我的學術信任，更知道學術研究不能出於想像，尤其是實證研究，基於事實做出推論是學者之學術良知和責任所在。

　　這本書在送出版社之前的校對，全部都是德國的野罌粟女士完成。她為我做的遠不止這些，從她發現我在 VOA 的博文中有錯字、別字、漏字之後，主動承擔了幾乎全部文章的校對工作，因此，成為我的文章、書稿的第一讀者，經常會為我提供不錯的意見。她的堅持不是數月，而是長達幾年，對此，我心存感激，無以言表。

　　感謝旅居德國的華人藝術家伍之女士幫拙作設計封面。本書的封面很好的傳達了書稿的意涵，還非常有藝術感。我還要感謝現居美國的漫畫家變態辣椒——王立銘先生為我與曉農所作畫像，鋼筆畫配上木刻封面，有渾然一體之感。如果出版社用此封面為拙作發布宣傳畫，我一定要懸掛一張在家中客廳的牆上。

　　感謝余杰為我引介了臺灣的八旗文化出版社，使拙著得以在臺灣出版。有幸與這家高品質的出版社合作，我深感榮幸。

　　這本書的日文版在今年四月出版之後，很受歡迎。在寫作中文書稿

的四個月時間內，正逢郭文貴爆料事件引發的「郭氏推特革命」發生，今年四月之後，翻牆出來的郭粉如蝗蟲過境，將中文推特攪得烏煙瘴氣。我與章立凡先生、王立銘先生等不想被拖入這潭污水的學者與藝術家，自然成了「郭氏推特革命」的對象，因為他們的口號是「凡不支持郭文貴的人，就要消滅」，各種汙髒暴力語言如大雨傾盆。在「郭氏烏雲」籠罩之下，一些靈台清明的推友意識到郭氏推特革命的危害，他們站了出來，如 @fufuji97、@fading_you1、@roydandan 等推友一直在與郭粉力戰，中途有北京律師梁政、四川教育學者徐歌、青年經濟學者蕭山等以真名註冊的國內推友加入，@twittezhanji 更是戰鬥力超強，被推友譽為「推特上的傳奇」。這些推友與更多的無名推友，一起奮力保護推特的言論自由。我則如同薄加丘《十日談》裡那十位離開佛羅倫斯避瘟疫的青年一樣，偶爾將視線轉向，大部分時間用來完成我的書稿。因為親身經歷了這場震動中南海的政治鬧劇，我在結語中對未來的中國革命不免充滿了憂慮。

作為學者，20 年前那本《中國的陷阱》所預測的一切，都為中國的現實所證實，但我實在高興不起來。我希望中國能夠從「潰而不崩」、消耗社會重建資本的境地自我超拔。

是為記。

2017 年 8 月 30 日
寫於美國新澤西家中

中國：潰而不崩

作者	何清漣、程曉農
責任編輯	穆通安
企劃	蔡慧華
封面設計	萬亞雰
內頁排版	宸遠彩藝
出版	八旗文化／遠足文化事業股份有限公司
發行	遠足文化事業股份有限公司
	（讀書共和國出版集團）
地址	新北市新店區民權路 108-2 號 9 樓
電話	02-22181417
傳真	02-22188057
客服專線	0800-221029
信箱	gusa0601@gmail.com
Facebook	facebook.com/gusapublishing
Blog	gusapublishing.blogspot.com
法律顧問	華洋法律事務所／蘇文生律師
印刷	成陽彩色印刷股份有限公司
出版	2017 年 11 月（初版一刷）
	2023 年 08 月（初版十八刷）
定價	380 元

中國：潰而不崩
何清漣、程曉農著
新北市／八旗文化出版／遠足文化發行 2017.11

ISBN 978-986-95418-7-9（平裝）

1. 中國大陸研究　2. 政治經濟分析

574.1　　　　　　　　　　106016755